게오르크 칸토어

알베르트 아인슈타인

야노시 보야이

마거릿 해밀턴

오이겐 뒤링

메리 에베레스트 불

르네 데카르트

갈릴레오 갈릴레이

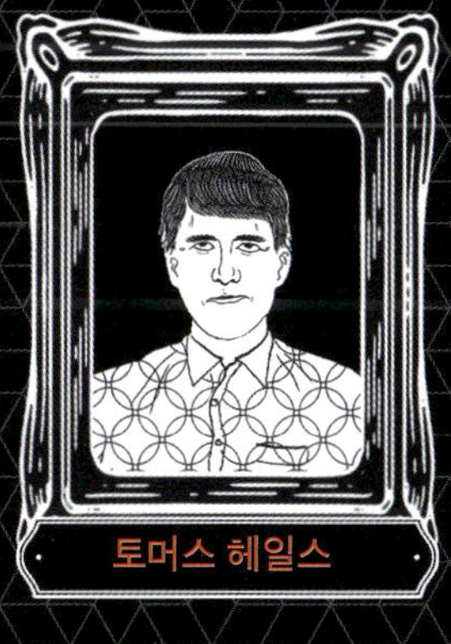

토머스 헤일스

카를 프리드리히 가우스

쿠르트 괴델

레온하르트 오일러

요하네스 케플러

다비트 힐베르트

청소년을 위한 수학의 세계

글 드니 반 와레베크

애니메이션과 다큐멘터리를 결합해 지식의 경계를 허무는 영상 연출가. 복잡한 과학적 원리와 방대한 역사적 담론을 창의적인 그래픽과 유머러스한 연출로 풀어내어 누구나 쉽게 이해할 수 있는 콘텐츠를 만드는 독보적인 능력을 갖추고 있다. 다큐멘터리의 실증성과 애니메이션의 상상력을 결합해 교육 콘텐츠의 새로운 지평을 열었다는 평가를 받는다.

유럽의 권위 있는 문화 채널 ARTE의 기념비적인 과학 시리즈인『수학의 세계』의 총괄 연출을 맡아, 보이지 않는 추상적인 수학의 세계를 감각적인 시각 언어로 구현해 대중과 평단의 찬사를 받았다. 이 외에도 인류학적 통찰을 담은 『종의 종』등 교육적 가치가 높은 영상 작업을 다수 진행했다. 딱딱한 설명 대신 기발한 비유와 애니메이션 기법을 활용해, 누구나 수학의 아름다움을 발견할 수 있도록 돕는 '지식의 안내자' 역할을 하고 있다.

그림 다미앙 페르티에

그래픽 아티스트이자 일러스트레이터. 드니 반 와레베크와 오랜 시간 호흡을 맞추며 복잡한 이론을 직관적이고 매혹적인 이미지로 변주해 왔다.『수학의 세계』시리즈에서 그가 선보인 독창적인 그림들은 자칫 지루할 수 있는 수학의 원리에 생명력을 불어넣으며 시각적 즐거움을 선사한다. 단순한 삽화의 영역을 넘어, 수학적 사고의 흐름을 이미지로 치환하는 감각적인 스타일로 전 세계 독자들의 눈길을 사로잡았다. 영상 속의 역동적인 그래픽을 책이라는 지면 위에 완벽하게 재구성하여, 독자들이 수학이라는 낯선 대륙을 여행하는 동안 길을 잃지 않도록 아름다운 이정표를 제시한다.

옮김 샘 리

미국 인디애나대학교를 졸업했고 미국의 언론사에 근무했다. 현재는 시카고에 살고 있으며 번역가이자 작가로 활동하고 있다. 번역서로는『나를 일으킨 말들』,『딥테크 딥퓨처』등이 있다.

감수 김용관

고려대학교 산업공학과를 졸업했다. 수학책 작가이자 수학 콘텐츠 크리에이터다. 수학의 아이디어가 이 시대를 살아가는 이들에게 큰 도움이 될 수 있다는 확신으로 강연 및 집필 활동을 하고 있다.『톡 쏘는 방정식』,『세상을 바꾼 위대한 오답』,『어느 괴짜 선생님의 수학사전』외 다수의 책을 썼다. 문명의 전환기이자 수학의 전환기를 맞아, 인공지능 시대에 어울리는 수학 콘텐츠를 만들어 보고픈 바람이 있다. 네이버 블로그 '수냐의 수학카페(https://blog.naver.com/prayer2k)'를 운영 중이다.

K3
$\zeta(x) = \sum\limits^{\infty} \frac{1}{n^x}$
글 드니 반 와레베크   그림 다미앙 페르티에   감수 김용관
$\forall x \in \mathbb{R},\ x^2 \geq 0$
$\ddot{\theta} + k\dot{\theta} + \frac{g}{L}\sin\theta = 0$
$F = m \frac{d^2 \vec{s}}{dt^2}$
$(\forall a)(\forall b \neq 0)(a^2 + 2b^2)$
청소년을 위한
수학의 세계
생각의길

K3
기하학의 산맥
대수기하학
대수학의 숲
위상수학의 호수
군론의 호수
편미분방정식(PDE)
동역학계의 호수
해석학의 계곡
함수해석학의 들판
최적화
수치해석
확률론의 강
화률의 밀림
급수해의 강
조합론의 강
논리와 기초의 늪
"도대체 뭐있는
XI
II
XIV
XII
XV
VI
IV
VII
VIII
I
X
IX
XIII
III
V
XVI

차 례

“니콜라 베르주롱을 기리며,
그의 수학적이면서도 인간적인 재능이
이 여행을 환하게 비추어 주었습니다.”

들어가면서

제가 처음 〈수학의 세계〉 시리즈 작업을 시작했을 때만 해도, 이 시리즈가 조회수 2,000만 회를 기록하거나 지금 여러분이 손에 쥐고 있는 책으로 탄생하게 될 줄은 꿈에도 몰랐습니다.

하지만 제가 분명히 알고 있었던 사실 하나는, 대다수 사람에게 수학이란 '학창 시절'의 기억, 즉 암기와 숙제, 시험의 세계를 떠올리게 한다는 점이었습니다. 저와 비슷한 많은 이들이 수학 시간에 너무나 지루함을 느낀 나머지, 수학자들이 살아가는 그 기묘한 대륙이 어떤 모습인지 제대로 상상조차 해보지 못했을 것이라 짐작했습니다. 그곳은 신비롭고 험난하며, 웅장한 풍경과 당혹스러운 역설, 그리고 독특한 인물로 가득 찬 곳인데 말이죠.

그 세계에는 이해하기 힘든 역설도 있고, 개성 강한 인물도 등장합니다. 나는 많은 사람들이 수업 시간의 기억 때문에 이 멋진 세계를 들여다볼 기회를 놓치고 있다고 느꼈습니다.

그래서 이 책을 쓰게 되었습니다. 과학자가 되지 않아도, 수학을 잘하지 않아도, 그저 궁금해 하는 마음만 있다면 누구나 수학에 대한 아이디어를 만날 수 있다는 것을 보여주고 싶었습니다. 수학은 계산만 하는 도구가 아니라, 우리가 생각하는 방식과 세상을 바라보는 눈을 키워 주는 문화이자 생각의 언어라는 사실을 전하고 싶었습니다.

제가 선택한 방법은 조금 특별합니다. 수학을 이해하기 위해 다시 기초 문제로 돌아가기보다는, 오히려 더 낯설고 신기한 곳으로 떠나는 것입니다. 우리가 익숙하게 알고 있던 공간을 벗어나, 비유클리드 공간이나 여러 차원의 세계, 끝이 없는 무한을 상상해 보는 것입니다. 처음에는 어렵고 어지러울 수 있지만, 바로 그 순간에 수학의 진짜 재미가 시작됩니다.

이 책에서는 수학이 얼마나 빠르고 정확한지를 보여주기보다는, 수학이 얼마나 아름답고 시적인지, 그리고 우리의 생각과 얼마나 깊이 연결되어 있는지를 이야기하고자 했습니다. 이 여행을 통해 여러분이 몇 가지 새로운 생각을 만나고, 그 생각이 책을 덮은 뒤에도 잠시 머릿속을 흔들어 주기를 바랍니다.

시리즈를 집필하기 위해 직접 떠난 여정 속에서, 저는 '수학의 나라'에 사는 진짜 주민들(수학자들)을 만날 수 있는 행운을 누렸습니다. 그들은 내 질문에 답해 주었고, 원고를 읽고 고치며, 어떤 경우에는 함께 써 주기까지 했습니다. 덕분에 책은—우리의 바람대로라면—큰 오류를 피할 수 있었습니다. 나는 그들의 지성과 친절함, 그리고 자신들의 발견과 감탄을 진심으로 나누고자 했던 열정에 깊은 감사를 표합니다. 낯선 사람들과 새로운 아이디어를 만나는 것, 여행에서 이보다 더 좋은 것이 있을까요?

이제 준비는 끝났습니다.
수학의 나라로 떠날 시간입니다.

CHAPTER I

무한소의 산책

속도는 평범한 개념이다. 우리는 '속도'라는 개념에 너무 익숙해서, 그것이 수학적 아이디어였다는 사실조차 거의 잊어버릴 정도다. 하지만 불과 3~4세기 전만 해도 속도라는 것은 존재하지 않았다. 더 정확히 말하자면, 속도라는 개념은 제대로 정의되지 않았다.

예를 들어 고대 그리스를 살펴보자. 그 당시에 수학은 여전히 철학의 일부였으며, 그리스 철학자들이 묘사한 세계는 움직임이 없는 완벽한 기하학적(도형) 세계였다. 완벽하게 정지된 세계였다.

그 세계는 정다면체, 변하지 않는 절대적인 상수(원주율π), 그리고 언제 어디서나 통하는 탈레스의 정리(원의 지름을 한 변으로 그리면 어떤 삼각형이든 항상 직각삼각형이 된다는 법칙) 같은 '영원히 변하지 않는 것'이 중심이었다. 마치 사진 속 풍경처럼 모든 게 완벽하지만, 그 안에서 움직이거나 변하는 '운동'은 포함되어 있지 않았다.

운동이 수학의 풍경 속에 포함되지 않았던 정도가 어느 정도였
냐 하면, 기원전 5세기의 철학자 엘레아의 제논은 운동이 '불가능'
하다는 것을 '증명'하려고 일련의 역설(겉보기에는 맞는 말 같지만,
끝까지 생각하면 모순에 빠지는 주장)을 만들어내기도 했다.

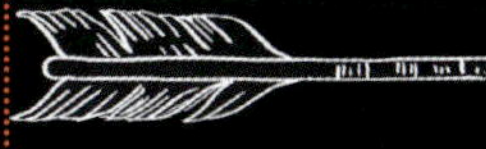

예를 들어 '날아가는 화살의 역설'이다. 분명 화살이 움직이는
것처럼 보이지만, 만약 어느 한 정해진 순간을 딱 집어보면 그 화
살은 정확히 한 위치에 멈춰 서 있다. 즉 그 정해진 순간만 보면 화
살은 정지해 있는 깃이다.

시간(지속)은 순간의 연속으로 이루어져 있고, 그
각각의 순간마다 화살은 정지되어 있다. 따라서 우리
는 화살이 실제로 움직이는 것이 아니며, 운동이란 관
찰자의 눈에서 일어나는 착시일 뿐이라는 결론을 내릴
수밖에 없다.

고대 철학자들의 잠을 설치게 했던 이 역설은, 속도
라는 개념이 결코 당연하게 받아들여질 수 있는 것이
아님을 명확히 보여준다.

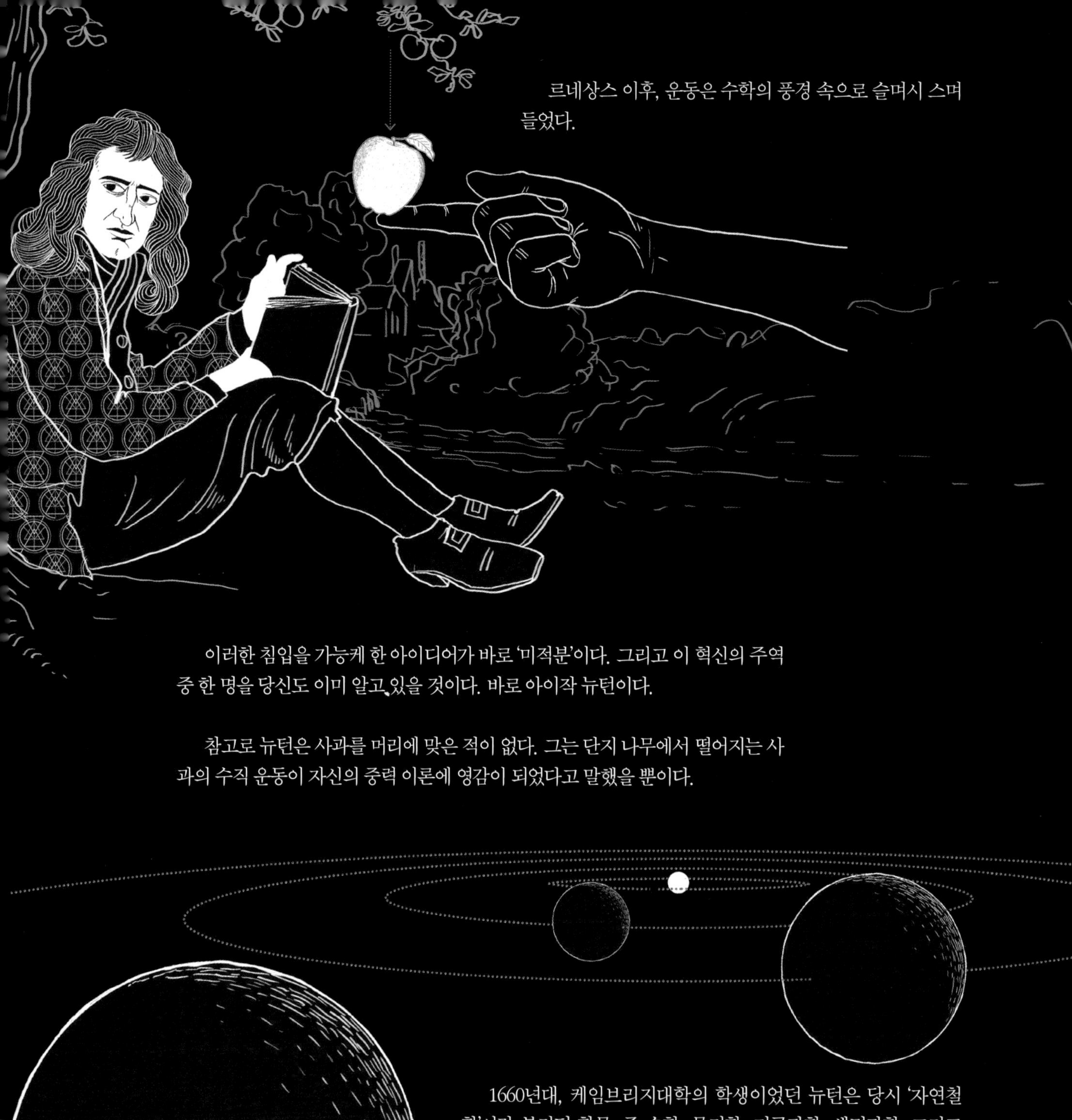

르네상스 이후, 운동은 수학의 풍경 속으로 슬며시 스며들었다.

이러한 침입을 가능케 한 아이디어가 바로 '미적분'이다. 그리고 이 혁신의 주역 중 한 명을 당신도 이미 알고 있을 것이다. 바로 아이작 뉴턴이다.

참고로 뉴턴은 사과를 머리에 맞은 적이 없다. 그는 단지 나무에서 떨어지는 사과의 수직 운동이 자신의 중력 이론에 영감이 되었다고 말했을 뿐이다.

1660년대, 케임브리지대학의 학생이었던 뉴턴은 당시 '자연철학'이라 불리던 학문, 즉 수학, 물리학, 지구과학, 생명과학, 그리고 천문학을 공부하고 있었다. 그는 특히 행성의 운동에 관심이 많았는데, 공중에 던져진 사과의 움직임을 이해하는 것이 천체의 움직임을 이해하는 첫걸음이 될 것이라 예감했다.

하지만 이해하기에 앞서 우선 묘사부터 해야 했다. 공중에 던져진 사과의 운동을 어떻게 수학적으로 설명할 수 있을까? 이를 위해 그는 훗날 '미분'이라 불리게 될 새로운 수학적 대상을 발명해 낸다.

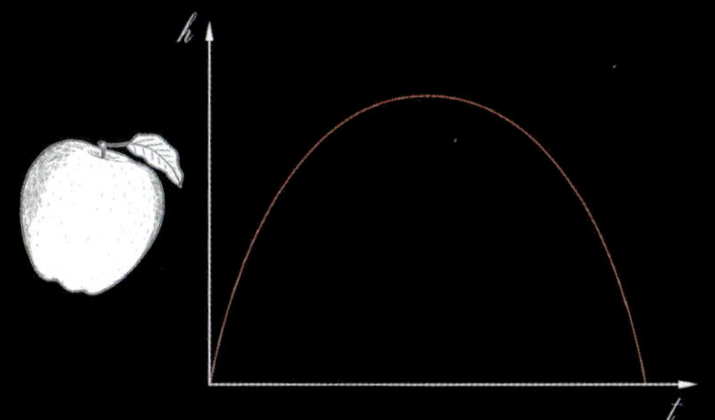

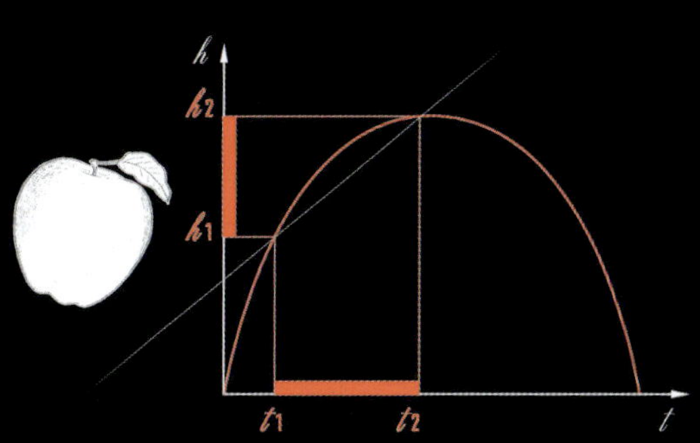

공중에 던져진 사과의 움직임을 수학으로 설명하려면, 먼저 시간에 따라 사과의 높이가 어떻게 변하는지를 살펴봐야 한다. 이를 위해 각 순간 t에서의 사과의 높이 h를 그래프로 나타낸다. 이렇게 그린 그래프는 시간이 지남에 따라 올라갔다가 다시 내려오는 포물선 모양이 된다. 이 곡선은 사과가 공중에서 그리는 전체 움직임을 보여준다.

이제 사과의 속도를 생각해 보자. 어떤 시점 t_1에서의 높이를 h_1, 다른 시점 t_2에서의 높이를 h_2라고 하자. 속도는 이동한 거리와 경과한 시간의 비율이다. 그래프에서는 이 속도가 두 점을 잇는 직선의 기울기로 나타난다.

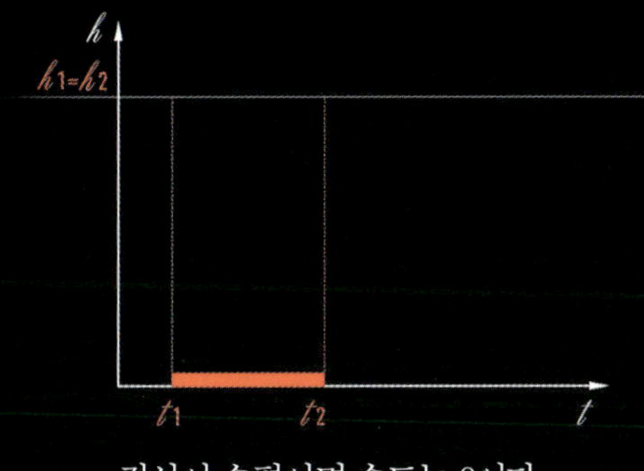

직선이 수평이면 속도는 0이다.

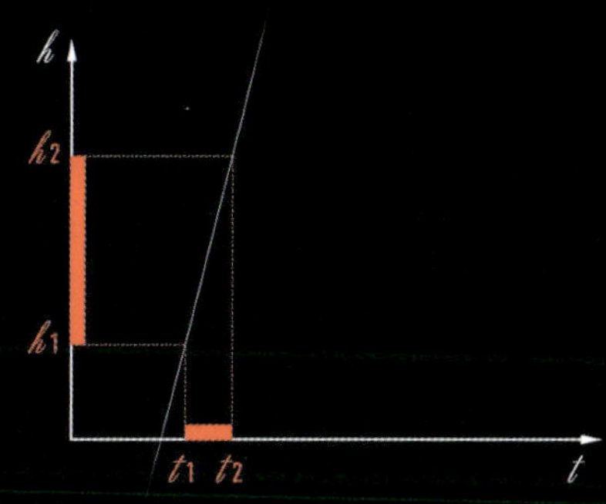

직선이 가파르게 일어설수록 속도는 더 커진다.

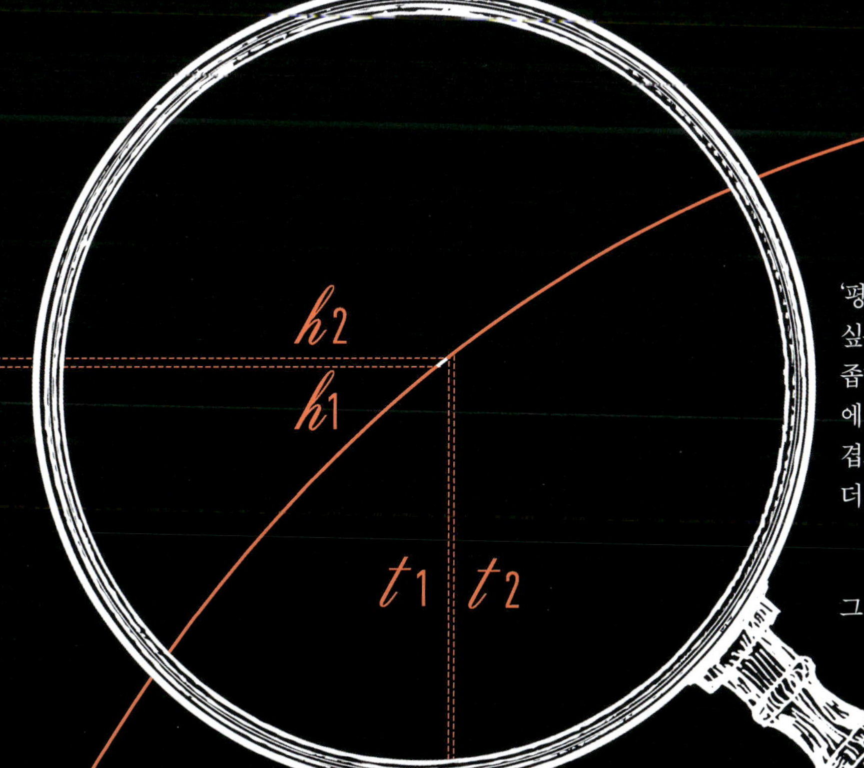

만약 t_1과 t_2가 서로 멀리 떨어져 있다면, 우리는 '평균 속도'를 얻게 된다. 하지만 우리가 진짜 알고 싶은 것은 바로 '순간 속도'다. t_1과 t_2 사이의 간격을 좁히면 좁힐수록, 우리가 측정하는 값은 순간 속도에 점점 더 가까워진다. 하지만 만약 두 점이 완전히 겹쳐버리면, 제논의 역설 때와 마찬가지로 속도는 더 이상 의미가 없어진다!

따라서 핵심은 그 '순간'에 도달하지는 않으면서, 그 순간에 무한히 가깝게 다가가는 것이다.

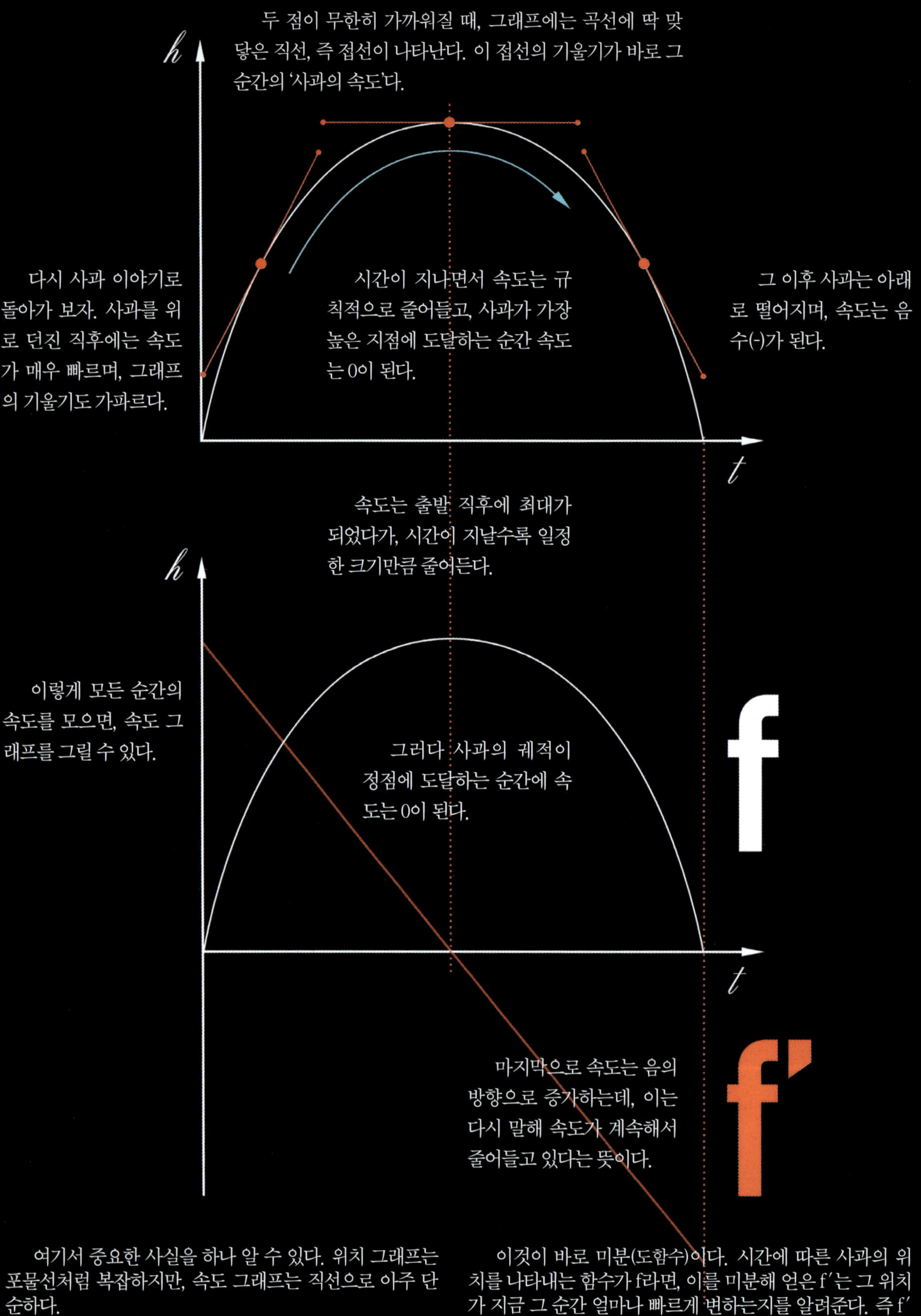

두 점이 무한히 가까워질 때, 그래프에는 곡선에 딱 맞닿은 직선, 즉 접선이 나타난다. 이 접선의 기울기가 바로 그 순간의 '사과의 속도'다.
다시 사과 이야기로 돌아가 보자. 사과를 위로 던진 직후에는 속도가 매우 빠르며, 그래프의 기울기도 가파르다.
시간이 지나면서 속도는 규칙적으로 줄어들고, 사과가 가장 높은 지점에 도달하는 순간 속도는 0이 된다.
그 이후 사과는 아래로 떨어지며, 속도는 음수(-)가 된다.
h
t
속도는 출발 직후에 최대가 되었다가, 시간이 지날수록 일정한 크기만큼 줄어든다.
h
이렇게 모든 순간의 속도를 모으면, 속도 그래프를 그릴 수 있다.
그러다 사과의 궤적이 정점에 도달하는 순간에 속도는 0이 된다.
f
t
마지막으로 속도는 음의 방향으로 증가하는데, 이는 다시 말해 속도가 계속해서 줄어들고 있다는 뜻이다.
f′
여기서 중요한 사실을 하나 알 수 있다. 위치 그래프는 포물선처럼 복잡하지만, 속도 그래프는 직선으로 아주 단순하다.
이것이 바로 미분(도함수)이다. 시간에 따른 사과의 위치를 나타내는 함수가 f라면, 이를 미분해 얻은 f′는 그 위치가 지금 그 순간 얼마나 빠르게 변하는지를 알려준다. 즉 f′는 속도를 의미한다. 쉽게 말해, 미분은 위치를 보여주는 지도를, 속도를 알려주는 속도계로 바꾸는 도구이다.

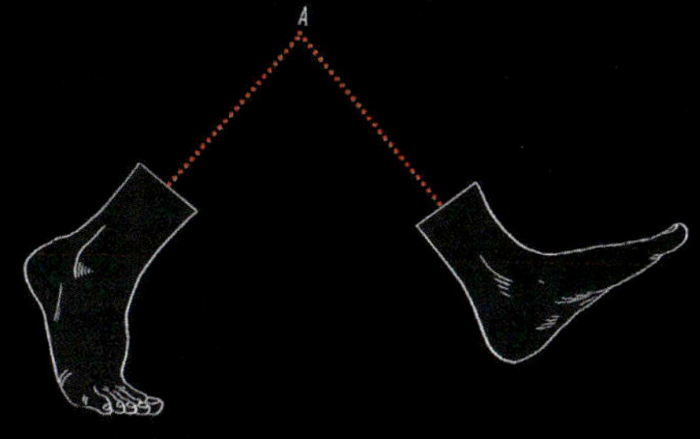

행성의 운동을 이해하기 위해 뉴턴은 사과부터 시작했다. 그리고 그 사과는 뉴턴으로 하여금 훗날 '해석학(변화하는 양을 수식과 함수로 다루는 수학)'이라 불리게 될 수학의 새로운 분야를 발명하게 만들었다.

뉴턴 덕분에 당시 과학은 큰 진전을 이루었다. 문제는 몇몇 친구를 제외하고는 아무도 이 사실을 모르고 있었다는 점이다. 뉴턴은 자신의 수학적 성과를 발표하기까지 20년 넘게 기다렸는데, 마침내 1693년에 이를 발표했을 때 누군가 이미 거의 비슷한 내용을 발표했다는 사실을 알게 된다.

그 누군가는 바로 독일의 철학자이자 수학자인 고트프리트 빌헬름 라이프니츠였다. 그는 당시 모든 위대한 학자들과 편지를 주고받던 인물이었는데, 한마디로 뉴턴의 강력한 경쟁자였다.

이 논쟁은 두 사람 사이에서 수년간 이어졌다. 영국 측은 라이프니츠가 표절을 했다고 비난했고, 독일 측은 뒤늦게 발표한 뉴턴이 패배를 인정하지 못한다며 비난했다.

이 다툼에는 철학적인 차원도 존재했다. 두 사람은 세상이 움직이는 방식 자체를 전혀 다르게 생각하고 있었기 때문이다. 라이프니츠에게서 천체의 운동은 어떤 신비한 힘이 멀리서 갑자기 끌어당기는 일이 아니었다. 행성은 눈에 보이지는 않지만 물질적인 흐름이나 구조 속에 놓여 있으며, 그 안에서 자연스럽게 이어지는 과정에 따라 움직였다.

즉 우주의 움직임은 마법처럼 설명할 수 없는 사건이 아니라, 연속적으로 이어지는 변화의 과정이었다.

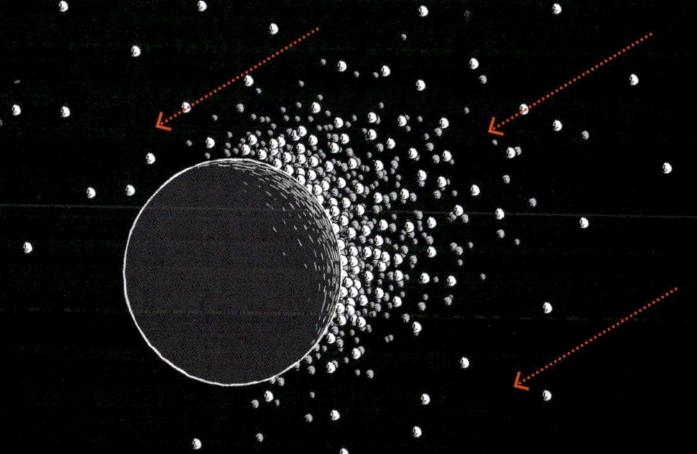

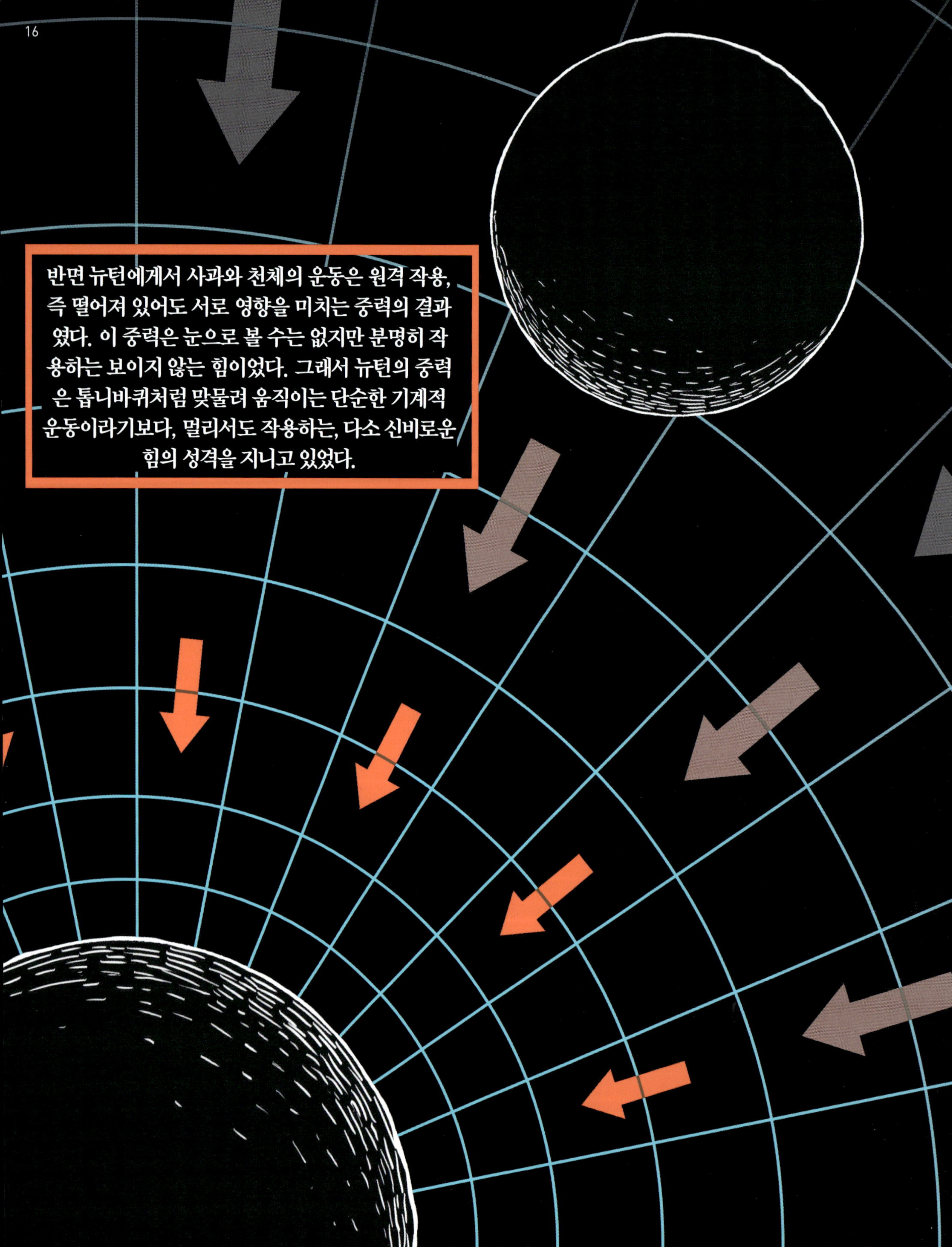

반면 뉴턴에게서 사과와 천체의 운동은 원격 작용, 즉 떨어져 있어도 서로 영향을 미치는 중력의 결과였다. 이 중력은 눈으로 볼 수는 없지만 분명히 작용하는 보이지 않는 힘이었다. 그래서 뉴턴의 중력은 톱니바퀴처럼 맞물려 움직이는 단순한 기계적 운동이라기보다, 멀리서도 작용하는, 다소 신비로운 힘의 성격을 지니고 있었다.

이 차이를 조금 더 쉽게 말하면 이렇다. 라이프니츠는 뉴턴보다 오히려 더 유물론적인 사고를 가진 사람이었다. 그는 세상의 모든 변화와 운동이 물질의 성질과 구조 안에서 설명될 수 있어야 한다고 생각했다. 반면 뉴턴은 과학적으로는 매우 혁신적인 이론을 만들어냈지만, 생각의 한 편에는 여전히 고대적인 세계관을 가지고 있었다. 자연의 법칙 뒤에는 인간이 완전히 이해할 수 없는 힘이나 질서가 있다고 여겼던 것이다. 이런 뉴턴의 면모를 잘 보여주는 예가 바로 연금술에 대한 열정이다. 그는 평생의 상당한 시간을 연금술 연구에 바쳤지만, 결국 눈에 띄는 성과를 얻지는 못했다.

요약하자면, 미분학에는 두 명의 잠정적인 아버지가 있는 셈이다. 사실 공정하게 말하자면, 각자의 공헌을 온전히 평가하기 위해 훨씬 더 많은 인물을 함께 언급해야 할 것이다. 하지만 그럴 시간은 없다. 다시 한 번 상기하자면, 우리의 주제는 속도이기 때문이다!

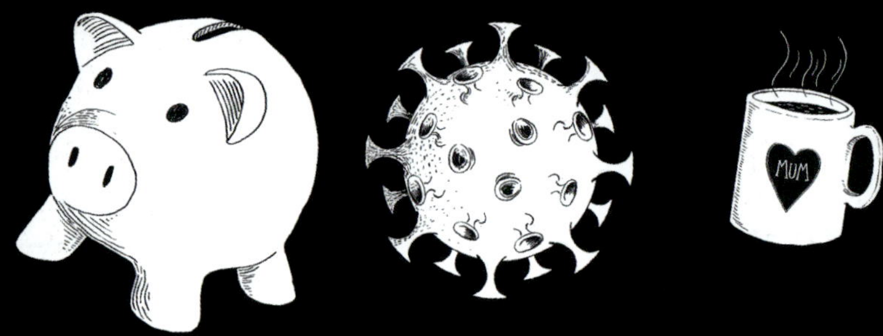

미분 덕분에 우리는 사과나 화살, 오픈카의 속도뿐만 아니라 저축 예금의 수익률, 전염병의 확산 속도, 그리고 커피가 식어가는 속도까지 계산할 수 있게 되었다. 이 모든 것이 사과 한 알과 아주 기묘한 두 명의 '아버지' 덕분이다!

그리고 사과 이야기가 나온 김에, 다시 잠시만 그래프 이야기로 돌아가 보자.

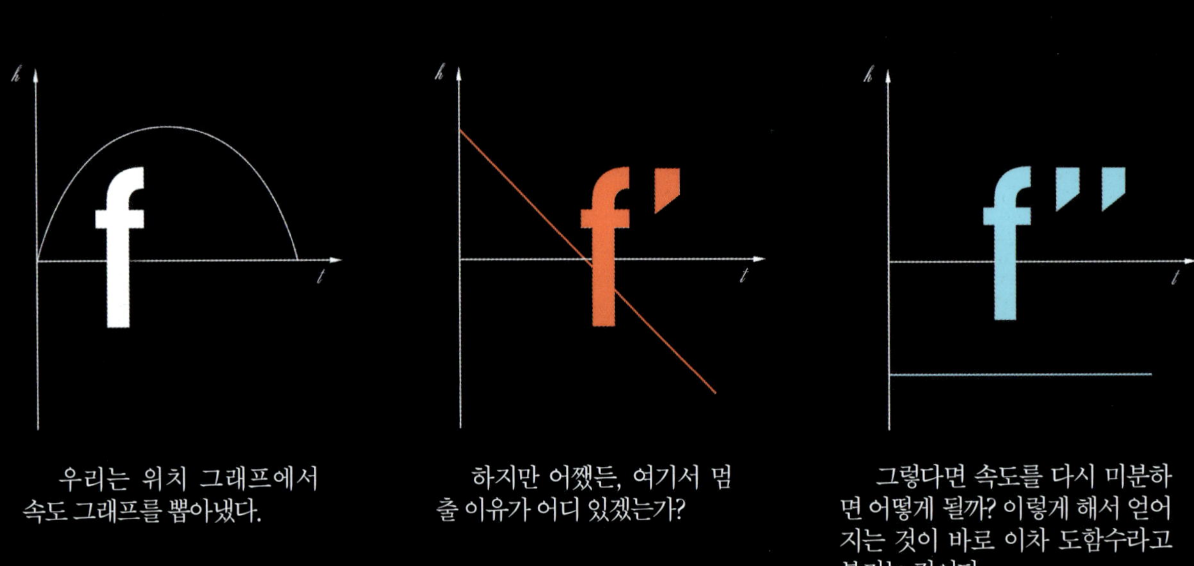

우리는 위치 그래프에서 속도 그래프를 뽑아냈다.

하지만 어쨌든, 여기서 멈출 이유가 어디 있겠는가?

그렇다면 속도를 다시 미분하면 어떻게 될까? 이렇게 해서 얻어지는 것이 바로 이차 도함수라고 불리는 것이다.

해보자!

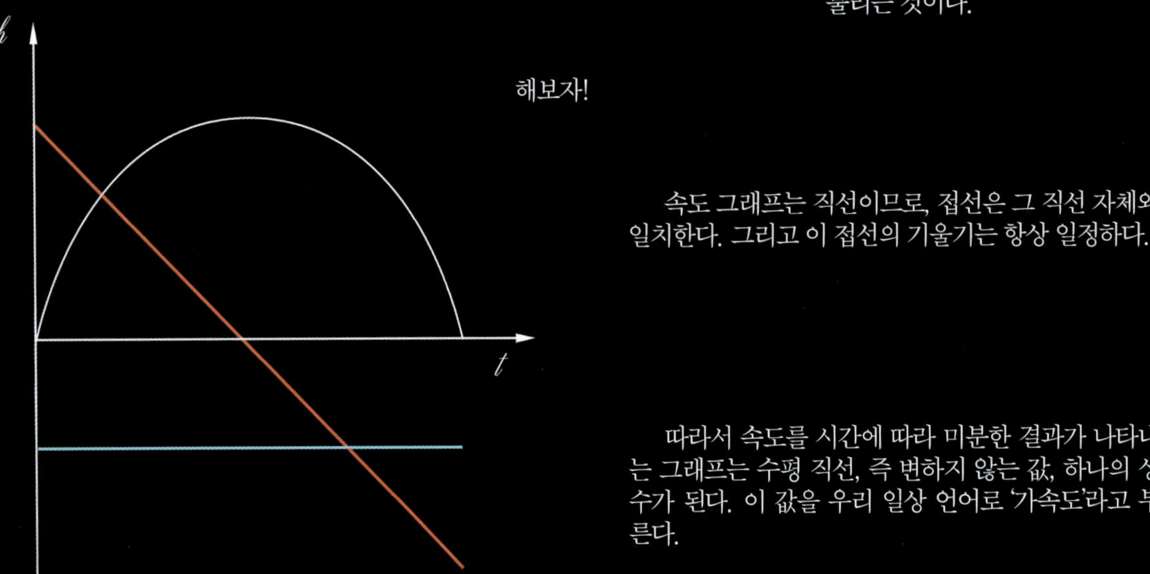

속도 그래프는 직선이므로, 접선은 그 직선 자체와 일치한다. 그리고 이 접선의 기울기는 항상 일정하다.

따라서 속도를 시간에 따라 미분한 결과가 나타내는 그래프는 수평 직선, 즉 변하지 않는 값, 하나의 상수가 된다. 이 값을 우리 일상 언어로 '가속도'라고 부른다.

사과의 복잡해 보이는 움직임은 사실 지상의 모든 물체에 작용하는 일정한 가속도, 즉 중력의 결과다. 이 중력의 성질은 뉴턴에 의해 이후에 밝혀진다.

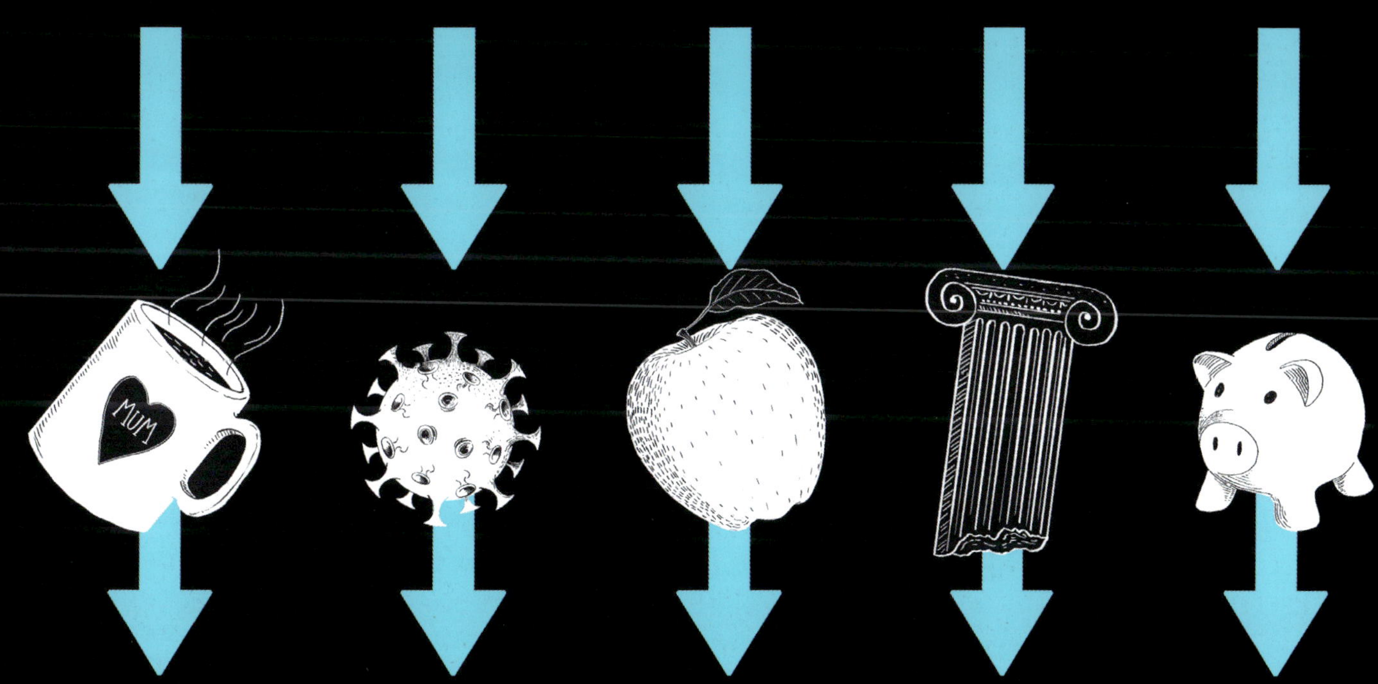

이것이 바로 미분의 힘이다. 미분은 현실의 복잡함 뒤에 숨은 규칙성을 발견하게 해준다. 물체의 요란한 움직임과 복잡한 궤적 뒤에서, 결코 변하지 않는 지구의 중력을 보게 해주는 것이다.

어떤 면에서 엘레아의 제논이 옳았던 셈이다. 주의 깊게 관찰해 보면, 운동의 이면에는 '변하지 않는 무언가(고정된 것)'가 있으니 말이다.

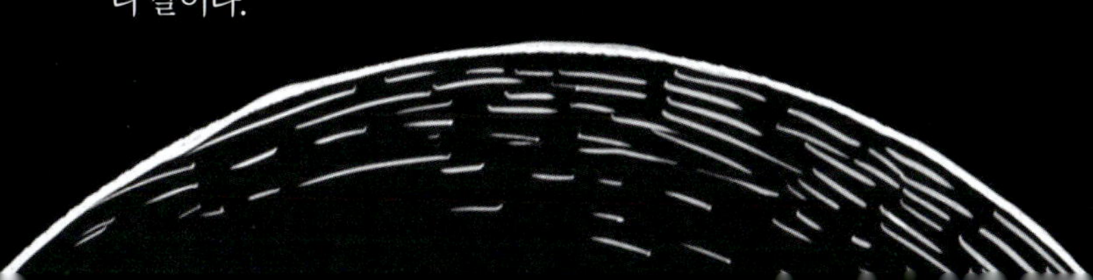

CHAPTER II

푸앵카레의 추측

제롬 코탕소와 공동 집필

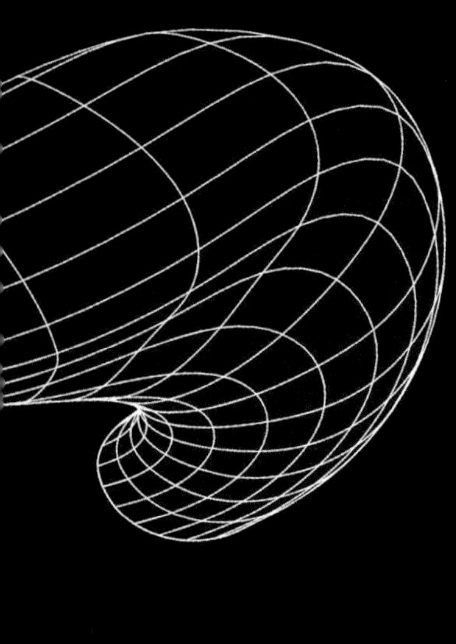

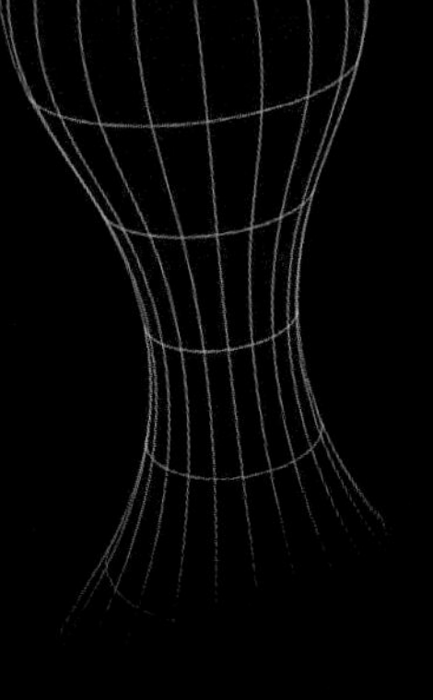

수학의 나라 중심부에는 우리가 잘 아는 기하학의 풍경에서 그리 멀지 않은 곳에, 아주 이색적이고 낯선 지역이 하나 있다. 바로 공간의 근본적인 성질을 연구하는 '위상수학'이라는 곳이다.

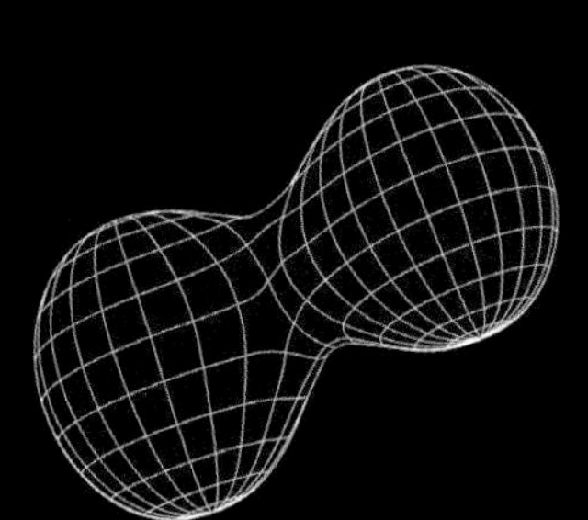

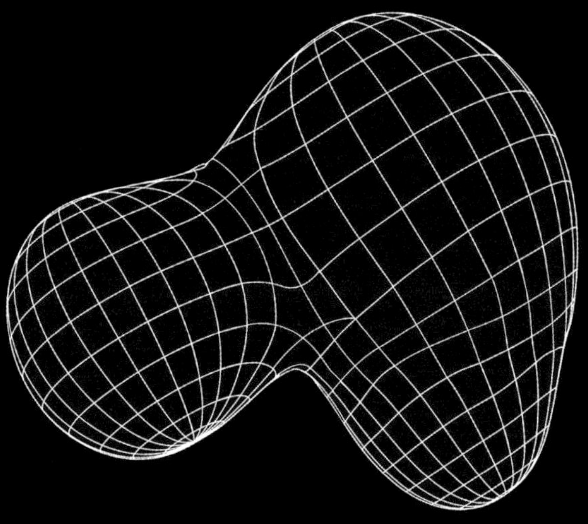

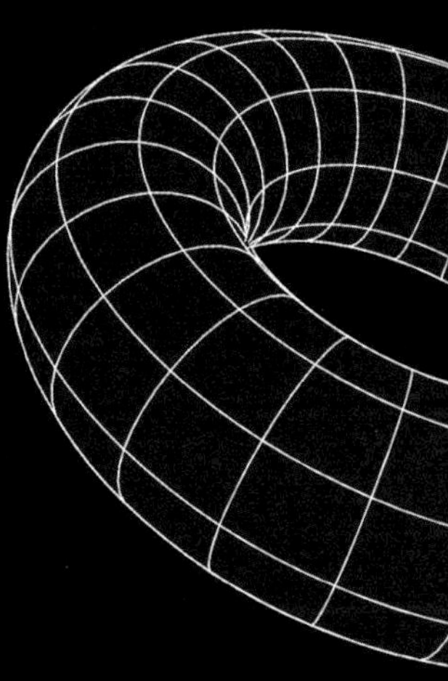

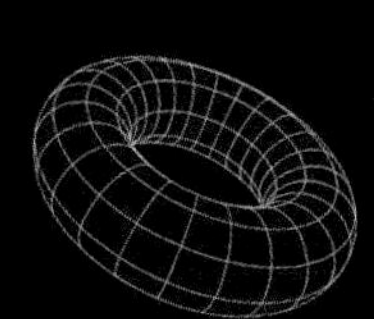

이 기묘한 곳에서 19세기 프랑스의 위대한 수학자 앙리 푸앵카레는 1904년, 자신의 이름을 딴 가설 하나를 발표했다. 그것이 바로 '푸앵카레 추측'이다. 이후 여러 세대에 걸쳐 수학자들이 이 추측을 증명하려 애썼지만 모두 실패했고, 2000년에는 한 재단에서 이를 해결하는 사람에게 100만 달러의 상금을 내걸기까지 했다.

도대체 이 유명한 추측은 어떤 내용을 담고 있을까?

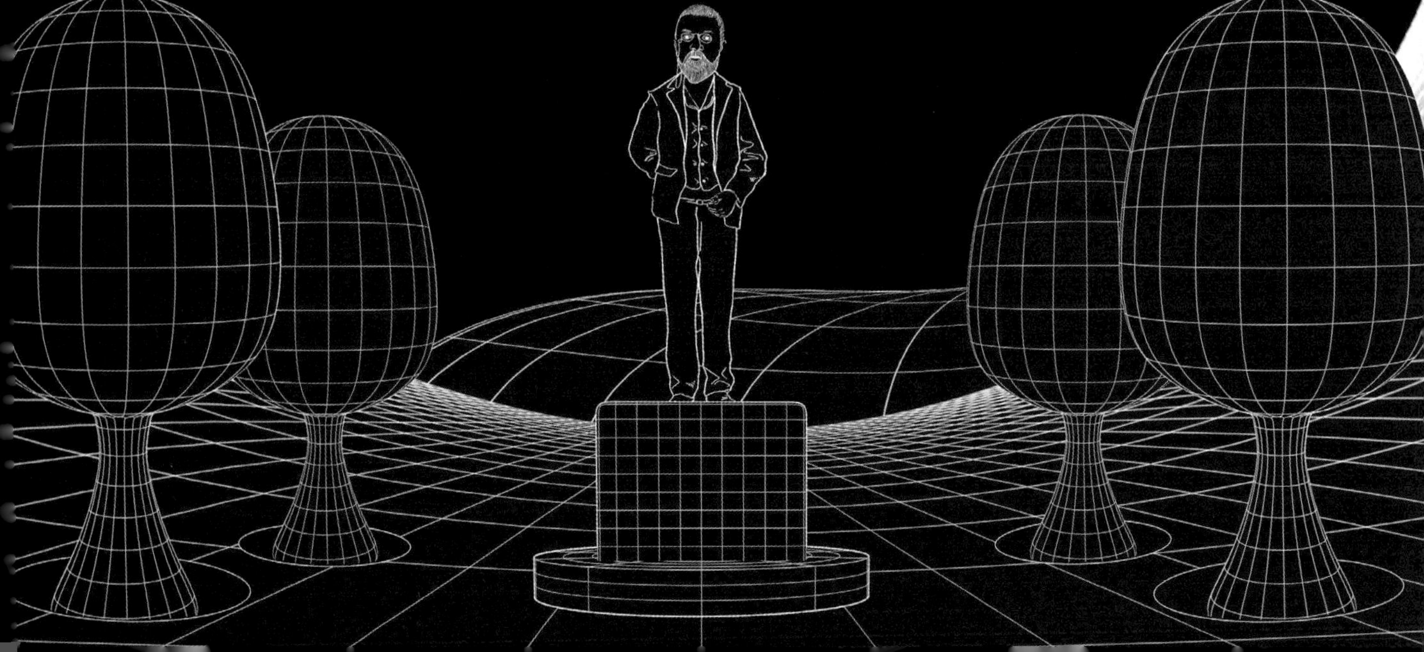

푸앵카레 추측은 다음과 같이 단도직입적으로 주장한다.

**"경계가 없고 단일 연결된
모든 콤팩트 3차원 다양체는
3차원 구와 위상동형이다."**

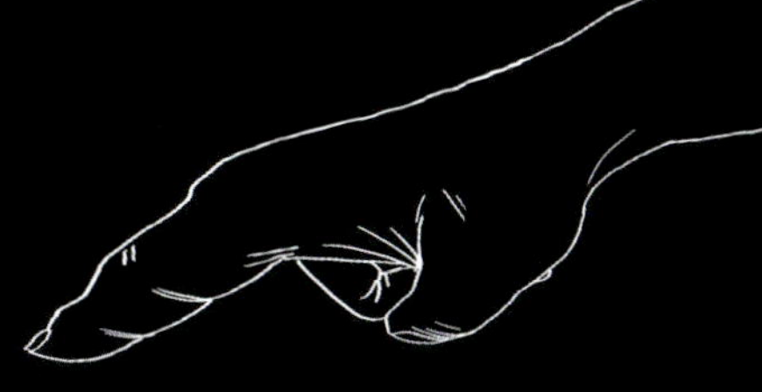

자, 무슨 말인지 하나도 모르겠지? 하지만 그게 정상이다.
이게 도대체 무슨 소리인지 파악하려면, 우선 위상수학자들의
기묘한 세계와 그들이 사용하는 어휘에 익숙해져야만 한다.

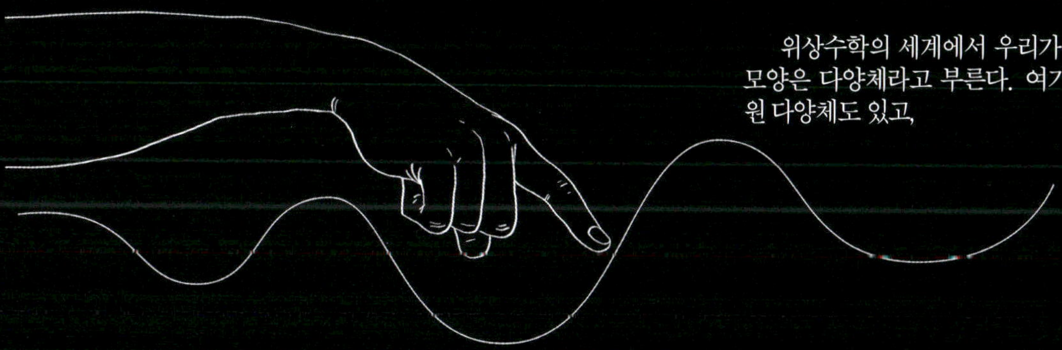

위상수학의 세계에서 우리가 마주하는
모양은 다양체라고 부른다. 여기에는 1차
원 다양체도 있고,

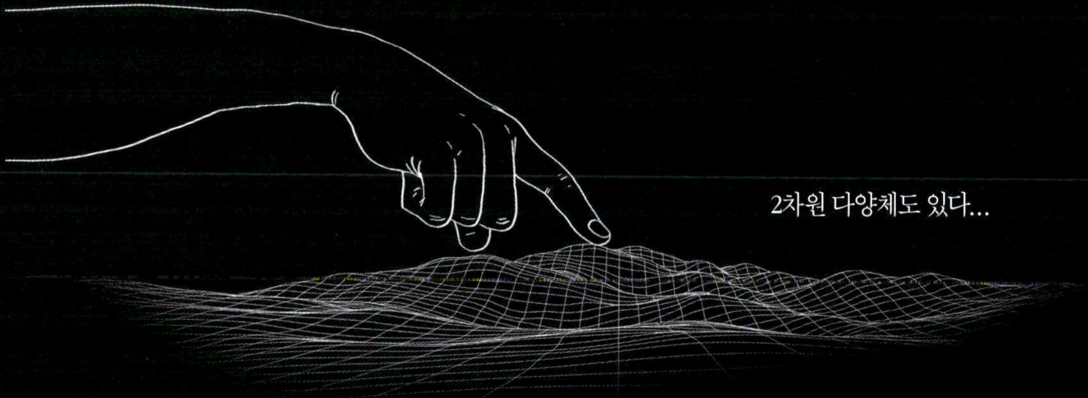

2차원 다양체도 있다...

심지어 42차원인 다양체도 있다.

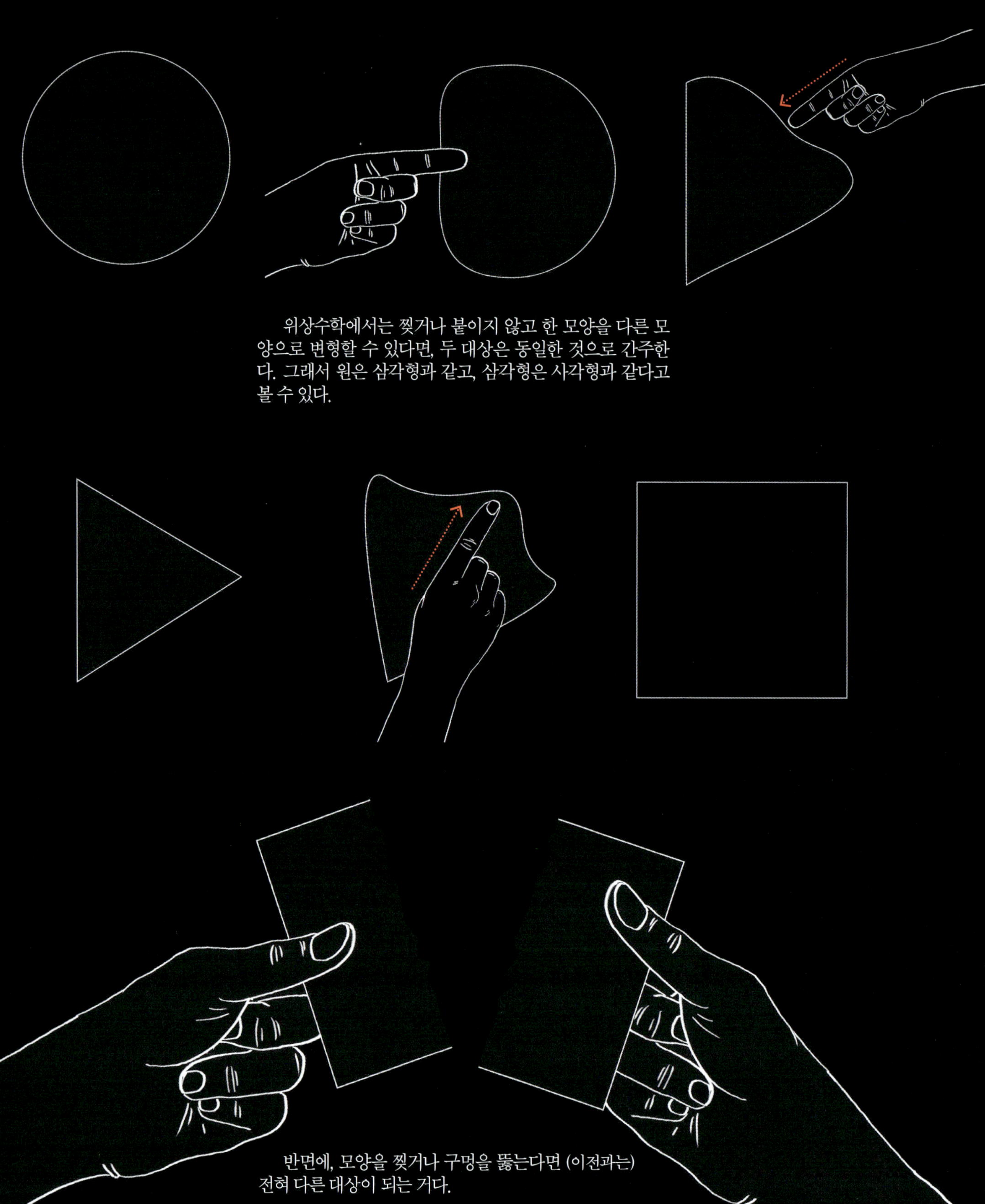

위상수학에서는 찢거나 붙이지 않고 한 모양을 다른 모양으로 변형할 수 있다면, 두 대상은 동일한 것으로 간주한다. 그래서 원은 삼각형과 같고, 삼각형은 사각형과 같다고 볼 수 있다.

반면에, 모양을 찢거나 구멍을 뚫는다면 (이전과는) 전혀 다른 대상이 되는 거다.

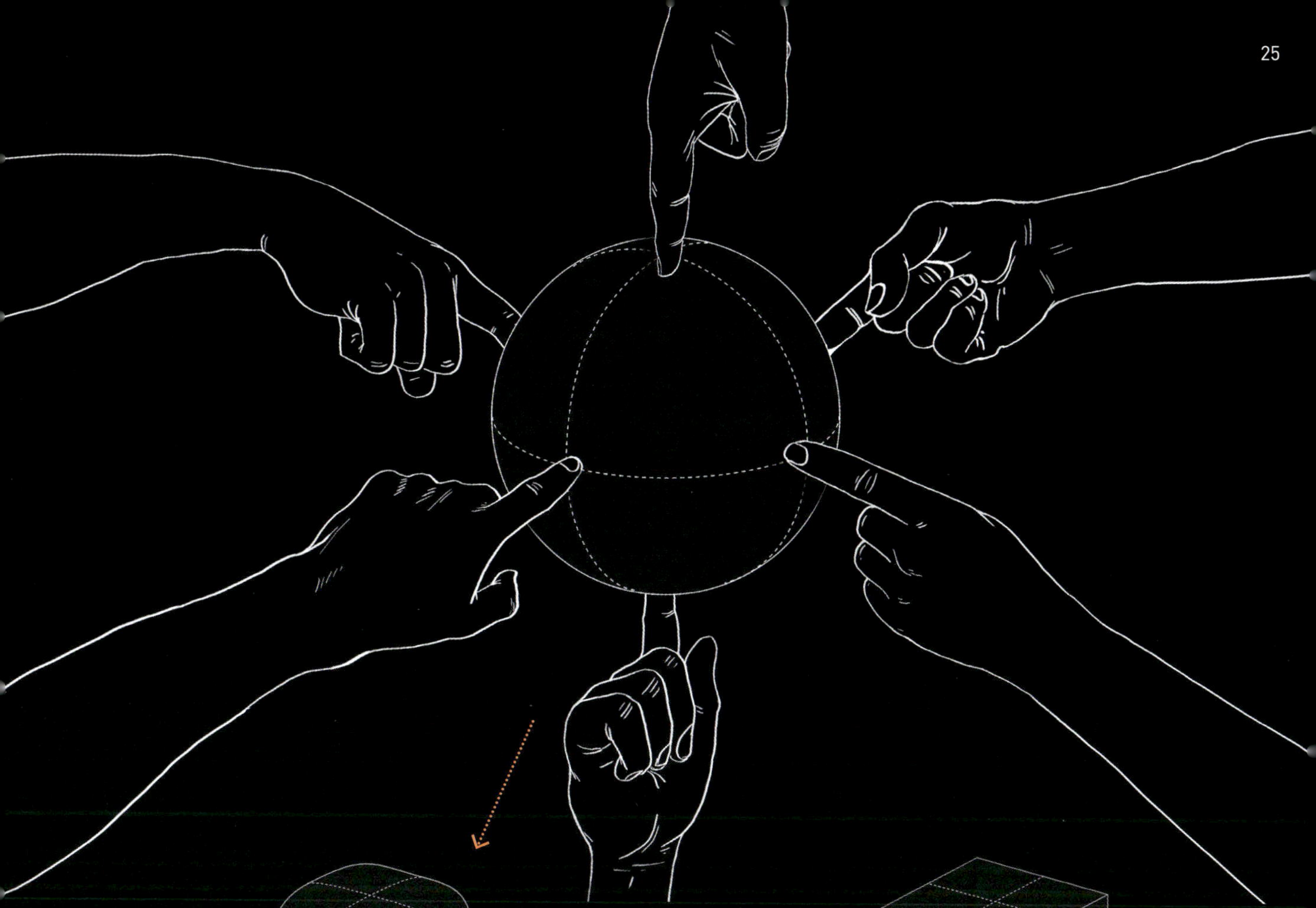

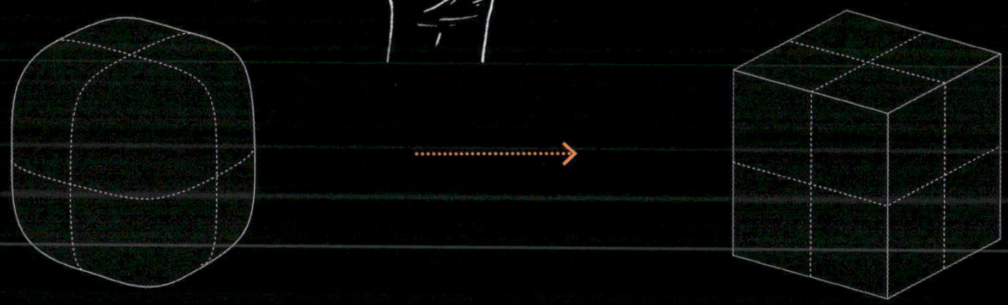

3차원으로 넘어가면, 공은 큐브(정육면체)가 될 수도 있
고 피라미드, 비행접시, 감자, 그리고 말발굽과도 같다.

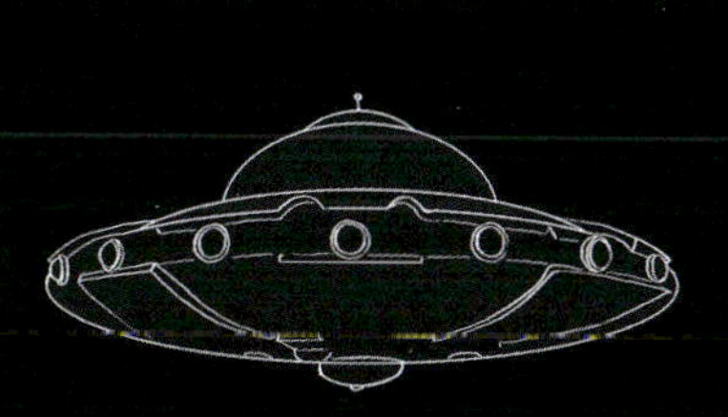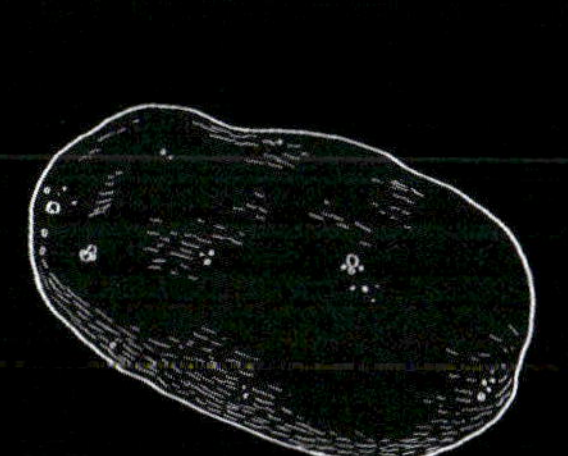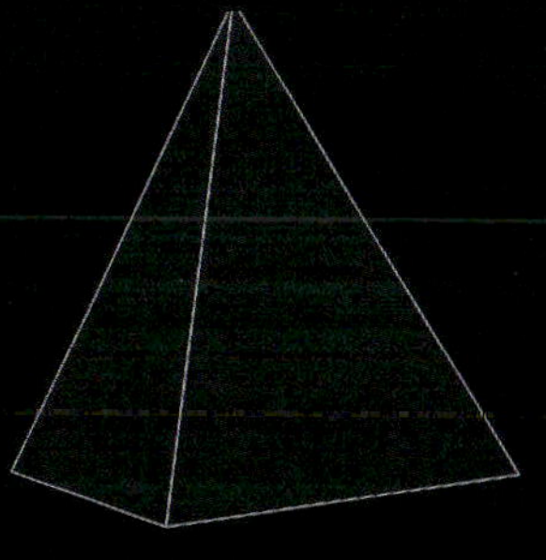

위상수학자의 관점에서 보면 이 모든 형태 — 정확히 말
하면 다양체들은 — 서로를 변형함으로써 만들어질 수 있
다. 그래서 이들은 모두 동일하며, 그들의 용어로는 '위상동
형'이라고 부른다.

따라서 공과 큐브는 위상동형 다양체이다. 꽃병과 접시도 마찬가지다. 알고 보면 둘 다 공을 변형시킨 것뿐이니까!

위상수학자가 완전히 납작한 꽃병에 꽃을 꽂으려 애쓰는 모습을 가끔 볼 수 있는 건 바로 이런 이유 때문이다. 위상수학을 모르는 꽃들에게는 참 곤란한 일이겠지만 말이다.

이제 우리는 위상동형이 뭔지 이해를 했으니, 드디어 '구(sphere)'를 공략해 볼 차례다! 그런데 우리가 생각하는 것과는 달리, 평범한 구의 표면은 사실 2차원밖에 안 된다.

"경계가 없고 단일 연결된 모든 콤팩트 3차원 다양체는 3차원 구와 위상동형이다."

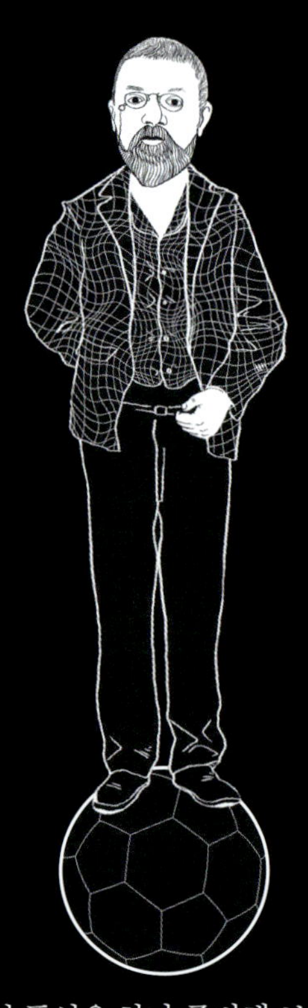

예를 들어 풍선을 하나 준비해 보자. 그리고 그 풍선 위에 위상수학자 한 명을 올려두는 거다.

물론 그 수학자를 개미만큼 작게 축소시켜서 말이다.

그 작은 수학자에게는 풍선의 곡률이 거의 느껴지지 않는다. 세상이 끝없이 넓고 평평해 보이는 거다. 평면 위에서처럼 왼쪽 오른쪽, 그리고 앞뒤로 움직일 수 있으니, 이건 2차원 다양체라고 할 수 있다.

그 증거로, 우리의 '구'는 이런 식으로도 표현할 수 있다.

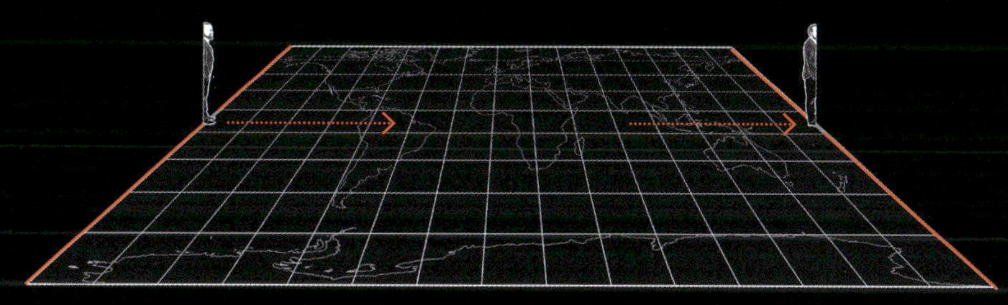

그래, 맞다! 우리는 이미 평평한 구를 다뤄본 적이 있다. 바로 '세계지도'라고 부르는 거다. 비록 평평한 종이 형태지만, 이 지도 는 위상수학적인 의미에서 여전히 '구'라고 할 수 있다. 왜냐하면 경계(끝)가 없으니까. 지도의 왼쪽 끝과 오른쪽 끝은 사실 가상의 경계일 뿐이다. 그 경계를 넘어가려고 하면, 곧바로 반대편에서 나 타나게 되니까 말이다.

지도의 위쪽과 아래쪽 변 역시 가상의 경계일 뿐이다. 그곳은 사실 점으로 모이는 북극과 남극 이기 때문이다.

원판이나 정사각형 모양의 세상에서 일어 나는 일과는 반대로, 구 위에서는 그 어떤 경 계와도 마주치지 않고 똑바로 계속 나아갈 수 있다. 최악의 경우라 해도, 같은 방향으로 아 주 오랫동안 걷다 보면 결국 처음 출발했던 지 점으로 되돌아오게 된다.

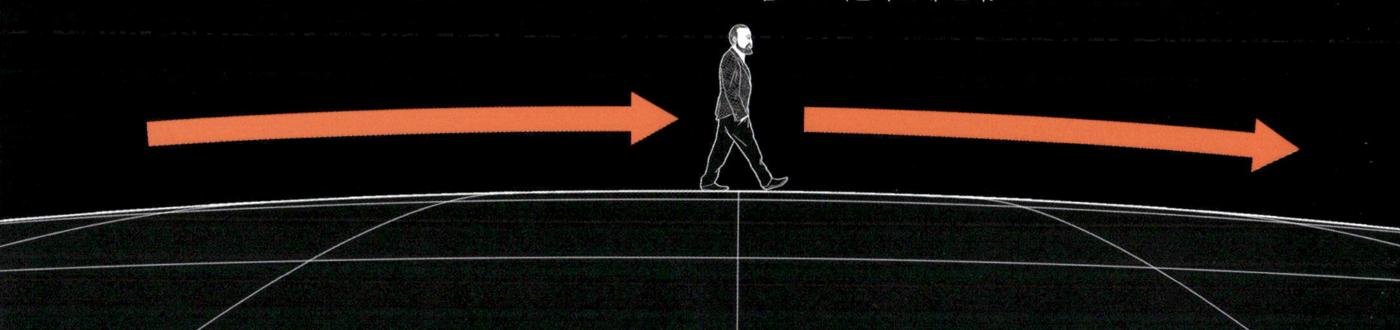

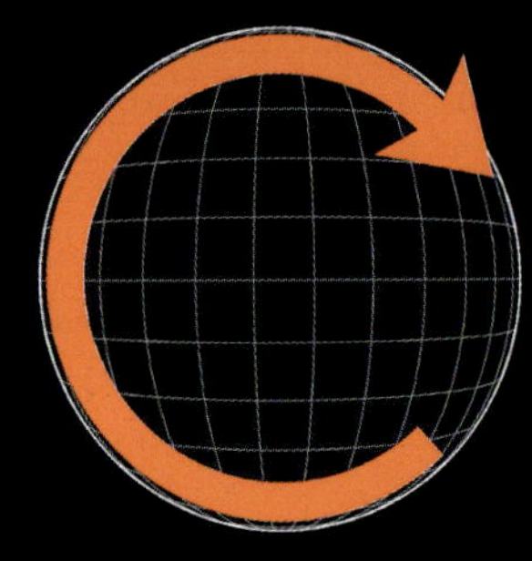

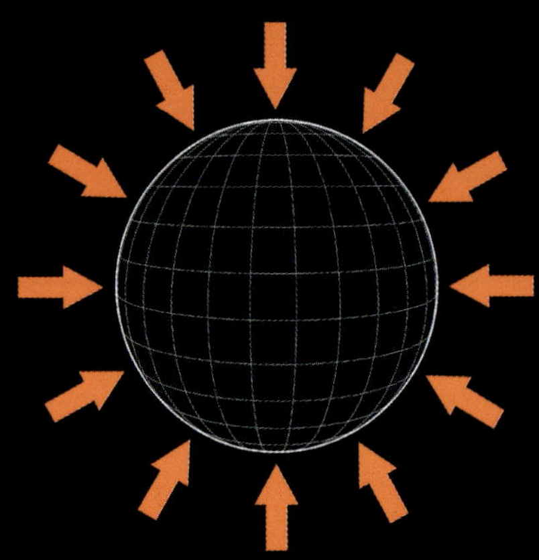

어디로 가든 '여기서부터는 낭떠러지야!' 하는 끝을 만날 수 없는 상태를 묘사하기 위해 위상수학자들이 사용하는 어휘는 우리의 다양체가 '경계가 없다'고 말한다.

반면에 기하학적인 평면과 달리, 우리의 구는 무한히 뻗어 나가지 않는다. 더 큰 구 안에 쏙 집어넣을 수는 있다. 이런 상태를 '콤팩트'하다고 한다. 아무리 경계가 없어도, 전체 크기는 유한해서 일정한 주머니(더 큰 구) 안에 담을 수 있다는 뜻이다.

이쯤에서 초보적인 실수를 하는 사람은 이렇게 결론 내릴지도 모른다. '큐브는 접시고, 접시는 꽃병이고, 결국 그게 다 구라면… 세상 모든 게 다 구 아니야?' 하지만 전혀 그렇지 않다.

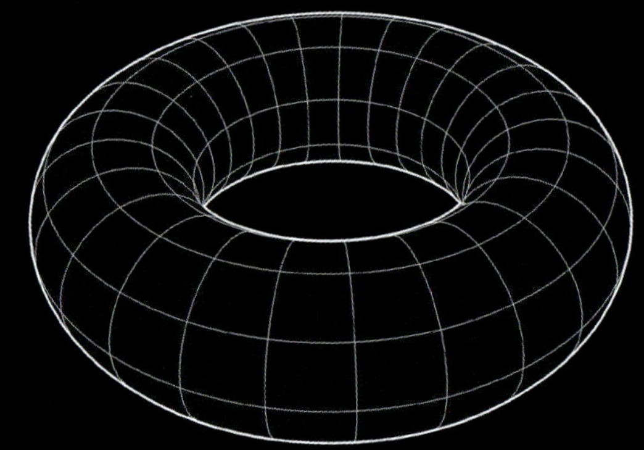

신사 숙녀 여러분, '토러스'를 환영해 주세요! 토러스는 도넛, 고리, 혹은 튜브처럼 생긴 모양이다. 구와 마찬가지로 토러스 역시 2차원이면서 경계가 없고 콤팩트한 다양체다.

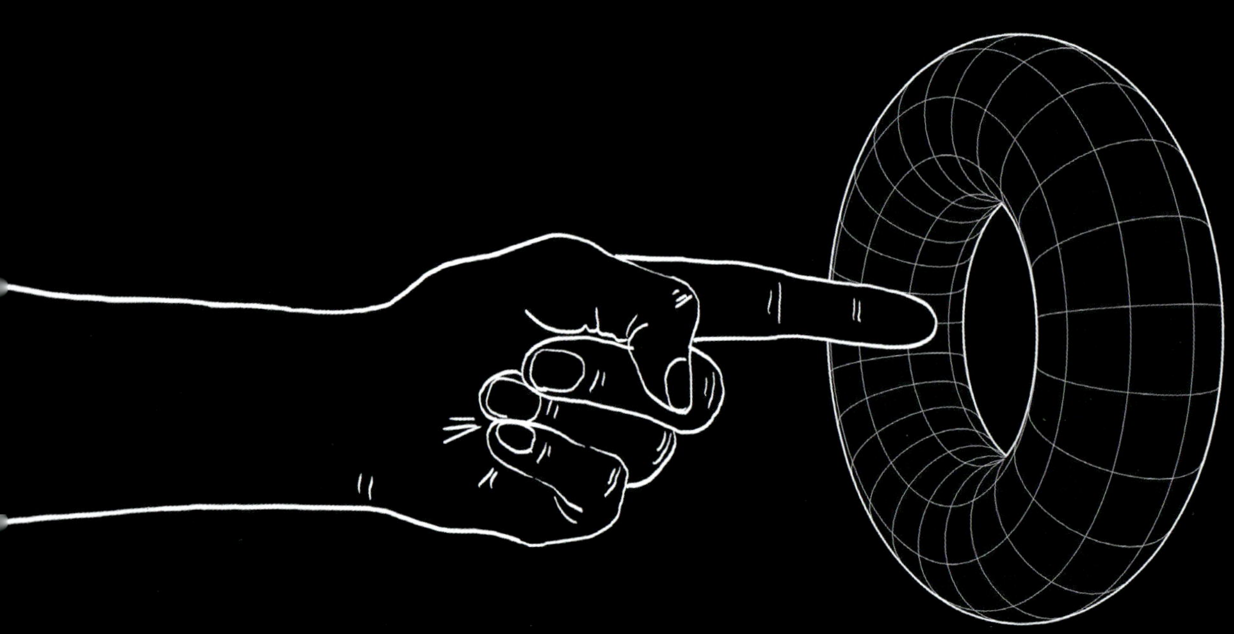

하지만 구와 토러스를 구분할 수 있게 해주는 근본적인 차이점이 하나 있다. 아마 여러분도 이미 눈치 챘겠지만, 바로 토러스의 한가운데에는 구멍이 있다는 사실이다!

맞다, 하지만 토러스에는 구멍이 있고 구에는 없다는 걸 어떻게 증명할 수 있을까? "그냥 눈에 보이잖아요"라는 식의 주장은 당연히 받아들여지지 않는다. 그런 말을 했다가는 모든 위상수학자의 멸시를 받게 될 거다.

다행히 이 문제를 해결하기 위해 위상수학자들은 아주 확실한 도구를 가지고 있다. 바로 '위상학적 올가미(라쏘)'다. 이 올가미를 구의 표면에 올려두고 한번 조여 보자. 어떻게 올려두든 결과는 똑같다. 올가미를 조이면 결국 아주 작은 한 점으로 수축되고 만다.
즉, 위상학적 올가미로는 구를 낚아챌 수 없다. 이것이 바로 구가 단일 연결되어 있다는 증거다.

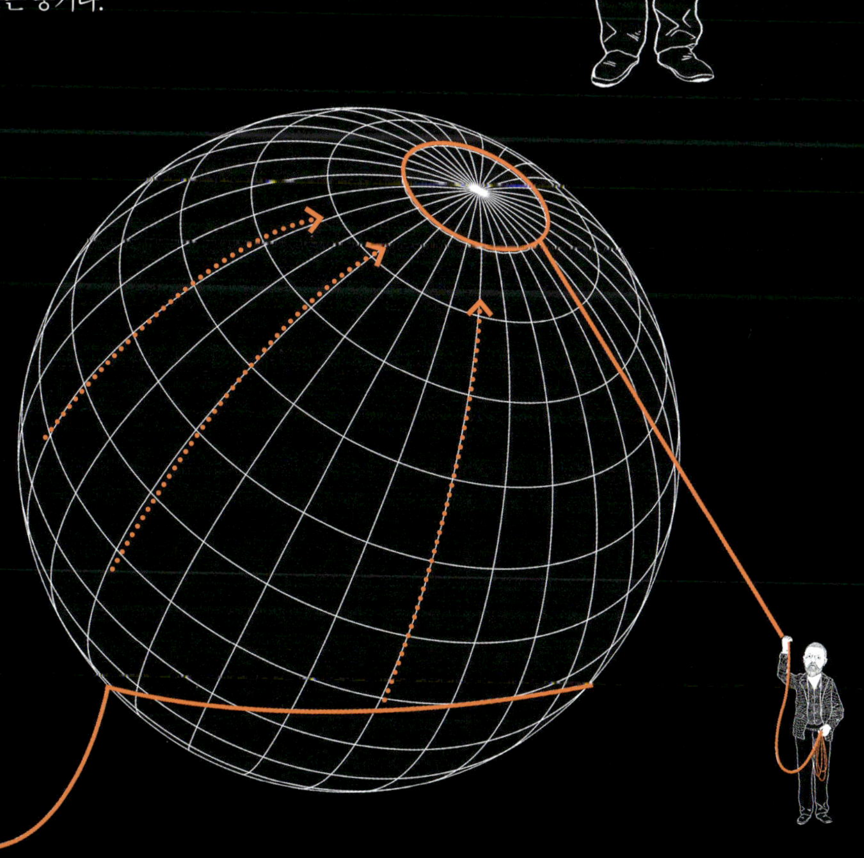

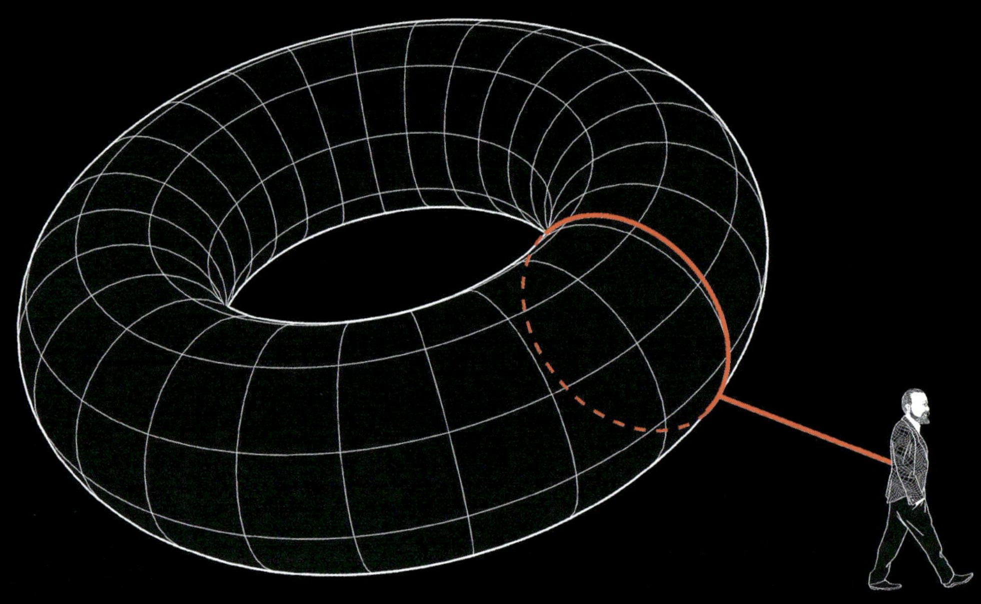

토러스(도넛 모양) 쪽으로 가면 이야기가 당연히 달라진다. 올가미를 적절히 잘 놓기만 하면, 실이 도넛에 걸려 완전히 조여도 한 점으로 모이는 게 불가능하다.

즉, 올가미로 토러스를 '포획'할 수 있다는 뜻이다! 이것이 바로 구와 토러스의 근본적인 차이다. 구는 단일 연결되어 있지만, 토러스는 그렇지 않다.

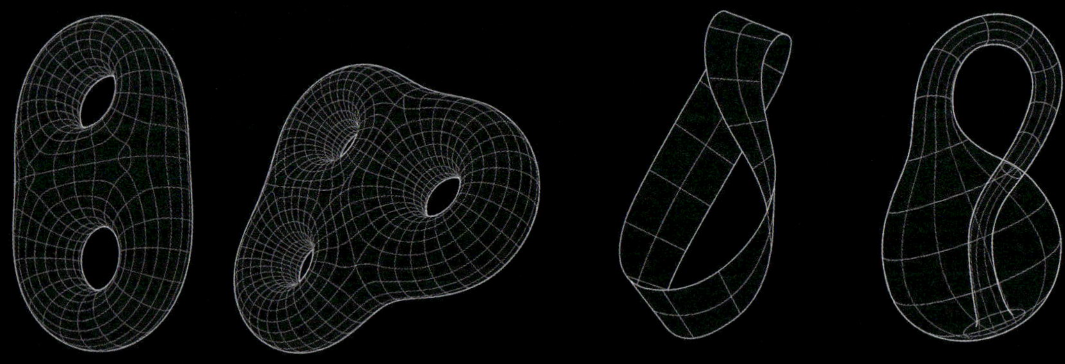

구와 토러스 외에도 2차원 다양체에는 마치 동물원처럼 수많은 모양이 존재한다. 구멍이 두 개, 세 개, 혹은 아주 많이 뚫린 토러스들도 있고…

…더 나아가 앞뒷면의 구분이 없는 뫼비우스의 띠나, 안팎의 구분이 없는 클라인의 병처럼 훨씬 더 기묘한 물체도 있다.

위상수학자는 자연스럽게 이런 질문을 떠올린다.

"경계가 없고, 콤팩트하며, 단일 연결된 2차원 다양체는 구 하나뿐일까?"

그런데 잠깐, 이 질문 어디서 많이 본 것 같지 않니? 그래, 바로 푸앵카레 추측과 아주 비슷하게 들릴 거야!

하지만 완전히 똑같은 건 아니다. 우리가 지금까지 이야기한 대상들은 모두 2차원 다양체이기 때문이다. 사실 2차원에서는 콤팩트하고 경계가 없으며 단일 연결된 것이 '구' 뿐이라는 사실을 푸앵카레가 이미 증명해 냈다.

하지만 그가 끝내 증명하지 못했던, 그 유명한 '푸앵카레 추측'은 바로 3차원 다양체에서도 이와 똑같은 법칙이 성립한다고 주장하는 거다!

푸앵카레는 스스로에게 이런 질문을 던졌다.

그리고 그는 이렇게 덧붙였다. "하지만 이 질문은 우리를 너무 먼 곳으로 이끌고 갈 것이다." 수학계에서 가장 어려운 문제들이 모인 명예의 전당에 이름을 올린, 이 질문에 누군가 마침내 해답을 내놓기까지는, 무려 한 세기의 시간이 더 필요했다.

32

우선 이렇게 자문해 보자. '3차원 구'란 도대체 무엇일까? 우선, 이건 앞가 살펴본 '2차원 구'처럼 그 위에서는 앞뒤, 좌우로만 움직일 수 있는 어떤 '표면'이 아니라 하나의 '부피'를 가진 대상이다.

그래서 우리는 평범한 일상 공간에서처럼 세 가지 방향으로 자유롭게 움직일 수 있다. 하지만 주의해야 한다. 이건 우리가 흔히 아는 '공'도 아니다! 왜냐하면 공은 정확히 '2차원 구'로 이루어진 경계를 가지고 있기 때문이다.

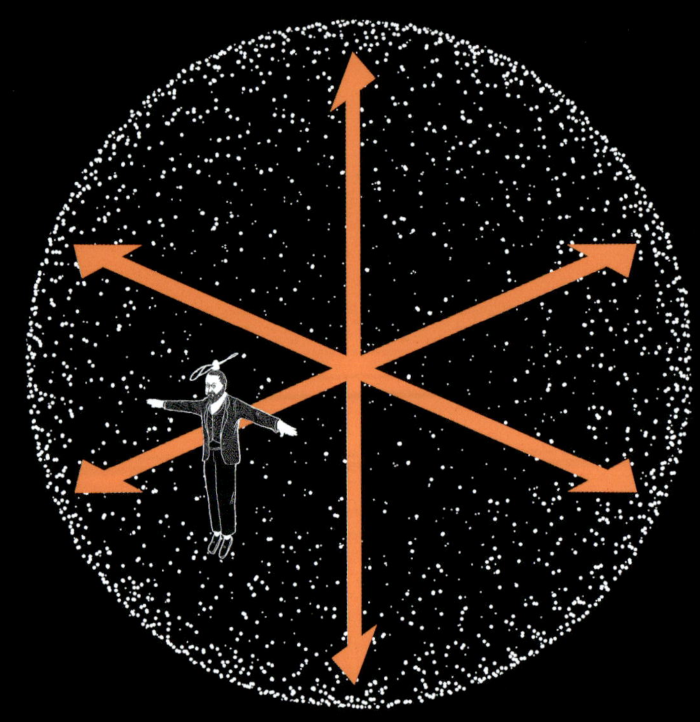

3차원 구는 유한한 공간이지만 경계가 없다. 만약 내가
그 안에서 직선으로 계속 나아간다면, 결국 처음 출발했던
지점으로 되돌아오게 될 거다.

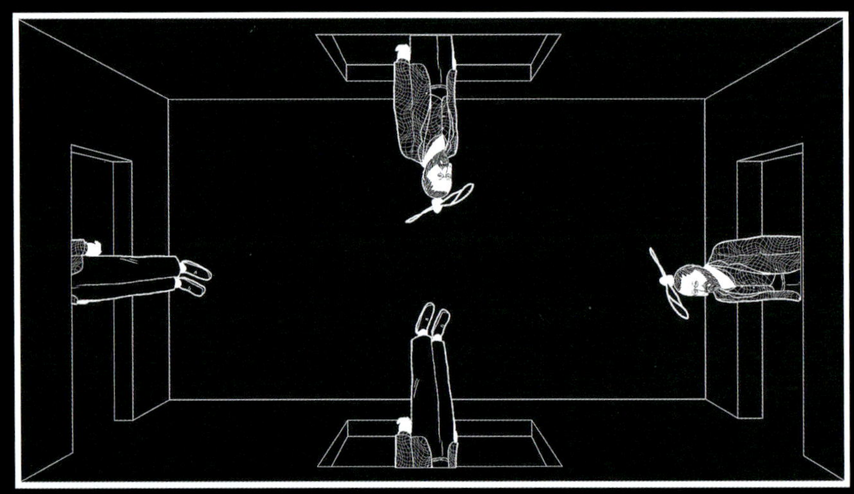

마치 어떤 방에서 왼쪽 벽으로 나갔는데 천장으로 다시 들어오고 바닥으로 나갔는데 오른쪽 벽에서 튀어나오는 것과 같은 원리라고 할 수 있다.

경계는 없지만 무한하지도 않은 이 기묘한 세계는 어쩌면 우리 우주의 모양과 닮았을지도 모른다.··· 하지만 그건 또 다른 이야기니, 다시 우리의 '추측'으로 돌아가 보자.

클레이 수학 연구소는 가장 중요하다고 생각되는 일곱 가지 미해결 수학 문제인 '밀레니엄 문제'를 선정했고, 각각의 문제를 해결할 때마다 100만 달러의 상금을 지급하기로 결정했다.

거의 한 세기 전 푸앵카레가 제안했던 그 추측도 선정된 문제 중 하나였다. 그리고 바로 그때, 거의 전설이 될 한 비범한 러시아 수학자가 무대에 등장하게 된다.

7년간의 고독한 연구 끝에, 2002년 그레고리 페렐만은 마침내 그 추측을 증명해 냈다고 발표했다.

하지만 그는 자신의 증명을 학술지에 제출하는 대신,
인터넷에 40페이지 분량의 글을 게시하는 데 그쳤다.
이 텍스트는 너무 복잡하고 함축적이어서, 수학계가
내용을 제대로 이해하고 설명하며, 페렐만이 빠뜨린
일부 추측들을 보완하는 데 무려 4년이라는 시간이 걸렸다.

결국 2006년, 그에게 수학계에서 가장 권위 있는 상인 필즈상
이 수여되었지만 그는 이를 거절했다. 2010년에는 클레이 재단이
약속했던 100만 달러의 상금을 수여하려 했으나, 그는 돈과 명
성에는 관심이 없다며 이 또한 거절했다.

페렐만은 3차원에서도 오직 '구'만이 위상학적 올가미를 빠져나갈 수 있다는 것을 증명함으로써, 자신의 이름을 푸앵카레의 이름 옆에 새겨 넣었다. 요약하자면 다음과 같다.

"경계가 없고 단일 연결된 모든 콤팩트 3차원 다양체는 3차원 구와 위상동형이다."

CHAPTER III

무한의 길 위에서

평범한 크기의 뇌를 가진 보통의 존재인 우리에게 '무한'을 상상하기란 쉽지 않은 일이다. 수학적으로 무한에 다가가는 방법 중 하나는, 킬로미터 표지석마다 자연수가 적혀 있는 아아아아아주 긴 고속도로를 달리는 거다.

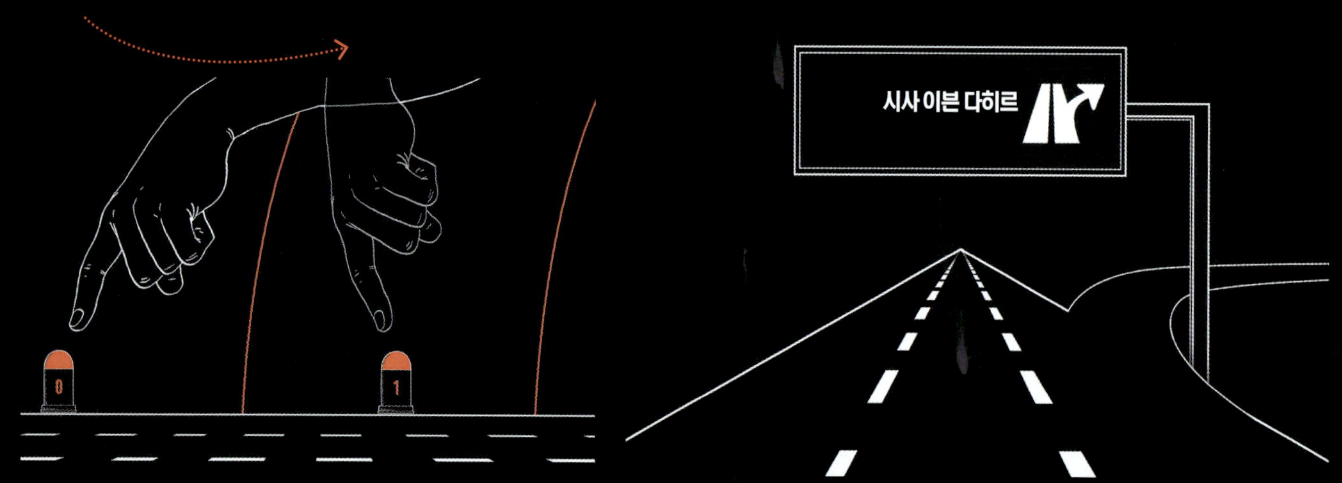

0, 1, 2, 3… 이런 식으로 끝없이 계속 가는 거다. 여행이 조금 길어지겠지만, 어차피 우린 산책 중이니까 괜찮다.

머지않아 백만을 넘어서고, 이어서 십억에 도달하게 될 거다. 그리고 마침내 '브라만 시사'의 나라에 도착하게 된다.

전설에 따르면 시사 이븐 다히르가 체스 게임을 발명했고, 시람 왕이 발명가에게 보상을 주고자 했을 때 시사는 이렇게 요청했다. 체스 판의 첫 번째 칸에는 쌀 한 알을, 두 번째 칸에는 두 알을, 세 번째 칸에는 네 알을, 네 번째 칸에는 여덟 알을 놓아달라는 식으로 말이다.

그 요청이 너무나 소박하다는 사실에 놀란 왕은 이를 흔쾌히 승낙했다. 하지만 곧 영리한 시사가 요구한 보상이 실제로는 쌀 1,800경 알이 넘는다는 것을 깨닫게 된다. 이는 부피로 따지면 약 400km³에 달하는 양이다.

18 446 744 073 709 551 615

하지만 '경' 단위조차도 무한으로 가는 길목에서는 하나의 단계일 뿐이다. 더 나아가기 위해서는 '10의 거듭제곱'을 사용해야 한다. 1경은 숫자 '1' 뒤에 0이 18개 붙은 숫자다.

1 000 000 000 000 000 000 000

이를 10^{18}이라고 쓸 수도 있는데, 이렇게 하면 종이 지면을 가득 채우지 않고도 훨씬 더 큰 숫자를 셀 수 있게 된다.

$$10^{18}$$

10^{25} 근처에 이르면 우리는 미터(m) 단위로 표현한 관측 가능한 우주의 크기에 도달하게 된다.

10^{80}에 이르면 우주를 구성하는 원자의 개수마저 넘어서게 된다.

하지만 수학의 세계는 이토록 쩨쩨한 한계 따위는 알지 못하며, 자연수의 고속도로는 여전히 눈이 닿지 않는 곳까지 뻗어 있다.

오랫동안 수학자들은 무한에 대해 이 정도 생각에 만족해 왔다. 즉, 분명히 한계는 없지만 오직 부분적으로만 방문하고 상상할 수 있는 '잠재적 무한(끝없이 숫자를 더해갈 수 있다는 가능성으로서의 무한)'이라는 아이디어 말이다.

더 멀리 나아가기 위해서는 1845년에 태어난 독일의 수학자가 필요하다. 바로 집합론의 창시자인 게오르크 칸토어다.

칸토어에게 자연수는 무한을 향해 뻗어 나가는 고속도로가 아니라, 우리가 전체적으로 파악할 수 있고 또 파악해야만 하는 하나의 집합이다.

자, 이제 모든 자연수를 포함하고 있는 집합 N을 소개한다. 이건 다른 집합들과 똑같은 집합이지만, 딱 한 가지 점이 다르다. 바로 그 안에 들어있는 원소의 개수가 무한하다는 사실이다.

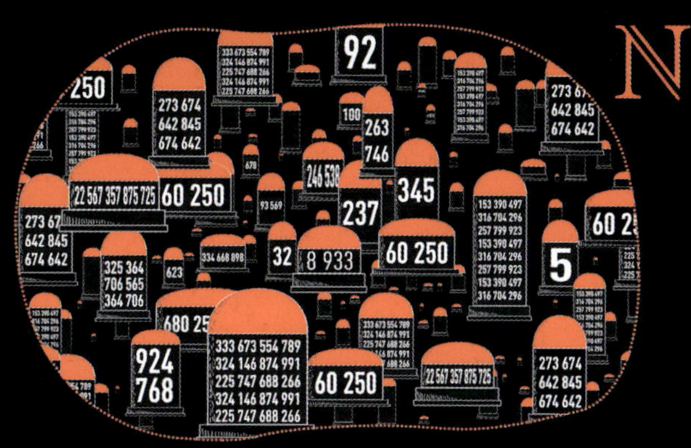

$$N = \infty$$

어떤 집합 안에 들어있는 원소의 개수를 우리는 '기수'라고 부른다. 그리고 18세기부터 자연수의 집합 N의 기수를 나타내기 위해 ∞라는 기호를 사용해 왔다.

"집합 N의 기수는 무한이다"라는 이 공식만 보면 마치 여행이 끝난 것 같지만, 사실 이건 시작일 뿐이다.

더 나아가기 위해서는 칸토어의 위대한 발명품인 일대일 대응과 친숙해져야 한다. 두 집합 사이에서 각각의 원소를 하나도 빠짐없이 둘씩 짝을 지어 연결할 수 있다면, 그 두 집합 사이에는 일대일 대응이 존재한다고 말한다.

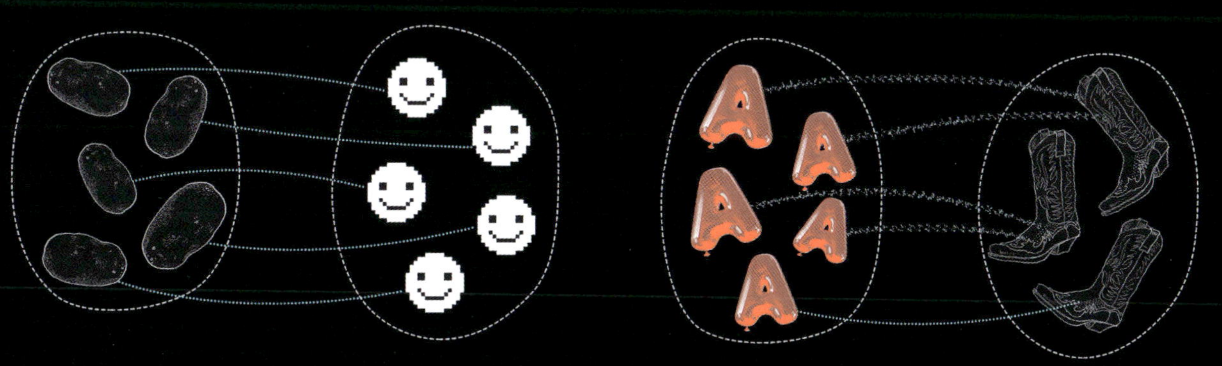

어떨 때는 이게 완벽하게 들어맞지만,

어떨 때는 그렇지 않다. 두 집합 사이에 일대일 대응을 만들 수 있다는 건, 두 집합이 정확히 같은 개수의 원소(즉, 같은 기수)를 가지고 있다는 뜻이다.

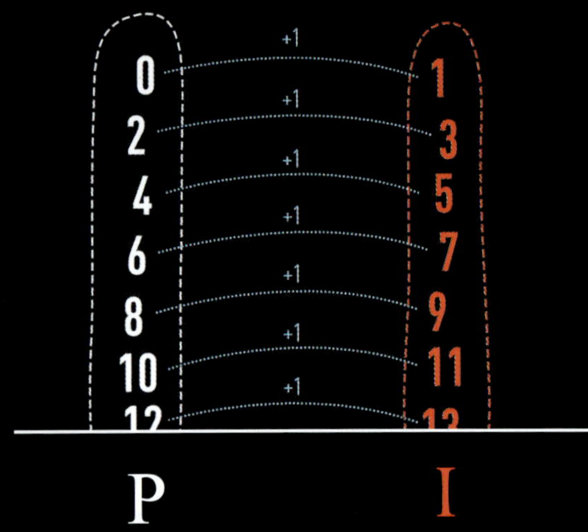

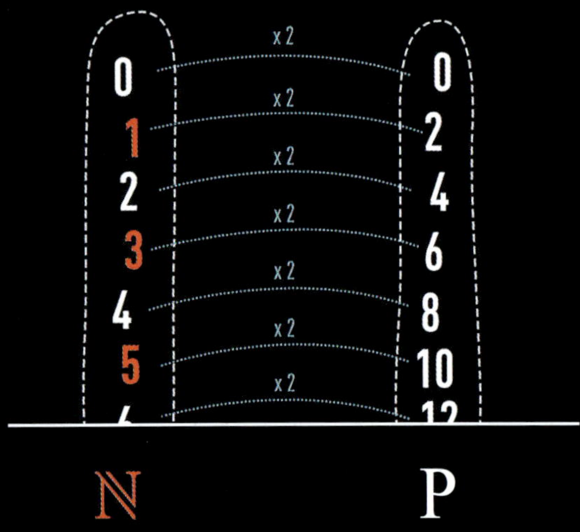

일대일 대응에서 정말 흥미로운 점은 이것이 무한집합에도 똑같이 적용된다는 거다. 예를 들어, 한쪽에는 짝수 집합을, 다른 한쪽에는 홀수 집합을 두어 보자.

이해를 돕기 위해 숫자를 순서대로 나열해 본다. 각 짝수에 1을 더하기만 하면 각각의 홀수를 얻을 수 있다. 즉, 두 집합 사이에는 일대일 대응이 존재하고, 따라서 그 기수(개수)도 서로 같다. 짝수의 개수와 홀수의 개수는 똑같다는 뜻이다.

이제 모든 자연수의 집합 N과 짝수의 집합 P를 비교해 보자

다시 한 번 각각의 숫자를 순서대로 나열하는 거다. 모든 정수에 2를 곱하면 차례대로 각각의 짝수를 찾아낼 수 있다.

따라서 두 집합 사이에는 일대일 대응이 존재한다. 이 말은 곧, 짝수의 개수가 자연수 전체의 개수와 똑같다는 뜻이다.

무척이나 이상하게 들리겠지만, 무한집합의 세계에서는 부분이 전체만큼 클 수도 있다!

$$|\mathbb{P}| = |\mathbb{N}|$$

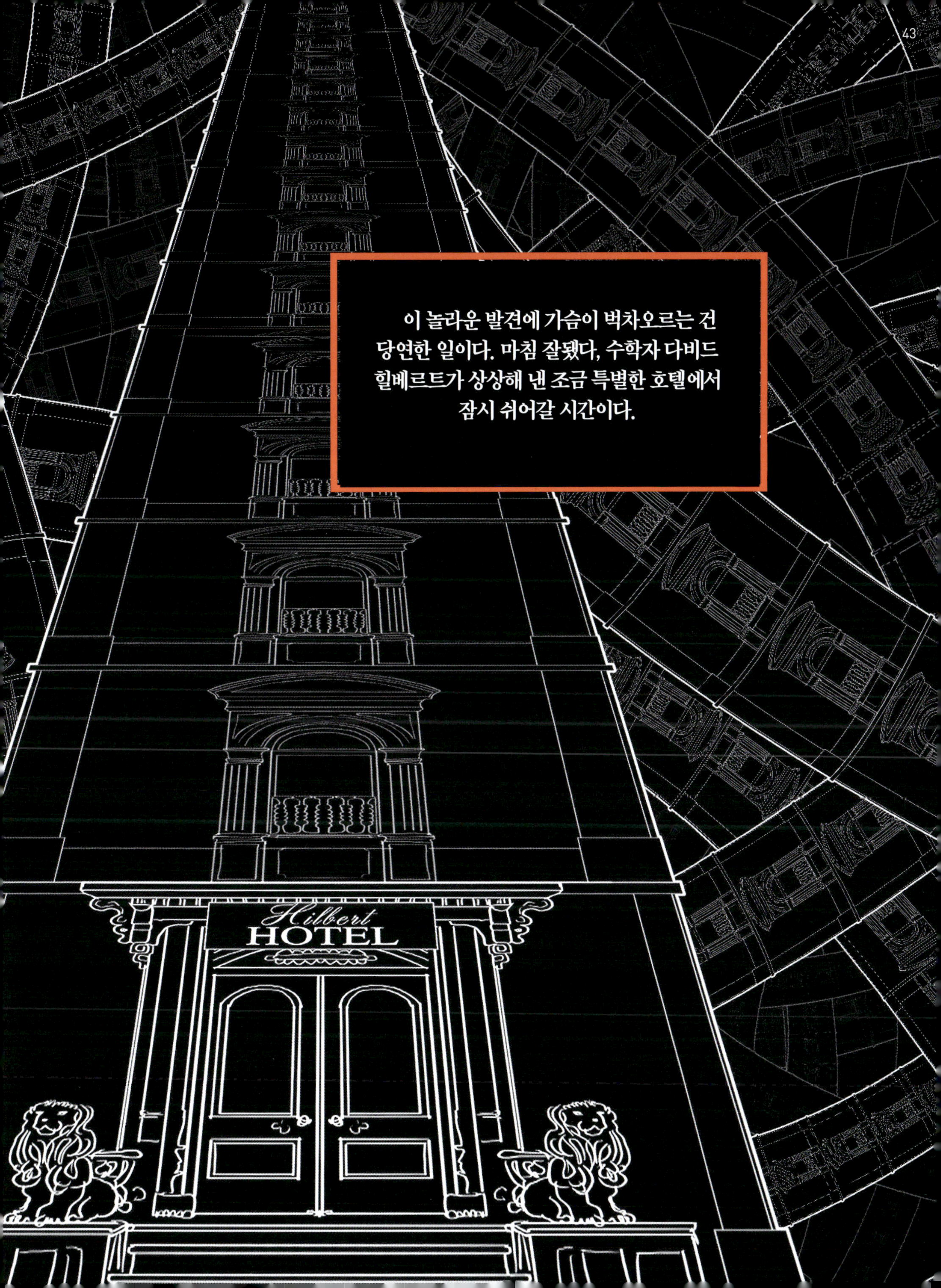
이 놀라운 발견에 가슴이 벅차오르는 건
당연한 일이다. 마침 잘됐다, 수학자 다비드
힐베르트가 상상해 낸 조금 특별한 호텔에서
잠시 쉬어갈 시간이다.

Hilbert
HOTEL

힐베르트 호텔은 번호가 매겨진 무한한 수의 객실을 가지고 있어 참 편리하다. 왜냐하면 모든 방이 꽉 찼을 때조차도 항상 자리가 남아있다.

만약 새로운 여행객 한 명이 찾아오면, 모든 투숙객에게 바로 위 번호의 방으로 옮겨달라고 요청하기만 하면 된다. 그러면 0번 방(혹은 1번 방)이 비게 된다.

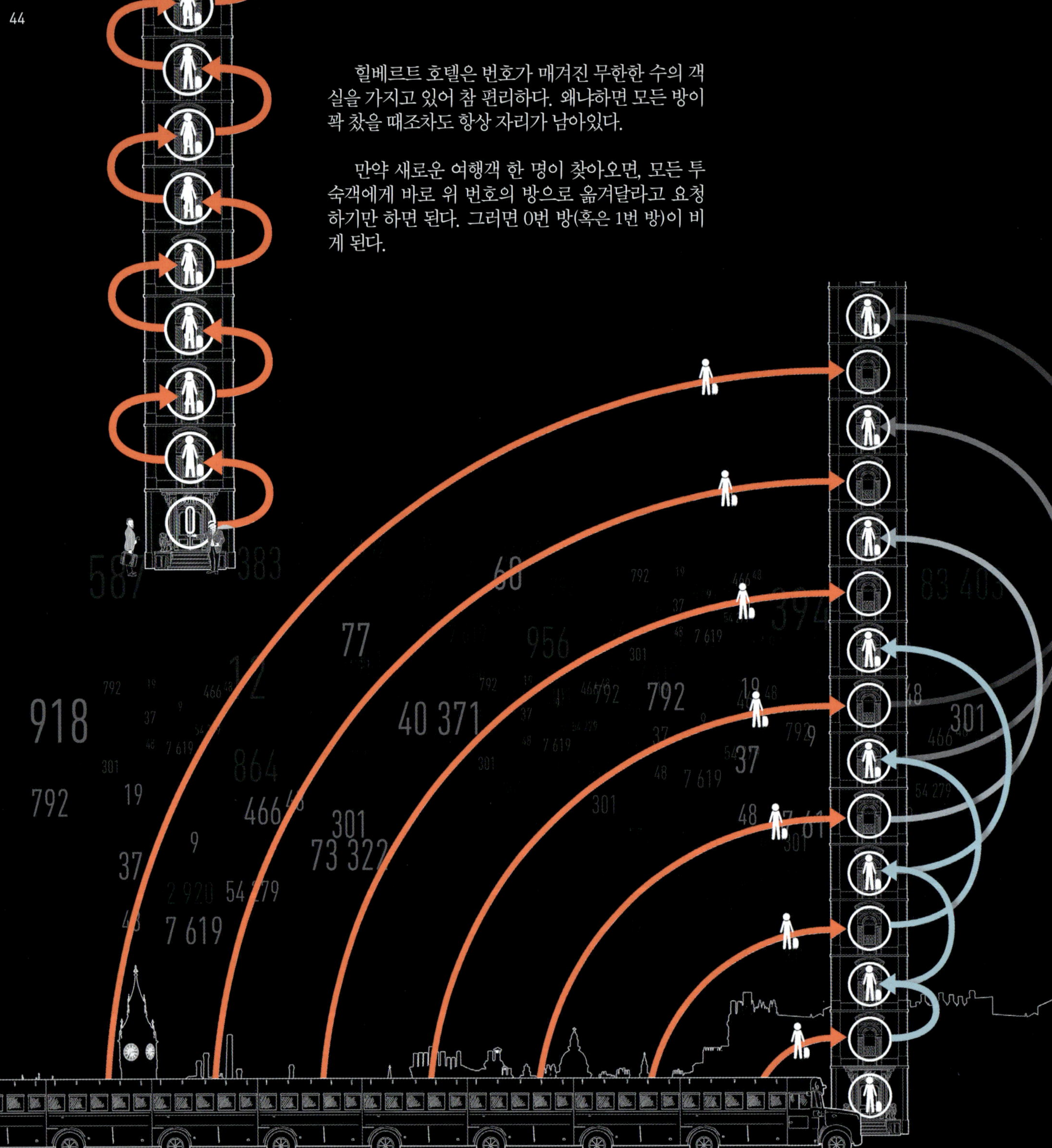

그런데 이번에는 호텔 주차장에 버스 한 대가 도착했다. 아아아아아주 긴 버스다, 왜냐하면 이건 무한 버스거든. 어떻게 해야 할까? 무한히 많은 새로운 여행객을 숙박시키기 위해 어떻게 무한히 많은 방을 비울 수 있을까?
간단하다! 각 투숙객에게 현재 방 번호의 두 배가 되는 번호의 방으로 옮겨달라고 하는 거다. 1번 방 손님은 2번으로, 2번 방 손님은 4번으로 가는 식이지. 이렇게 하면 모든 홀수 번호의 방이 비게 되고, 무한 버스에서 내린 승객들은 아무 문제없이 모두 방을 배정받을 수 있다.

우리는 방금 다비드 힐베르트의 도움을 통해 다음의 사
실을 이해했다.

우리는 무한한 양들을 서로 더해도 그 크기가 늘어나지
않는다는 사실을 보았다. 결국 이건 꽤 논리적으로 들린다.
'무한'보다 더 큰 것을 어떻게 상상이나 할 수 있겠나?

하지만 놀랍게도, 칸토
어는 1871년에 이를 증명하
는 논문을 발표했다. 바로
서로 다른 여러 가지 무한이
존재한다는 사실을 말이다.

우리 여행의 시작점으로 되돌아가
보자. 고속도로의 킬로미터 표지석들
은 자연수를 나열하고 있었다. 하지만
자연수와 자연수 사이에는 수많은 다른
숫자가 존재한다. 3.75와 같은 소수점
숫자뿐만 아니라, π나 √2처럼 소수점
아래로 무한히 많은 숫자가 이어지는
기묘한 숫자들까지 말이다.

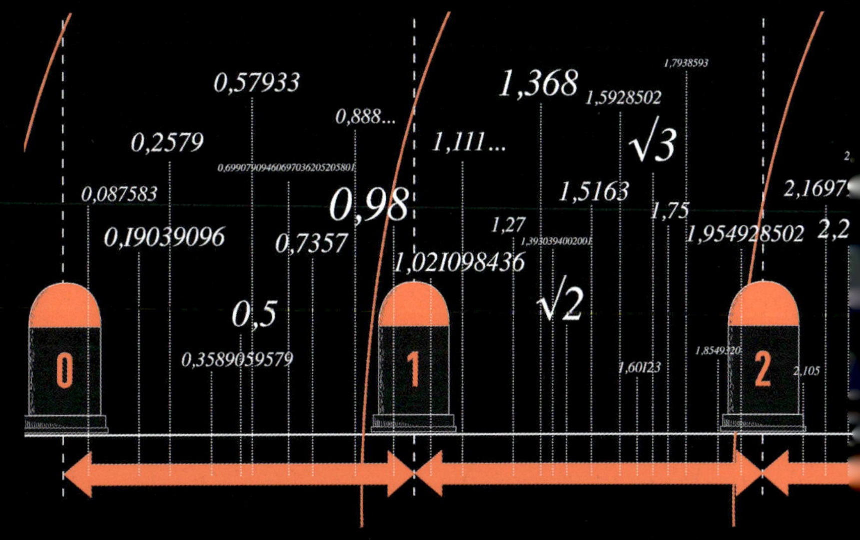

요약하자면, 수학자들이 실수(ℝ)라고 부르는 무한 집합
이 남아 있다.

칸토어는 증명을 위해 이 실수 집합 중 아주 작은 구간인 0과 1 사이의
숫자들만 따로 떼어 생각하기로 했다.

만약 자연수의 개수가 이 구간 안에 있는 실수의 개수와 같다면, 두 집
합 사이에 일대일 대응을 만들 수 있을 것이다. 즉, 0과 1 사이의 모든 숫자
를 빠짐없이 포함하는 번호 매겨진 목록을 작성할 수 있어야 한다는 뜻이
다.

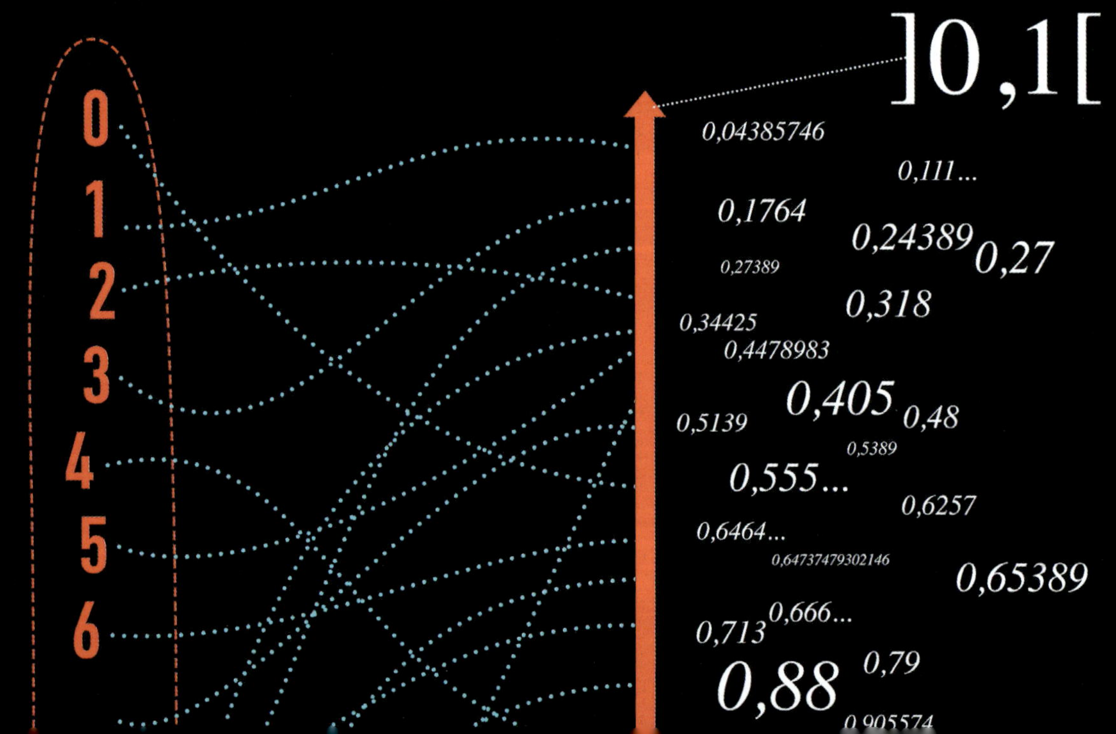

칸토어는 이렇게 말했다. "이 목록이 실제로 존재한다고 가정해 보자." 이건 무한한 목록이다. 꼭 순서대로일 필요는 없다. 각각의 숫자는 0으로 시작하고, 소수점 아래로 숫자가 무한히 이어질 수도 있고 아닐 수도 있다.

1	0,4478983169369268799486
2	0,0394911263758899058693
3	0,7900000000000000000000
4	0,9204924991987965765899
5	0,1111111111111111111111
6	0,6376376376376376376376

자, 이제 집중해 보자. 이 목록에서 첫 번째 숫자의 첫 번째 소수 자릿수를 가져오고, 두 번째 숫자의 두 번째 소수 자릿수를 가져오는 식으로 계속해 보는 거다. 이렇게 목록을 가로지르는 대각선을 따라 뽑아낸 숫자들로 새로운 숫자를 하나 만들어 내는 거다.

$$0,4304172090056949329029$$

그다음, 우리가 만든 이 숫자의 각 자릿수를 하나씩 바꾼다. 예를 들어 원래 숫자에 각각 1을 더하는 식으로 말이다.

$$0,5415283101056949329029$$

1
0,4478983169369268
X
0,5415283101167050

이렇게 새로 만들어진 숫자 'X'는 첫 번째 소수 자릿수가 다르기 때문에 목록의 1행에 있는 숫자와 다르다.

2
0,0394911263758899
X
0,5415283101167050

두 번째 자릿수가 다르니까 2행의 숫자와도 다르다.

3
0,7900000000000000
X
0,5415283101167050

세 번째 자릿수가 다르니 3행의 숫자와도 다르다. 이런 식으로 계속되는 거다. 결국 우리가 방금 얻어낸 이 숫자는 목록에 들어있는 그 어떤 숫자와도 반드시 다를 수밖에 없다. 어떤 목록을 가져오더라도, 그 목록에 들어있지 않은 새로운 실수를 우리는 언제나 찾아낼 수 있다는 뜻이다!

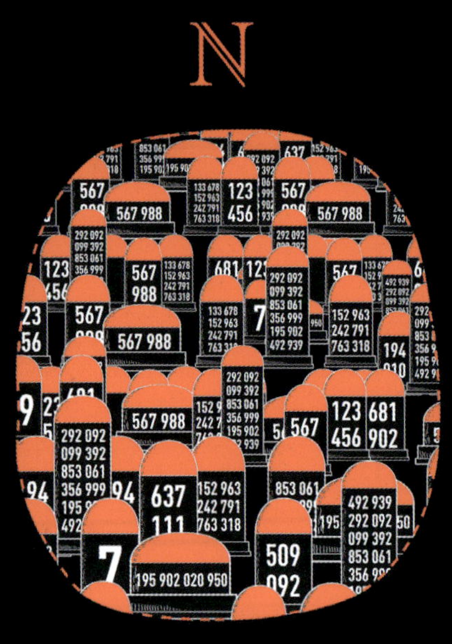

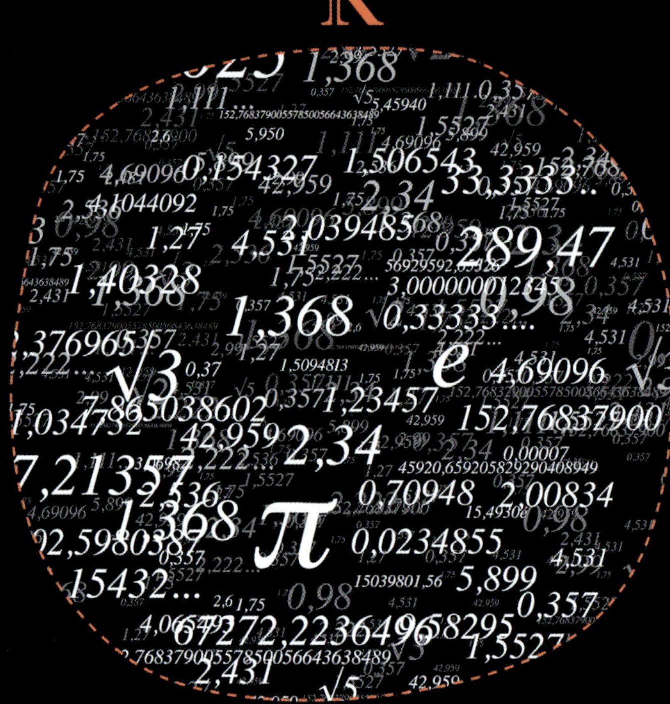

결국 두 집합 사이에는 일대일 대응이 불가능하다. 0과 1 사이의 구간에 있는 실수의 개수가 자연수의 개수보다 더 많다는 뜻이다. 따라서 0과 1 사이의 구간을 포함해 모든 숫자를 품고 있는 실수 집합 R은 자연수 집합 N보다 더 크다. 두 집합 모두 무한하지만, 실수 집합 R은 말하자면 '훨씬 더 무한'한 셈이다!

이쯤 되면 이제 정말 여행이 끝났고, 실수 집합의 기수가 세상에서 가장 큰 숫자일 거라고 생각할 수도 있다.

하지만 아니다. 게오르크 칸토어는 점점 더 커지는 무한집합들이 무한히 줄지어 존재한다는 사실을 증명했다. 각각의 기수들은 $\aleph_0, \aleph_1, \aleph_2, \cdots$ 같은 기호로 표시한다.

칸토어가 수학계에 무한히 많은 무한을 선
물했음에도 불구하고, 그는 평생 명문대학교
에서 교수직을 얻지 못했다. 그건 레오폴트
크로네커라는 영향력 있는 동료 수학자가 칸
토어의 생각을 너무 현대적이고 파격적이라
며 싫어했기 때문이다. 요컨대, 영겁의 시간
도 길지만 부당함이 주는 고통도 참 길다.
특히 그 끝으로 갈수록 말이다.

CHAPTER IV

죄수의 딜레마

제롬 코탕소와 공동 집필

이 이야기는 마치 한 편의 범죄 영화처럼 시작된다. 두 명의 갱단원이 강도 사건이 막 일어난 곳 근처에서 권총을 소지한 채 체포된다. 수사를 담당한 형사는 증거를 하나도 갖고 있지 않지만, 자백을 받아내기 위해 한 가지 계획을 세운다.

형사는 용의자들을 각각 다른 취조실에 격리한 뒤, 두 사람에게 똑같은 제안을 한다.

"자백하고 공범을 밀고하는 자는 즉시 석방하겠다. 만약 둘 다 입을 다물면, 불법 무기 소지죄로 감옥에서 딱 한 달만 살면 된다. 하지만 둘 다 자백하면 형량을 나눠 각자 5년씩 살게 될 것이다. 반면, 본인은 침묵하는데 공범이 자백할 경우, 침묵한 사람은 독박을 써서 10년 형을 받게 된다."

겉보기에는 해결책이 명확해 보인다. 둘 다 입을 다물고 한 달 형만 사는 것이 최선이다. 하지만 이 두 강도는 평범한 사람들이 아니라 수학자다. 그리고 바로 여기서 문제가 복잡해진다.

사실 우리의 두 수학자—편의상 X와 Y라 부르자—는 전략적 문제를 다루는 수학의 한 분야인 '게임 이론'을 적용하기 시작한 것이다.

이 모든 것은 아이디어가 끊임없이 샘솟던 천재이자 만능 수학자, 존 폰 노이만의 머릿속에서 시작되었다.

1944년, 그는 경제학자 오스카 모르겐슈테른과 함께 『게임 이론과 경제적 행동』이라는 기념비적인 책을 출판한다. 두 저자가 내건 야심 찬 목표는 바로 사람들이 내리는 선택(경제학)을 수학으로 설명할 수 있는 틀을 만드는 것이었다.

그들이 바라본 인간은 감정에만 휘둘리는 존재가 아니라, 자신에게 가장 이익이 되는 선택을 하려는 존재였다. 이 관점은 신고전파 경제학의 기본 생각과도 맞닿아 있다. 예를 들어 샌드위치 가게 주인은 가능한 한 비싸게 팔고 싶어 하고, 손님은 싸게 사고 싶어 한다. 서로 원하는 것이 다르지만, 시장의 경쟁 속에서 결국 어느 정도의 균형 가격이 형성된다는 것이다.

게임 이론은 이름 때문에 단순히 '놀이에 대한 이론'처럼 보일 수 있다. 하지만 실제로는 사람이나 집단이 어떤 상황에서 어떤 전략을 선택하는지를 설명하려는 이론이다. 여기서 말하는 '게임'이란 여러 사람이 각자 선택을 하고, 그 선택이 서로에게 영향을 미치는 상황을 뜻한다. 그래서 게임 이론은 포커 같은 카드 게임뿐 아니라, 임금 협상, 기업 간 경쟁, 국가 간 외교 전략에도 적용할 수 있다.

이 점에서 게임 이론이 냉전 시대에 크게 발전한 것은 우연이 아니다. 당시 미국과 소련은 이런 선택 앞에 놓여 있었다. 서로를 믿고 군비를 줄이며 협력할 것인가 아니면 상대가 배신할 가능성을 두려워하며 더 많은 무기를 생산할 것인가. 만약 한쪽만 협력하면, 다른 쪽은 압도적인 힘을 얻게 된다. 하지만 서로를 믿지 못하면, 두 나라 모두 끝없는 군비 경쟁에 빠지게 된다. 이것은 전형적인 전략적 딜레마였다.

1950년, 훗날 노벨 경제학상을 받게 되는 또 다른 수학자 존 내시가 게임 이론이라는 건축물에 마지막 쐐기돌을 얹는다. 그는 사람들이 서로 상의하지 못한 채 각자 선택을 해야 하는 상황에서도, 어떤 특정한 선택의 조합에서는 누구도 혼자 전략을 바꿀 이유가 없다는 점을 증명했다. 이 상태를 '내시 균형'이라고 부른다. 내시 균형이란 쉽게 말해, "다른 사람들이 지금처럼 행동한다면, 나도 굳이 바꿀 필요가 없는 선택 상태"다.

그리고 공교롭게도, 이것이 바로 우리 앞에 놓인 두 강도 수학자들이 처한 상황과 정확히 일치한다.

이 경우 두 사람은 각각 두 가지 선택을 가지고 있다. 서로 협력할 것인가, 아니면 상대를 배신할 것인가.

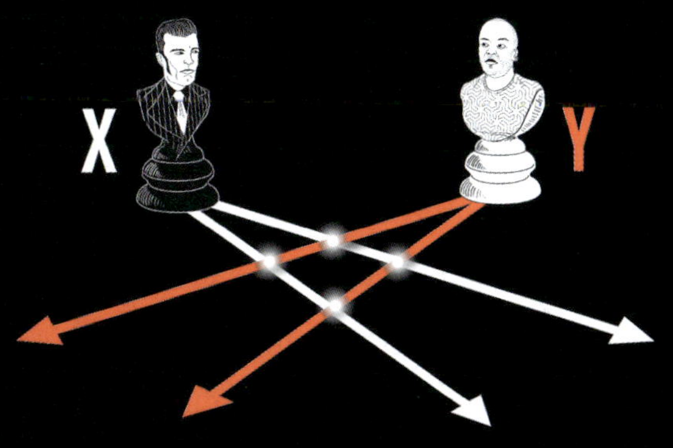

그 결과 4가지 결과가 도출되는 2인 대조표(보상 행렬)가 만들어진다.
협력: 상대를 배신하지 않는다. 배신: 상대의 범행을 폭로한다.

1. 둘 다 협력하는 경우: 두 사람 모두 한 달씩 복역한다.
2. X가 배신하고 Y가 협력하는 경우: X는 석방되고, Y는 10년형을 산다.
3. Y가 배신하고 X가 협력하는 경우: Y는 석방되고, X는 10년형을 산다.
4. 둘 다 배신하는 경우: 두 사람 모두 5년씩 복역한다.

전체적인 관점에서 본다면 가장 좋은 선택은 서로 협력하는 것이다. 이제 X의 입장에서 이 표를 바라보자. X는 Y가 어떤 선택을 할지 알 수 없다. 그래서 X는 가능한 모든 경우를 하나씩 따져본다.

Y가 협력할 경우,
X도 협력하면 한 달
X가 배신하면 석방
→ 배신이 더 낫다

반대로 Y가 배신할 경우,
X는 협력하면 10년,
X가 배신하면 5년
→ 역시 배신이 더 낫다.

따라서 표의 결과는 아주 명확하다. Y가 어떤 선택을 하든, X는 배신하는 것이 항상 유리하다.

　그리고 Y 또한 정확히 똑같은 추론을 할 것이기에, 두 수학자는 고작 한 달 만에 나갈 수 있었음에도 불구하고 결국 감옥에서 5년을 보내게 된다. 이것은 수학적으로 정해진 결과다. 이 비협력적 전략이 바로 그들이 처한 상황에서의 내시 균형이기 때문이다. 왜냐하면 서로가 배신이 유리한 상태에서 누구도 혼자 선택을 바꿀 이유가 없기 때문이다.

　하지만 내시 균형은 전혀 좋은 해결책이 아니었다. 이처럼 내시 균형은 각자에게는 합리적인 선택이지만, 전체로 보면 오히려 더 나쁜 결과를 만들어내기도 한다. 이 논리는 범죄 이야기에서만 나타나는 것이 아니다. 쓰레기 분리수거, 세금 신고, 군비 경쟁처럼 여러 사람이 함께 협력해야 좋은 결과가 나오는 상황에서도 같은 문제가 반복된다. 아무도 먼저 협력하려 하지 않기 때문이다.

X와 Y는 이웃사촌이다. 첫 번째 사람은 일찍 일어나는 편이며 오페레타를 즐기고, 두 번째 사람은 늦게 자며 펑크 록을 선호한다. 두 사람은 음악 소리를 줄이며 협력하려고 노력할까, 아니면 자기 고집대로 밀어붙일까? 이것이 바로 '반복되는 죄수의 딜레마'라고 불리는 상황이다. 매일같이 반복되는 문제이기에 더 이상 단 한 번의 선택으로 끝나지 않고, 일련의 연속적인 선택이 된다.

자신의 음악을 최대 볼륨으로 들을 때의 즐거움과 이웃의 음악 소리에 잠을 깰 때의 불쾌함 등을 각 칸에 대입하여 표를 그려볼 수도 있을 것이다.

상황이 장기화되면서, 이러한 구조는 협력과 배신의 반복을 통해 일종의 대화를 형성하게 한다.

물론 매번 배신할 수도 있는데, 이는 이른바 '심술궂은' 전략이다. 반대로 매번 협력할 수도 있는데, 이는 '착한' 전략이다. 하지만 이제는 단순히 두 가지 중 하나를 고르는 이분법적 선택이 아니며, 수많은 다른 전략이 가능해진다.

변덕쟁이 : 무작위로 협력하거나 배신한다.

눈에는 눈 , 이에는 이 : 상대방이 바로 전 단계에서 했던 행동을 그대로 따라 한다.

원한파 : 상대방이 단 한 번이라도 배신하면, 그 이후로는 끝까지 배신으로 응수한다.

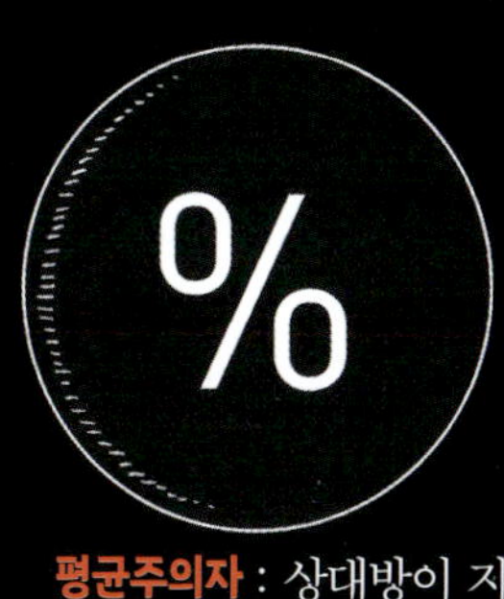

평균주의자 : 상대방이 지금까지 해온 행동의 평균치에 맞춰서 플레이한다.

어떤 전략은 특정 전략을 상대로는 매우 효과적이지만, 또 다른 전략을 상대로는 완전히 형편없을 수 있다는 것을 알 수 있다.
'심술궂은' 전략은 '착한' 전략을 상대로는 매번 승리하겠지만, '원한파'를 상대로는 비참한 결과를 얻게 될 것이다. 그러다 보니 질문이 생기게 된다. 가능한 모든 전략 중에서 과연 어떤 것이 최고일까?

정치학자 로버트 액셀로드 교수가 바로 이 질문을 던졌다. 1980년, 그는 해답을 찾기 위해 일종의 컴퓨터 토너먼트를 개최했다. 어느 정도 정교하게 설계된 60여 개의 전략이 제출되었고, 그 토너먼트의 우승은 바로 '눈에는 눈, 이에는 이' 전략이 차지했다. 이 전략의 핵심은 단순하다. 먼저 협력으로 시작하되, 상대가 배신하면 즉시 같은 방식으로 대응하는 것이다. 중요한 점은, 이 전략이 무조건 착한 전략이 아니라, 위험을 감수하고 협력의 문을 열면서도 이용당하지는 않는 전략이라는 사실이다.

1980

따라서 반복되는 죄수의 딜레마는 신뢰하는 사람들을 이용해 먹는 것보다, 처음에는 위험을 무릅쓰고 협력하는 것이 더 이득임을 보여줌으로써 단 한 번의 선택만 고려했던 원래 딜레마의 결론을 완전히 뒤집는다.

이 결과는 생물학자들에게 큰 관심을 끌었다. 진화의 수수께끼 중 하나인 '이타주의'에 대한 해답을 제시해 주었기 때문이다. 자연 선택이 개별적인 이기주의에 보상을 주는 것처럼 보이는데도, 어떻게 자연계에서 이타적인 행동이 나타날 수 있는 것일까?

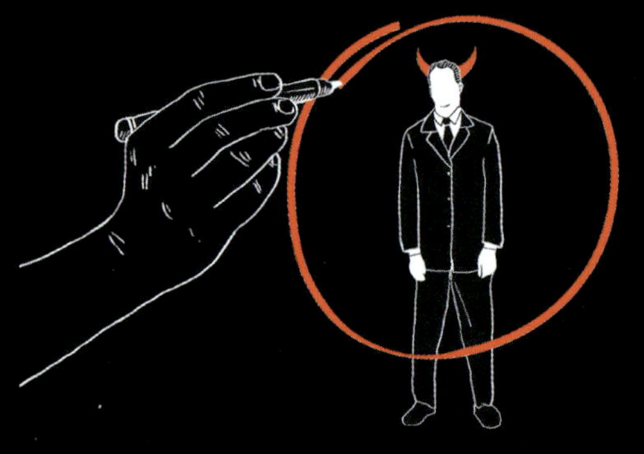

그리고 이것이 바로 로버트 액설로드가 컴퓨터로 시뮬레이션한 일종의 '진화' 과정이다. 우선 다양한 전략이 똑같은 비율로 섞인 집단에서 시작하여, 라이벌과 맞붙어 얻은 점수에 따라 그들을 선택(도태 혹은 번식)한다. 그 결과, 협력적 전략이 일반적으로 이기적 전략을 몰아내고 대체하며, 대부분의 경우 '눈에는 눈, 이에는 이'가 최종 승자로 등극한다는 사실이 밝혀진다.

로버트 액설로드는 자신의 연구 결과를 깊이 있게 분석한 끝에, 가장 우수한 전략들이 다음과 같은 4가지 공통점을 가지고 있다는 사실을 발견했다.

   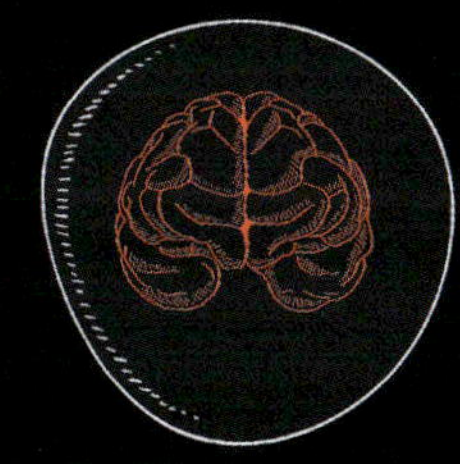

먼저 배신하지 마라 :	상대의 행동에 즉각 반응하라 :	상대를 이기려고만 들지 마라 :	너무 복잡한 전략은 피하라 :

요약하자면, 인생에서 성공하기 위해서는 친절해야 하고, 질투하지 말아야 하며, 상대의 반응에 기민하게 대처하되 너무 영리한 척 머리를 굴리지 말아야 한다. 단순한 도덕책의 말씀이 아니라, 수학이 당신에게 증명하는 사실이다!

CHAPTER V

괴델의 정리

"몰리에르의 희곡에서 돈 주앙은 이렇게 말했다. '나는 2 더하기 2는 4이고, 4 더하기 4는 8이라는 걸 믿어.' 하지만 그걸 믿는 것만으로 충분할까? 만약 돈 주앙이 수학자였다면, 그는 그것을 믿는 대신 증명하고 싶어 했을 거야."

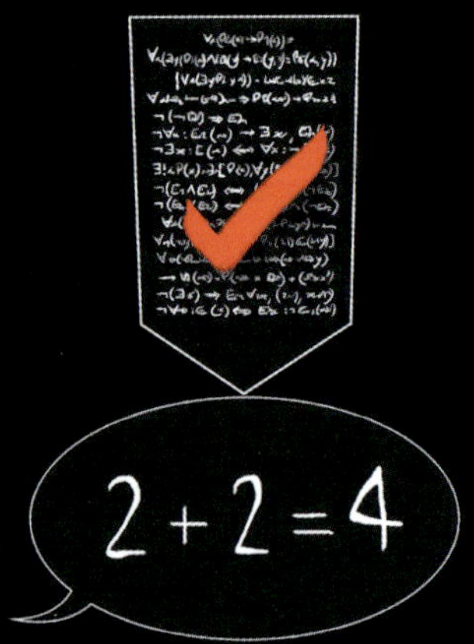

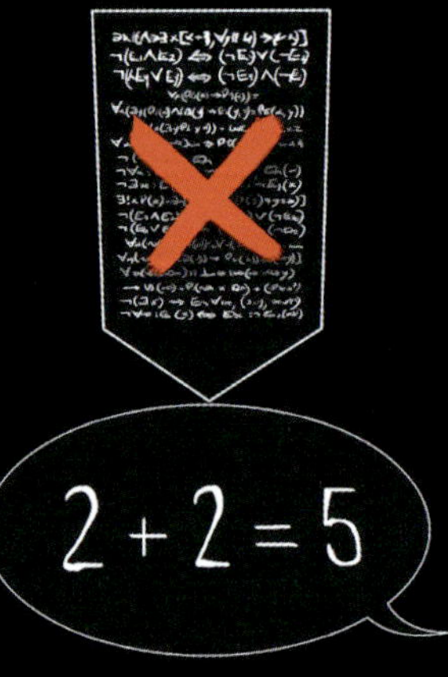

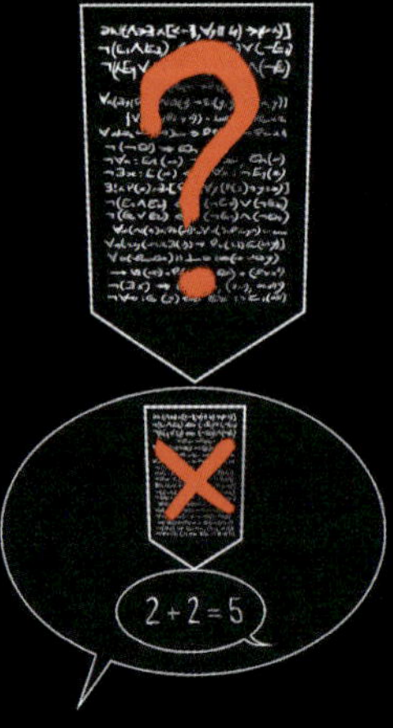

2 더하기 2가 4라는 것을 증명할 수 있을까? 그렇다. 분명히 가능하다.

2 더하기 2가 5라는 것을 증명할 수 있을까? 아니, 전혀 불가능하다! 그런 증명은 존재하지 않는다.

하지만 '그것을 증명할 수 없다는 사실' 자체를 증명할 수 있을까? 여기서부터 상황이 복잡해진다. 진리와 증명은 서로 다른 것이기 때문이다. 그리고 사실, 진리라는 개념 자체가 그리 간단하지 않다.

이미 고대 그리스인들부터 진리의 절대성을 의심하게 만드는 온갖 불쾌한 역설을 만들 어냈다. 일례로 크레타 사람인 에피메니데스는 자신이 거짓말쟁이라고 주장한다. 만약 이 말이 사실이라면 그는 거짓말을 한 셈이니 이 문장은 거짓이 된다. 하지만 이 문장이 거짓 이라면 (거짓말쟁이라는 말이 거짓이 되므로) 그는 참말을 한 것이 되고, 따라서 이 문장은 다 시 사실이 된다. 한마디로, 시작부터 꼬이기 시작하는 것이다.

시간을 조금 앞으로 돌려보자… 대략 2,500년 정도를 말 이다. 20세기 초, 세계 수학의 중심지는 괴팅겐대학이었고, 그곳은 다비드 힐베르트가 지배하고 있었다.

하지만 힐베르트는 걱정에 빠져 있었다. '집합론(대상을 모아 하나의 집합으로 다루는 새로운 수학적 사고)'이라는 새로운 아이디어가 수학자들을 혼란에 빠뜨리고 있었기 때문이다. 집합론은 실제로 앞서 본 '거짓말쟁이의 역설'을 떠올리게 하는 여러 역설을 만들어냈고, 수학의 근간을 뒤흔드는 것처럼 보였다.

이러한 의구심에 종지부를 찍기 위해, 힐베르트는 수학을 '공리화'하자고 제안한다. 도대체 그게 무슨 뜻일까?

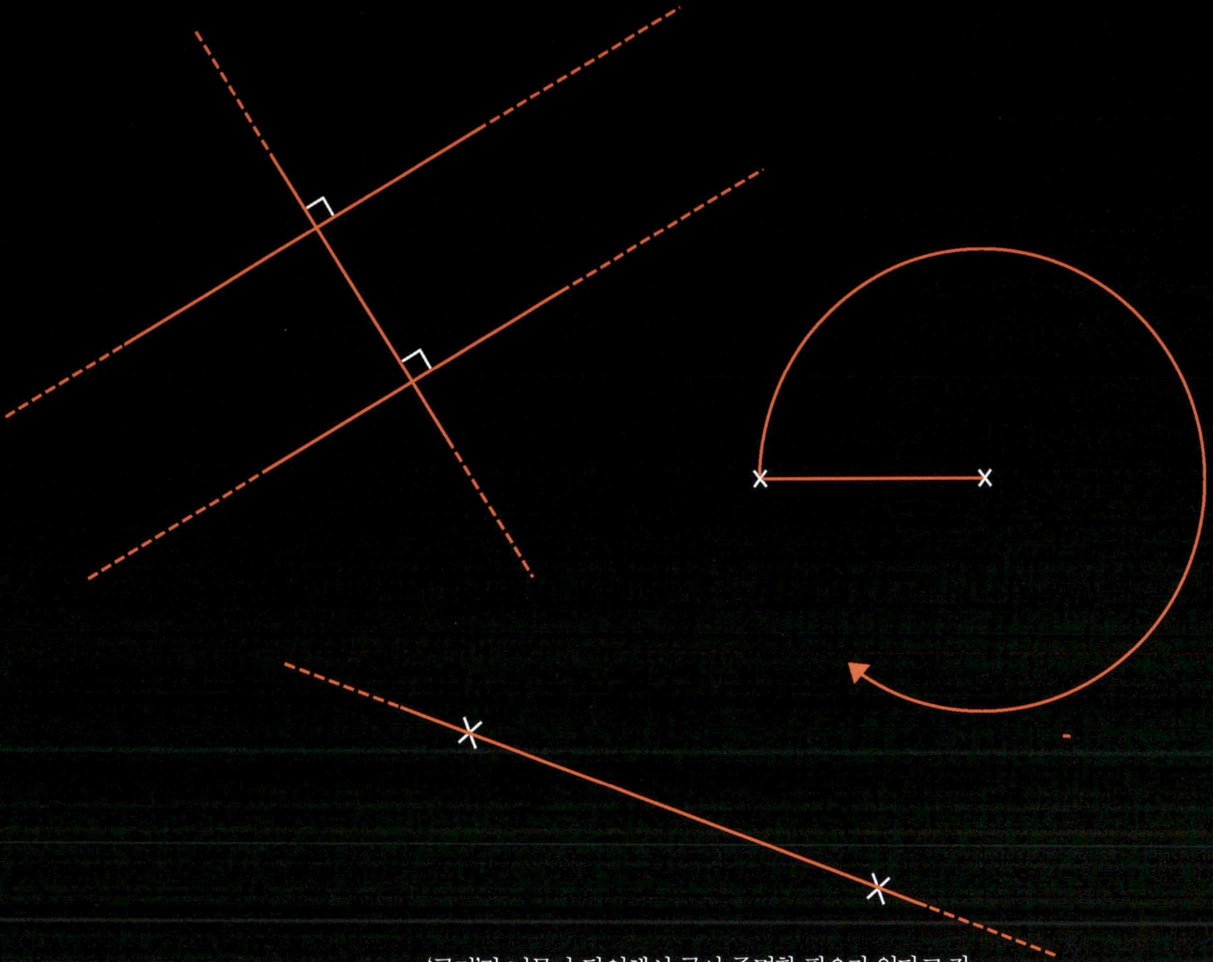

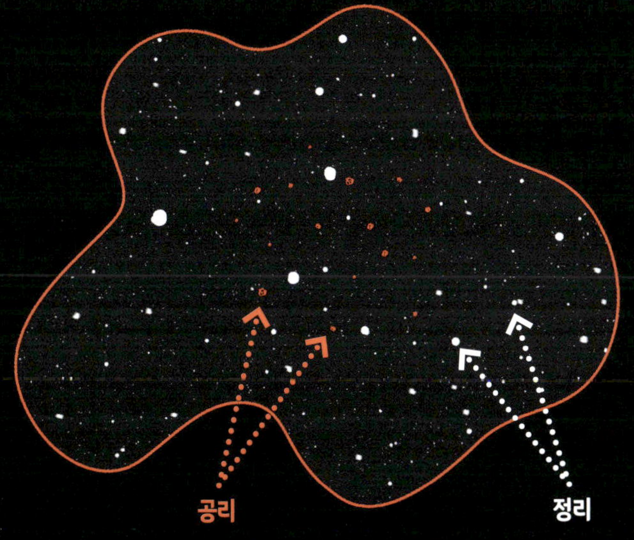

'공리'란 너무나 당연해서 굳이 증명할 필요가 없다고 간주하는 원칙을 말한다. 예를 들어, '서로 다른 두 점을 지나는 직선은 단 하나뿐이다' 같은 것들이다.

공리는 수학이라는 요리의 가장 기초적인 재료와 같다. 수학자들은 이 재료에 '추론 규칙'이라 부르는 일종의 레시피를 적용하여, 확실성의 범위를 덜 명확한 영역까지 점진적으로 넓혀 나간다. 이렇게 공리로부터 이끌어낸 결과물들을 '정리'라고 부르는데, 탈레스의 정리, 피타고라스의 정리, 그리고 괴델의 정리 등이 그 예다.

괴델의 정리에 대해서는 잠시 후에 다시 자세히 다뤄보자.

힐베르트에게 있어 직관은 공리를 위해 제거해야 할 대상이었다. 점이나 직선이 무엇인지에 대한 우리의 직관적 지식을 사용하는 대신, 명시적인 추론 규칙이 곁들여진 공리를 기계적으로 사용해야 한다는 것이다. 그의 관점에 따르면 점, 직선, 평면이라는 단어들을 탁자, 의자, 맥주잔 같은 임의의 다른 용어로 바꿔 불러도 무방해야 했다.

또한 직관에 의존하는 것을 방지하기 위해, 일상 언어가 지닌 불명확성 역시 제거해야만 했다.

그리하여 1900년경에 이르러서야 수학은 비로소 '기호 언어'로의 전환을 이뤄낸다. 예를 들어, 다음과 같이 길게 서술하는 대신 기호를 사용한다.

$$x > 1 \wedge$$
$$\forall y \ \forall z$$
$$(y \cdot z = x)$$
$$\rightarrow$$
$$(y = 1 \vee z = 1)$$

공리주의적 방법론과 수학적 언어의 형식화 덕분에, 힐베르트는 역설을 완전히 해결하고 수학이라는 거대한 건축물을 위협하는 모든 위험을 몰아낼 수 있기를 기대했다.

그들은 모든 모호함을 제거하기 위해, 똑같은 내용을 나타내는 다음의 공식을 사용할 것이다.

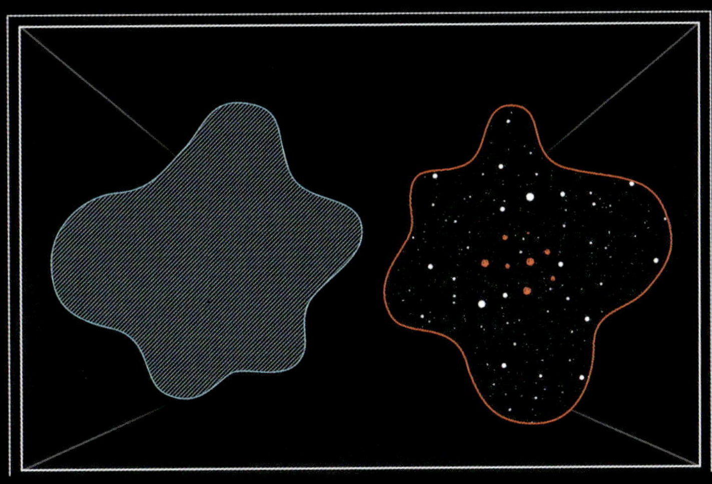

힐베르트의 머릿속을 잠시 들여다보자. 그 안에는 평범한 일상적 고민도 들어있지만, 가능한 모든 수학적 명제가 담겨 있는 아주 특별한 상자 하나가 자리를 잡고 있다. 공리로부터 출발하여 우리는 어떤 명제는 증명해낼 수 있고, 또 어떤 명제는 반박할 수 있다.

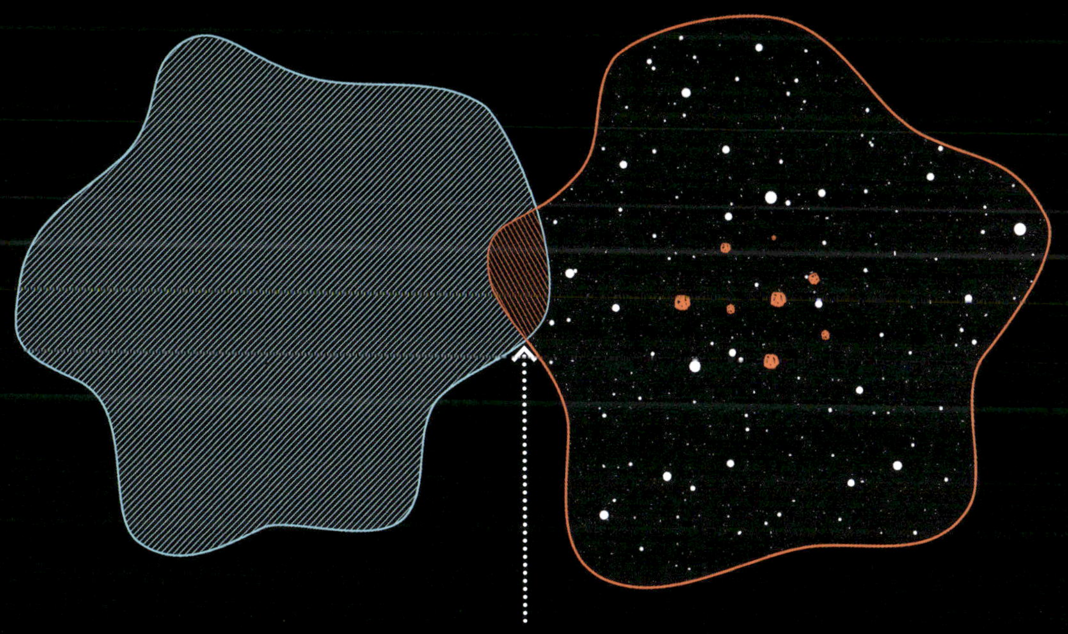

힐베르트는 수학, 그중에서도 특히 산술 체계가 일관성을 갖추고 있다는 사실을 증명하고 싶어 했다. 즉, 수학 체계 안에서 어떤 명제를 동시에 증명하는 동시에 반박하는 일(모순)은 결코 일어날 수 없음을 보여주려 한 것이다.

하지만 힐베르트에게는 두 번째 희망도 있었다. 이를 이해하려면 다시 한 번 그 까다로운 개념인 '진리'로 돌아가야 한다. 우리가 무엇에 대해 말하고 있는지, 그리고 어떤 언어를 사용하는지 명확히 규정한다는 조건 하에, 수학적 명제는 참이거나 혹은 거짓이다. 그 사이의 중간 지점은 결코 존재하지 않는다.

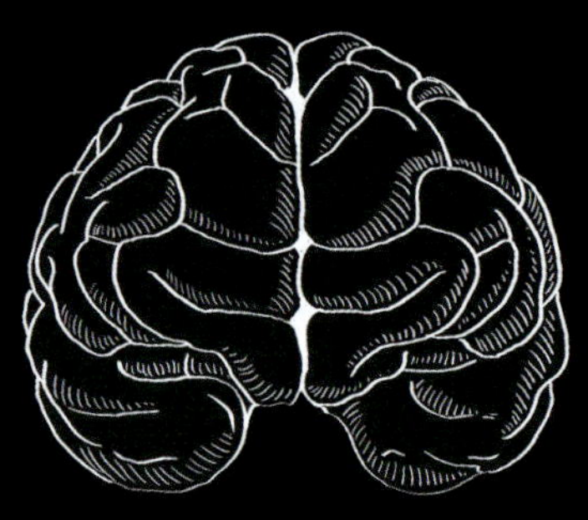

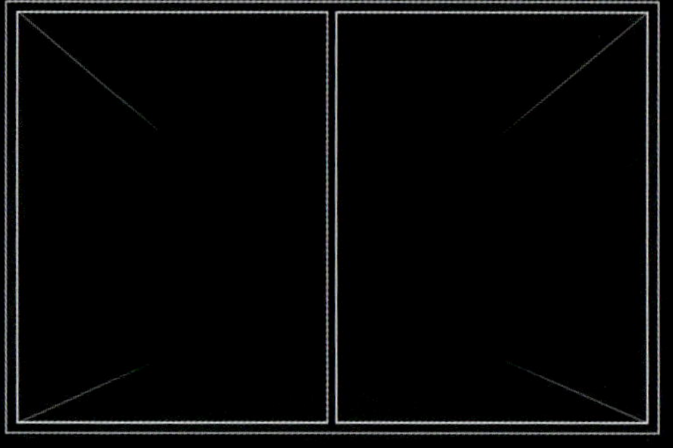

힐베르트의 머릿속에서 수학적 명제들이 담긴 상자는 참과 거짓을 가르는 견고한 칸막이에 의해 둘로 나뉘어 있다. 만약 우리가 공리를 제대로 선택하기만 했다면, 증명된 '정리'들이 참의 영역을 빈틈없이 가득 채워야만 한다.

물론 아직 우리가 알지 못하는 것, 즉 아직 증명되지 않은 정리는 존재한다. 하지만 힐베르트와 그 세대 수학자들의 은밀한 희망은, 수학이 '일관성'을 갖추는 것을 넘어 '완전성'까지 갖추는 것이었다. 다시 말해, 참인 모든 문장은 증명 또한 가능하여, 결국 '증명 가능한 것'과 '참인 것'이 하나로 일치하게 되는 상태를 꿈꾼 것이다.

하지만 힐베르트가 미처 알지 못했던 사실이 하나 있다. 1930년 9월 7일, 한 젊은 논리학자가 자신의 확신을 단번에 쓸어버릴 결과를 발표했다는 점이다. 그의 나이는 불과 24세였고, 빈에 거주하고 있었으며, 이름은 바로 쿠르트 괴델이었다.

괴델은 단언한다. 산술 체계 안에는 '참이지만, 증명할 수 없는 명제'가 반드시 존재한다는 것이다. 즉, "증명할 수 있는 것"의 범위는 결코 "참인 것"의 전체를 다 담을 수 없다는 말이다. 하지만 여기서 이런 의문이 생긴다. 참인지 아닌지를 따지는 수학이, 어떻게 '증명할 수 없는 참'이 있다는 걸 증명할 수 있을까? 괴델이 사용한 핵심 아이디어는 이것이었다.

수학이 숫자만 연구하는 것이 아니라, '수학 명제 자체'를 숫자로 바꿔서 연구할 수 있다는 생각이다. 예를 들어, '소수는 무한히 존재한다'라는 명제를 생각해 보자. 이 문장은 숫자에 대해 이야기하고 있으므로, 산술 도구를 이용해 증명할 수 있는 확실한 산술적 명제다.

하지만 '소수가 무한히 존재한다는 사실을 증명할 수 있
다'라는 문장은 더 이상 산술의 영역에 속하지 않는다. 이것
은 이른바 '메타 산술'이라 부를 수 있는 것으로, 일상 언어
(자연어)에서나 가능한 표현이다.

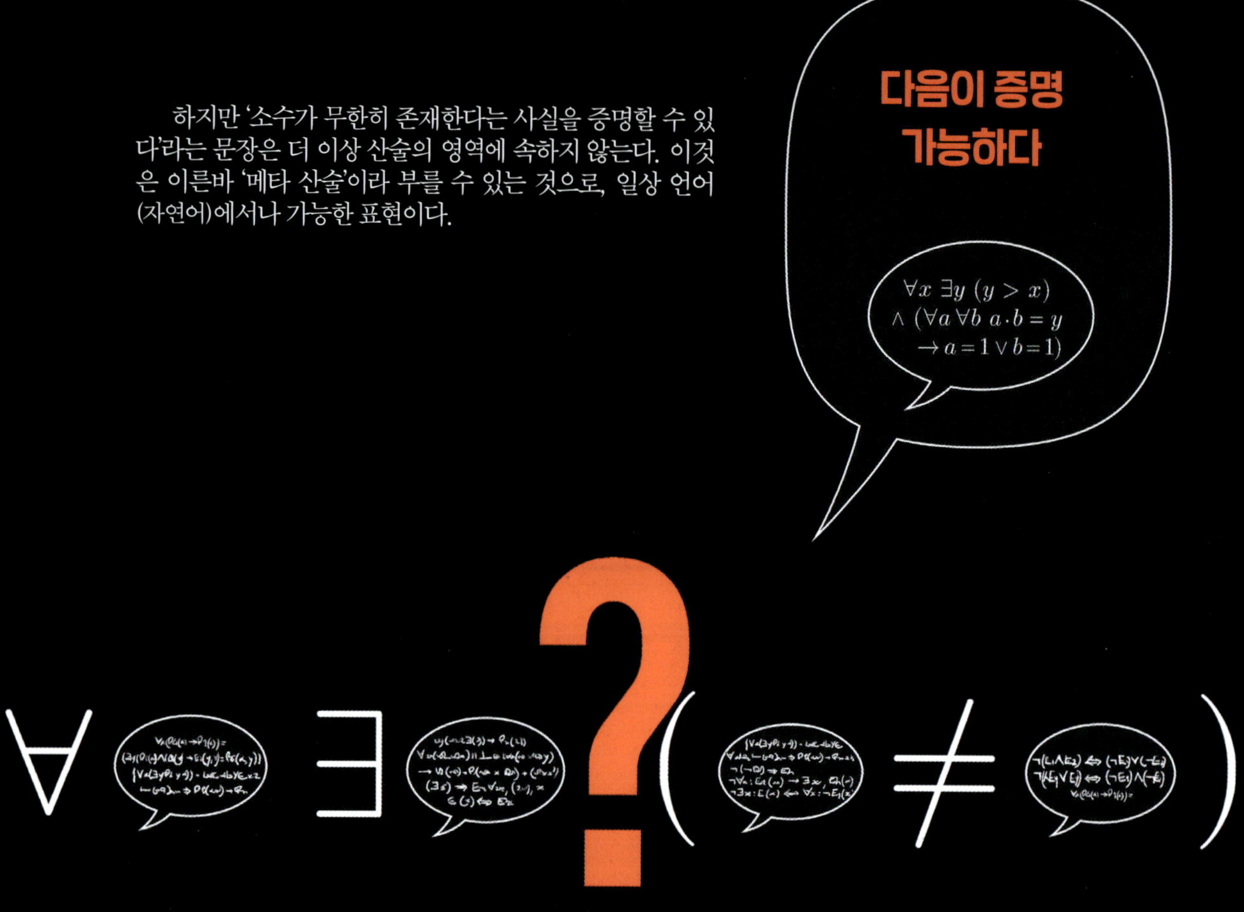

하지만 산술이 어떻게 자기 자신의 명제를 연구 대상으로
삼을 수 있을까?

여기서 괴델의 첫 번째 발명이 등장한다. 바로 산술적 명제들을 숫자로 변환하
는 코딩 시스템이다. 우리가 필요로 하는 모든 수학 기호를 가져와 각각에 숫자를
대응시킨다. 이렇게 하면 산술적 명제와 증명 과정은 일련의 숫자 나열로 코딩된다.

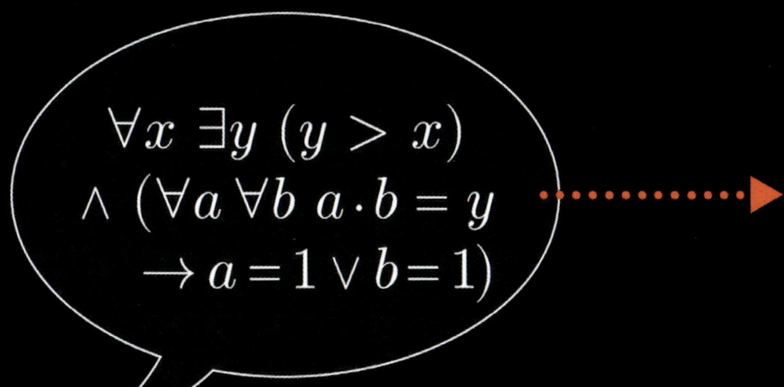

따라서 각각의 명제에는 하나의 숫자가 대응되며, 이 코딩은 그 숫자를 살펴보는 것만으로도 그것이 증명 가능한 명제의 코드인지 아닌지를 판별할 수 있도록 설계되었다. 이 기묘한 연산이 가능하게 하는 것은, 바로 산술을 사용하여 산술 자신의 명제에 대해 이야기하는 것이다!

다음 단계는 아주 특별한 명제를 구성하는 것인데, 이를 'G'라고 부르자. 이 명제는 앞서 언급한 (자기 참조의) 가능성을 이용해 다음과 같이 선언한다. '명제 G에 대한 증명은 존재하지 않는다.'

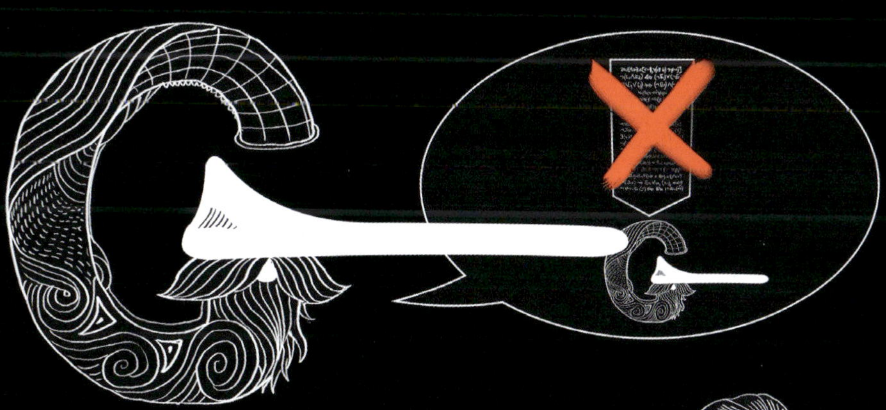

그리하여 우리는 산술 체계 내부에 '거짓말쟁이의 역설'의 변종을 슬쩍 끼워 넣게 된다. 만약 G가 거짓이라면, 그 내용을 반대로 뒤집어 G를 증명할 수 있다는 뜻이 되는데, 이는 체계의 모순을 의미한다. 반대로 G가 참이라면, 문장 내용 그대로 증명될 수 없다는 결론에 이른다.

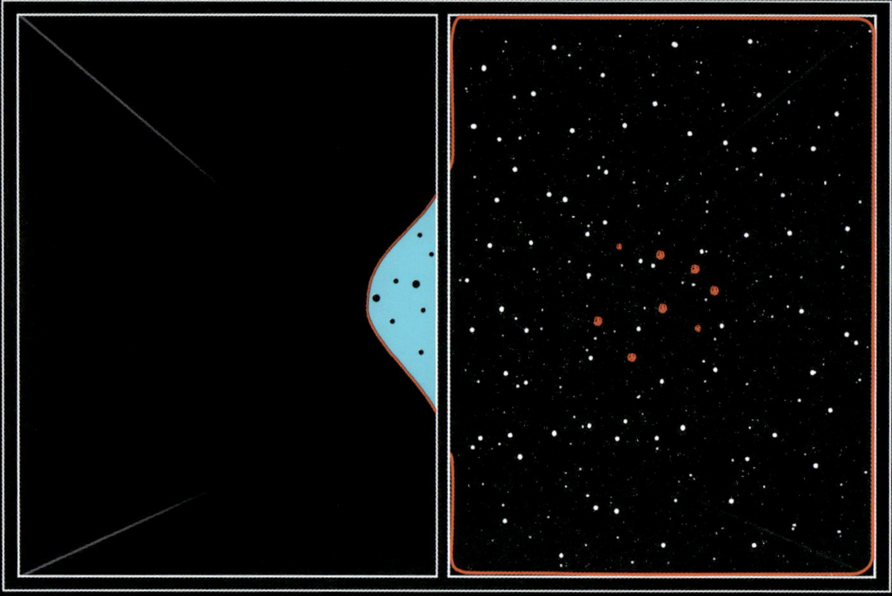

이로써 수학자들은, 그리고 우리 모두는 고통스러운 선택에 직면하게 된다. 수학(산술)이 거짓인 명제를 증명할 수 있다면 이는 모순된 체계라는 뜻인데, 사실 그렇게 믿는 사람은 아무도 없다!

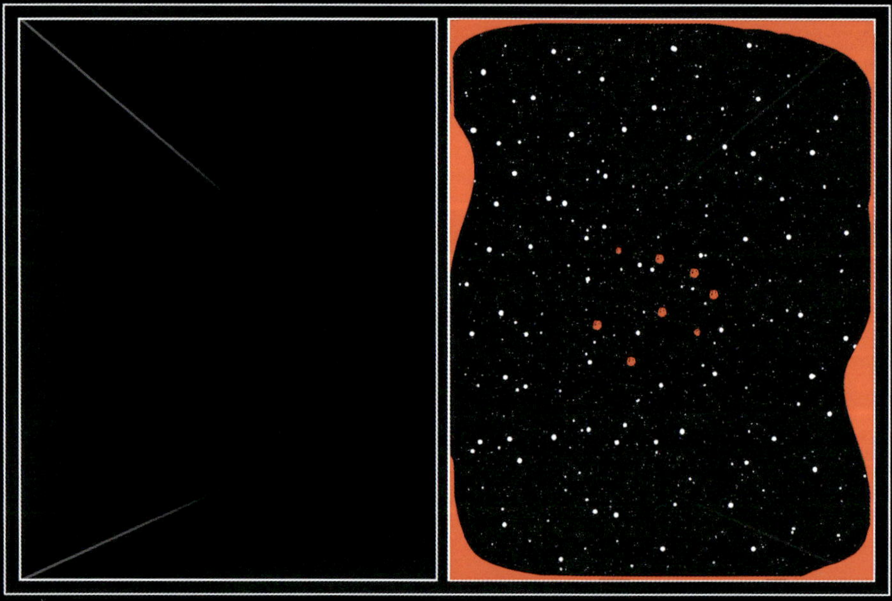

아니면, 수학 체계 안에는 참이지만 증명할 수 없는 것들이 존재한다는 뜻인데, 이는 곧 수학이 불완전하다는 것을 의미한다. 이로써 '증명 가능한 것'이라는 영역은 '참인 명제'라는 전체 공간을 결코 다 채울 수 없게 된다. 이것이 수학사상 최초의 '제한적' 결과이며, 1930년대 수학자들에게는 그야말로 엄청난

더욱 곤혹스러운 점은, 괴델이 1931년 자신의 연구 결과를 발표하며 두 번째 정리를 추가했다는 사실이다. 산술 체계에서 증명 불가능한 명제 중에는 바로 '산술의 일관성' 그 자체가 포함되어 있었다. 즉, 힐베르트가 계획했던 프로그램의 목표 그 자체였던 것이다. 산술은 일관적이지만, 산술만의 수단으로는 결코 그 일관성을 증명할 수 없다!

그러나 만약 이 시점에서 여러분의 뇌가 쇼크를 일으킬 것 같다면, 1930년대의 수학자들 역시 똑같은 어려움을 겪었다는 사실에 위안을 얻길 바란다. 하지만 오늘날 '결정 불가능한 명제(어떤 명제가 참인지 거짓인지, 그 체계 내부의 규칙만으로는 결코 판가름할 수 없는 상태)'의 존재는 확고하게 정립되었으며, 특히 집합론에서는 매우 중요하고 자연스러운 여러 질문이 결정 불가능한 것으로 판명되어 있다.

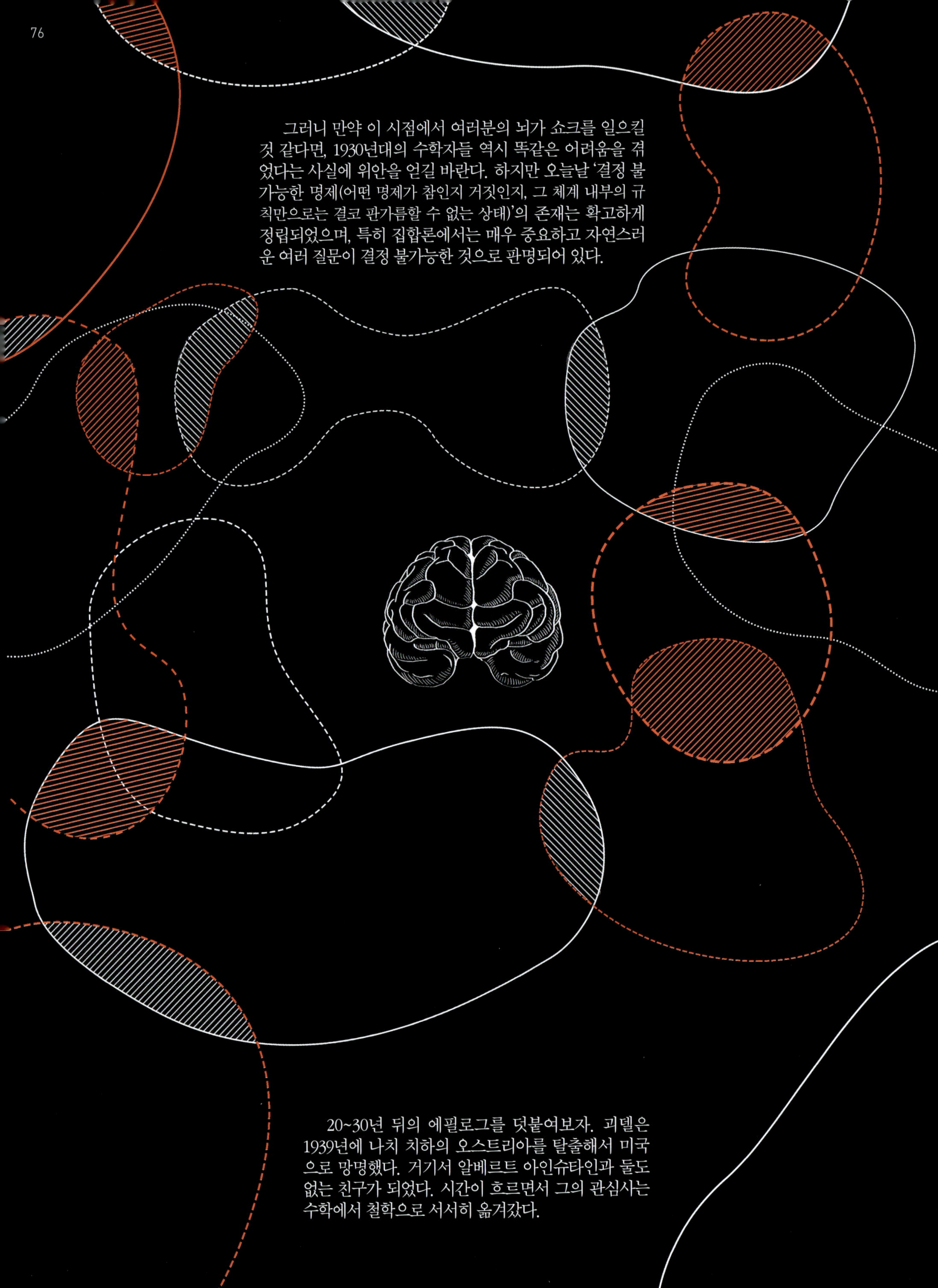

20~30년 뒤의 에필로그를 덧붙여보자. 괴델은 1939년에 나치 치하의 오스트리아를 탈출해서 미국으로 망명했다. 거기서 알베르트 아인슈타인과 둘도 없는 친구가 되었다. 시간이 흐르면서 그의 관심사는 수학에서 철학으로 서서히 옮겨갔다.

괴델은 자신만의 아주 독특한 방식으로 수학적 논리와 신비주의를 결합해 나갔다. 어느 정도였냐면, 5개의 공리와 4개의 정리만으로 신이 존재한다는 사실을 논리적으로 증명해 내려고 했을 정도였다.

이는 나는 두 배의 두 배는 넷이고 네 배의 네 배는 열여섯이라는 사실을 믿는다며 종교 대신 수학을 믿으려 했던 돈 주앙을 분명 당혹스럽게 만들었을 것이다!

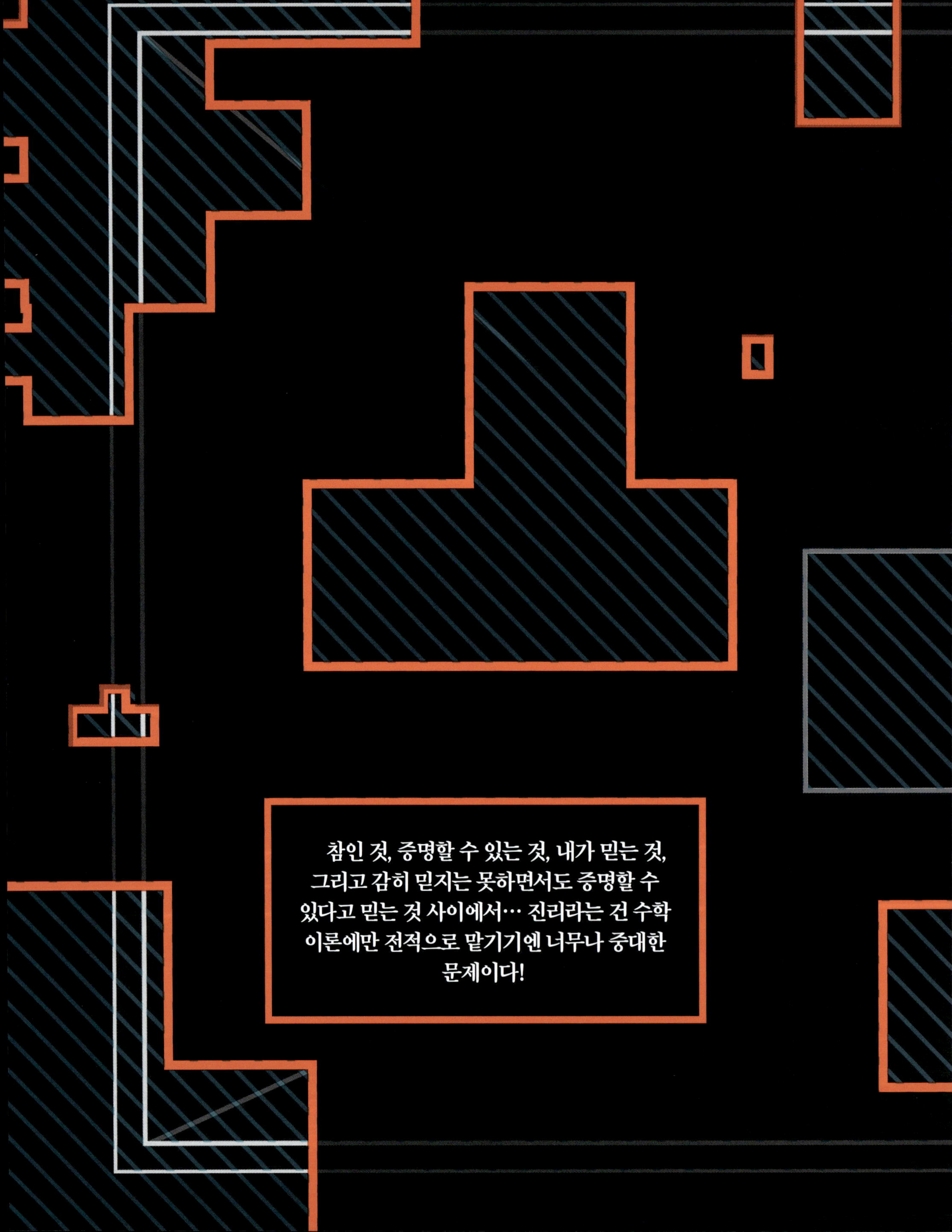

참인 것, 증명할 수 있는 것, 내가 믿는 것, 그리고 감히 믿지는 못하면서도 증명할 수 있다고 믿는 것 사이에서… 진리라는 건 수학 이론에만 전적으로 맡기기엔 너무나 중대한 문제이다!

CHAPTER VI

생명 게임

1970년 10월, 잡지《사이언티픽 아
메리칸》의 '수학 게임' 코너를 읽던 독자
들은 정말 독특한 게임 하나를 발견하게
된다.

이 게임은 각 칸이 '채워짐' 또는 '비어 있음', 즉 '살아 있음'
과 '죽어 있음'의 두 가지 상태를 가질 수 있는 무한한 바
둑판 위에서 진행된다. 개발자인 수학자 존 콘웨이는 이를
'0 플레이어 게임'이라고 소개했다.

사람이 직접 조종하는 게 아니라, 아주 단순한 몇
가지 규칙을 적용하기만 하면 거기서부터 복잡하고
거의 불가능해 보이는 문양이 스스로 태어난다.

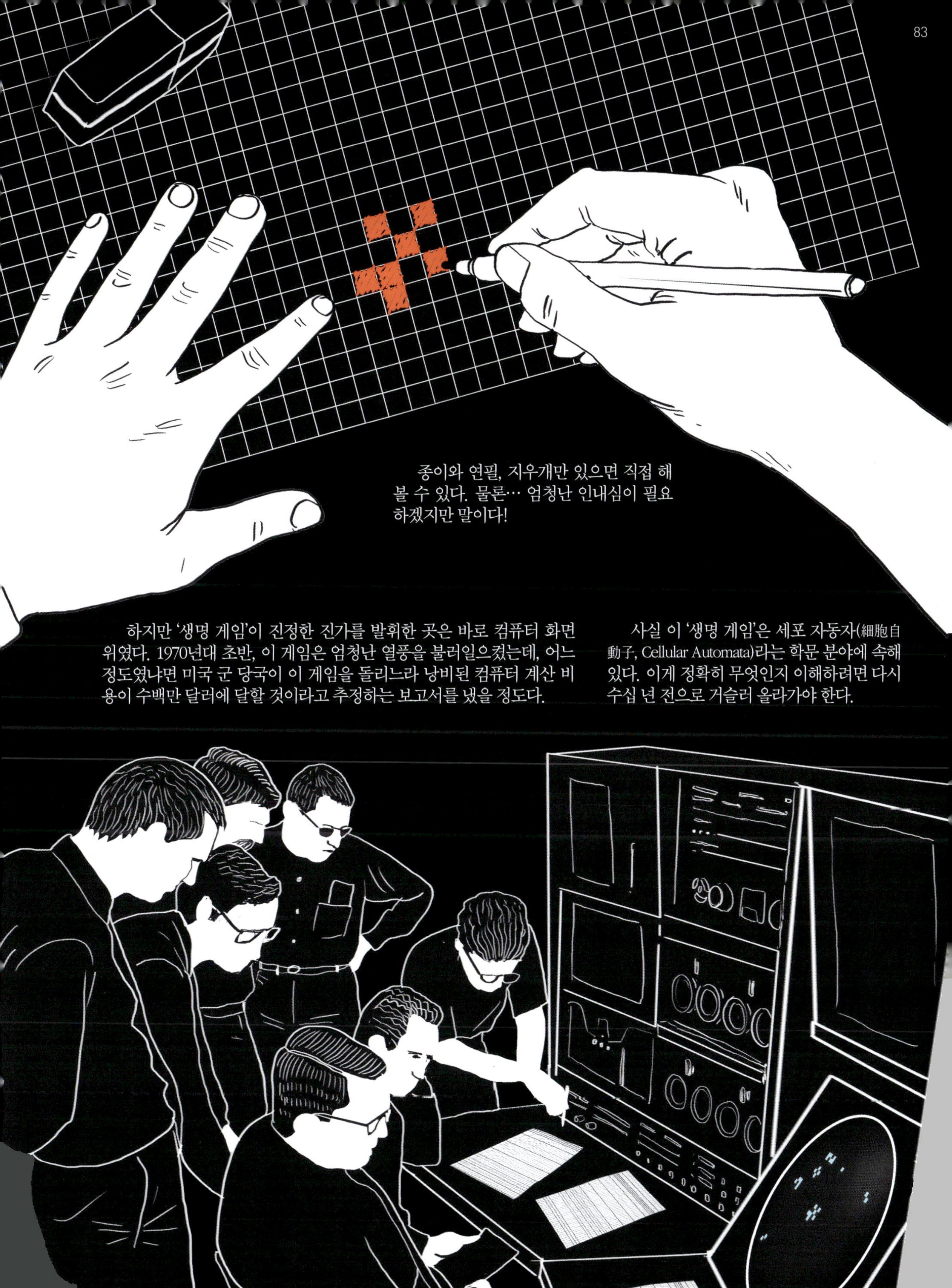

종이와 연필, 지우개만 있으면 직접 해 볼 수 있다. 물론… 엄청난 인내심이 필요 하겠지만 말이다!

하지만 '생명 게임'이 진정한 진가를 발휘한 곳은 바로 컴퓨터 화면 위였다. 1970년대 초반, 이 게임은 엄청난 열풍을 불러일으켰는데, 어느 정도였냐면 미국 군 당국이 이 게임을 돌리느라 낭비된 컴퓨터 계산 비용이 수백만 달러에 달할 것이라고 추정하는 보고서를 냈을 정도다.

사실 이 '생명 게임'은 세포 자동자(細胞自動子, Cellular Automata)라는 학문 분야에 속해 있다. 이게 정확히 무엇인지 이해하려면 다시 수십 년 전으로 거슬러 올라가야 한다.

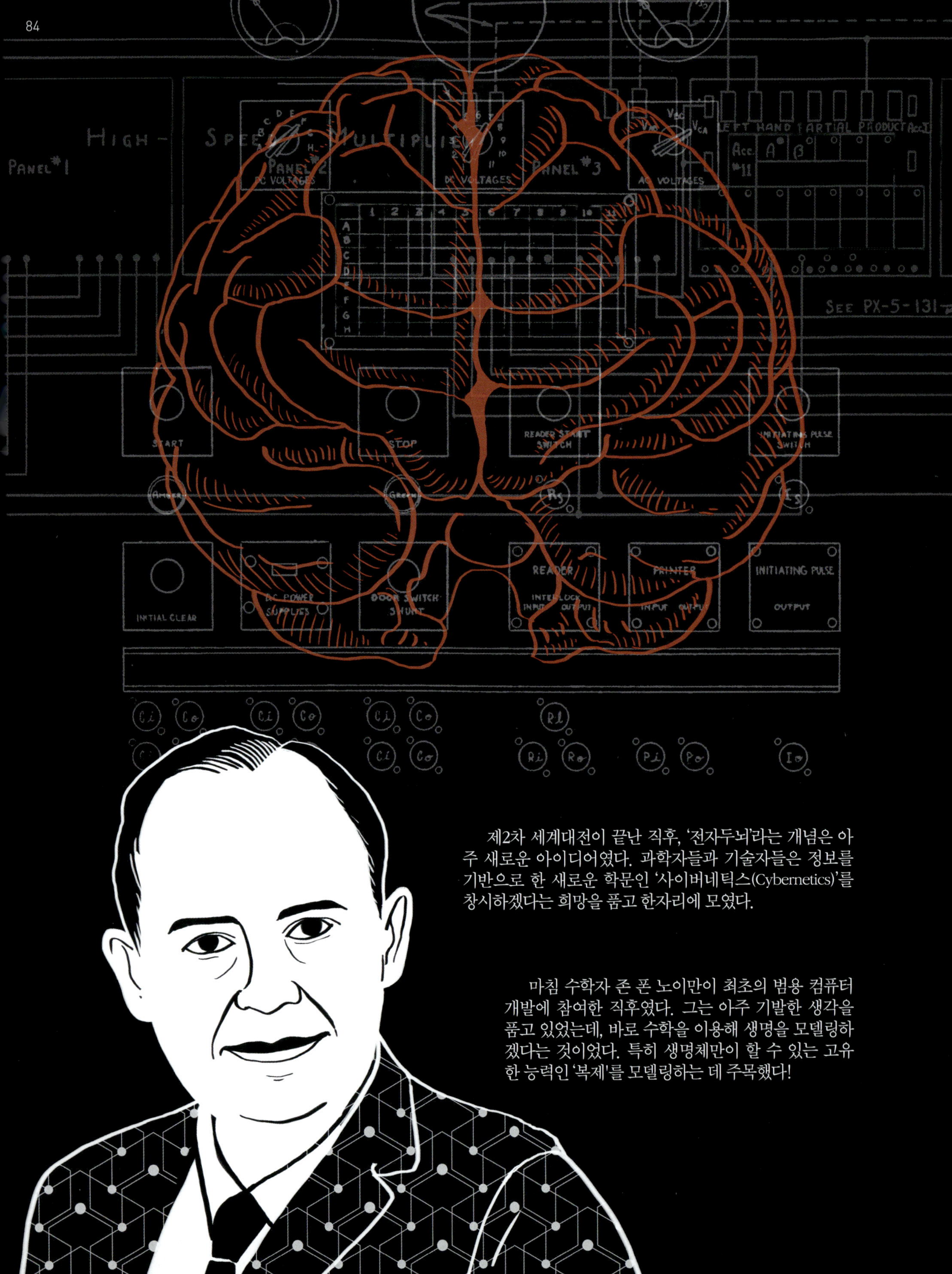

제2차 세계대전이 끝난 직후, '전자두뇌'라는 개념은 아주 새로운 아이디어였다. 과학자들과 기술자들은 정보를 기반으로 한 새로운 학문인 '사이버네틱스(Cybernetics)'를 창시하겠다는 희망을 품고 한자리에 모였다.

마침 수학자 존 폰 노이만이 최초의 범용 컴퓨터 개발에 참여한 직후였다. 그는 아주 기발한 생각을 품고 있었는데, 바로 수학을 이용해 생명을 모델링하겠다는 것이었다. 특히 생명체만이 할 수 있는 고유한 능력인 '복제'를 모델링하는 데 주목했다!

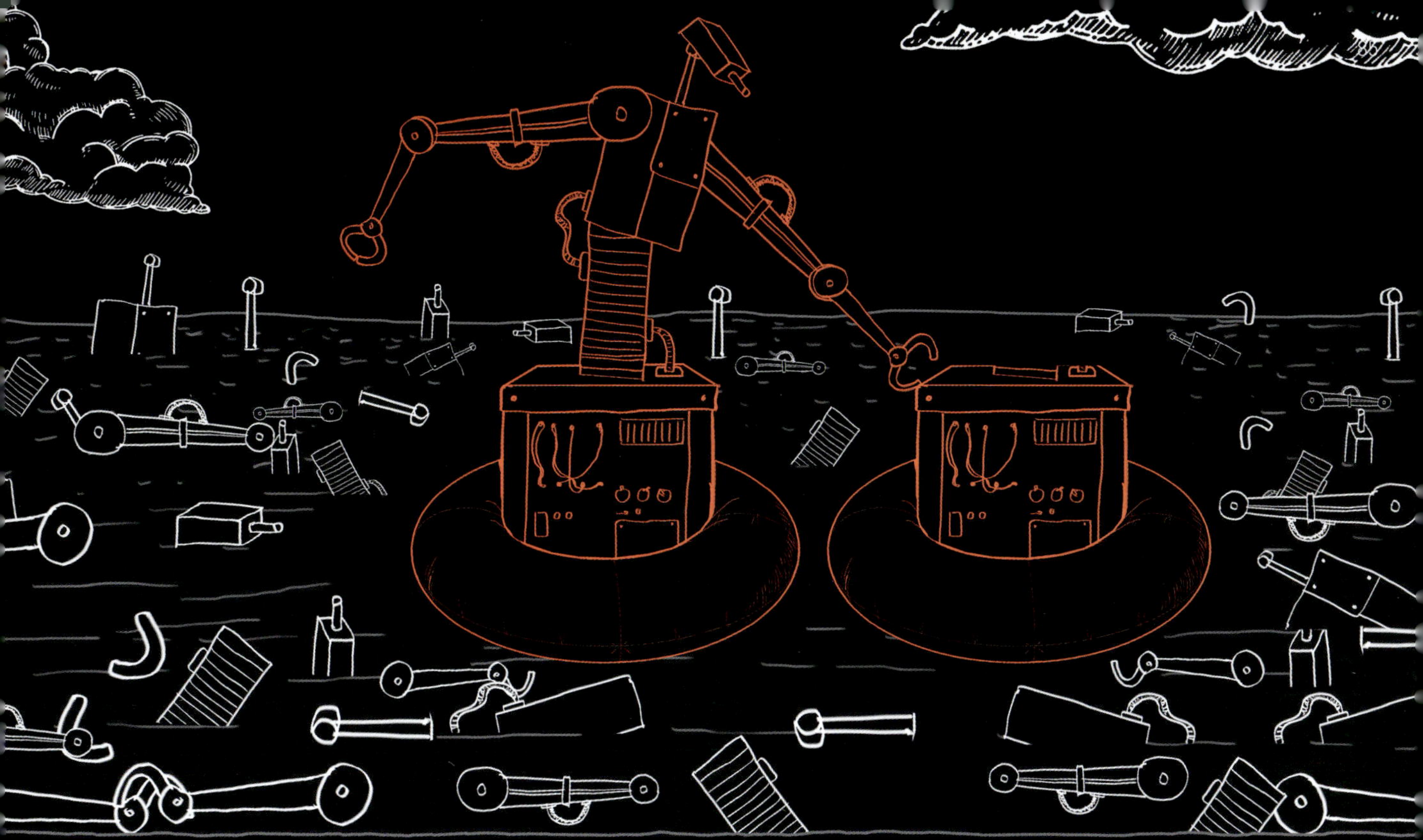

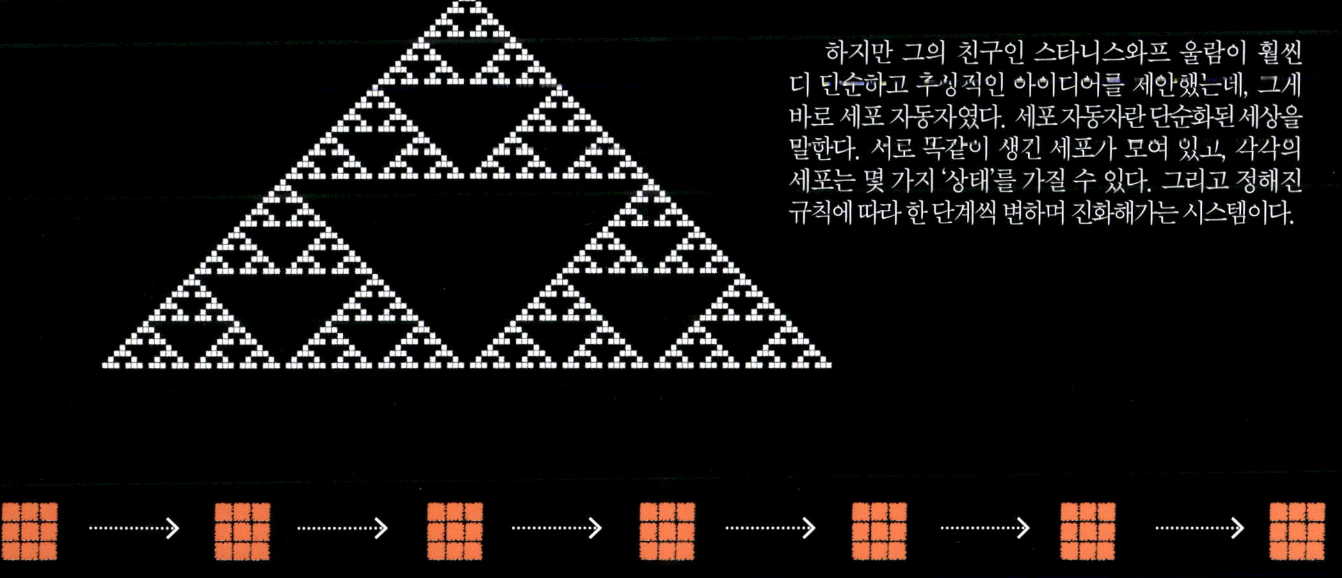

폰 노이만이 정말 궁금했던 건 이 문제의 이론적인 측면이었다. 바로 "기계가 자기 자신과 똑같이 작동하는 복사본을 스스로 만들 수 있을까?"라는 질문이다.
처음에는 이 사고실험을 위해 물 위를 떠다니며 주변의 기본 부품을 집어 올려 조립하는 로봇 같은 걸 상상했다.

하지만 그의 친구인 스타니스와프 울람이 훨씬 더 단순하고 추상적인 아이디어를 제안했는데, 그게 바로 세포 자동자였다. 세포 자동자란 단순화된 세상을 말한다. 서로 똑같이 생긴 세포가 모여 있고, 각각의 세포는 몇 가지 '상태'를 가질 수 있다. 그리고 정해진 규칙에 따라 한 단계씩 변하며 진화해가는 시스템이다.

이렇게 추상적인 세계 안에서는 자기 복제가 훨씬 더 간단해진다. 예를 들어, "왼쪽으로 10칸 떨어진 칸의 내용을 그대로 복사해 오라"는 규칙이 있다면, 똑같은 이미지가 줄지어 나타나는 결과를 아주 쉽게 얻을 수 있다.

하지만 폰 노이만이 관심 있었던 건 이런 '단순한' 방식의 복제가 아니었다. 그는 생명체의 복제 방식과 닮은 시스템을 원했다. 즉, 복제의 주체가 되는 대상 자체가 아주 복잡한 구조여야 한다는 조건이었다.

그리고 자연에서처럼 아주 기초적인 요소로부터 스스로를 복제해낼 수 있어야 했다. 그의 최종적인 목표는 그 과정에서 변이를 가능하게 만들어, 마치 생명체처럼 진화의 과정까지 모사하는 것이었다.

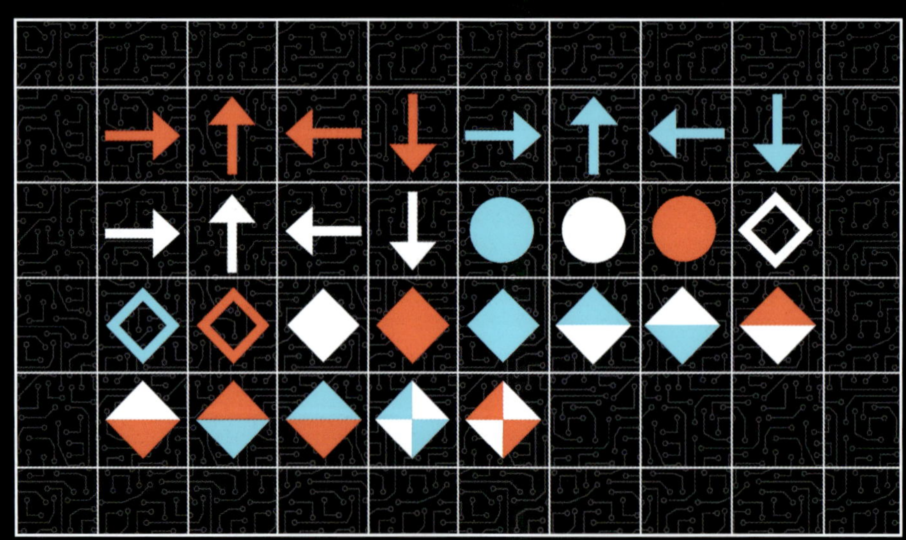

이런 관점에서 폰 노이만은 복잡한 세포 자동자를 구상했고, 이론적으로 자기 복제가 가능하다는 사실을 증명해냈다.

그는 『자기 복제 자동자 이론』이라는 책을 집필하기 시작했지만, 안타깝게도 53세의 나이로 세상을 떠나면서 끝내 완성하지 못했다. 이 책은 1960년대 말에 유작으로 출판되었고, 마침내 아주 독특한 영국 수학자 존 콘웨이의 눈에 띄게 되었다.

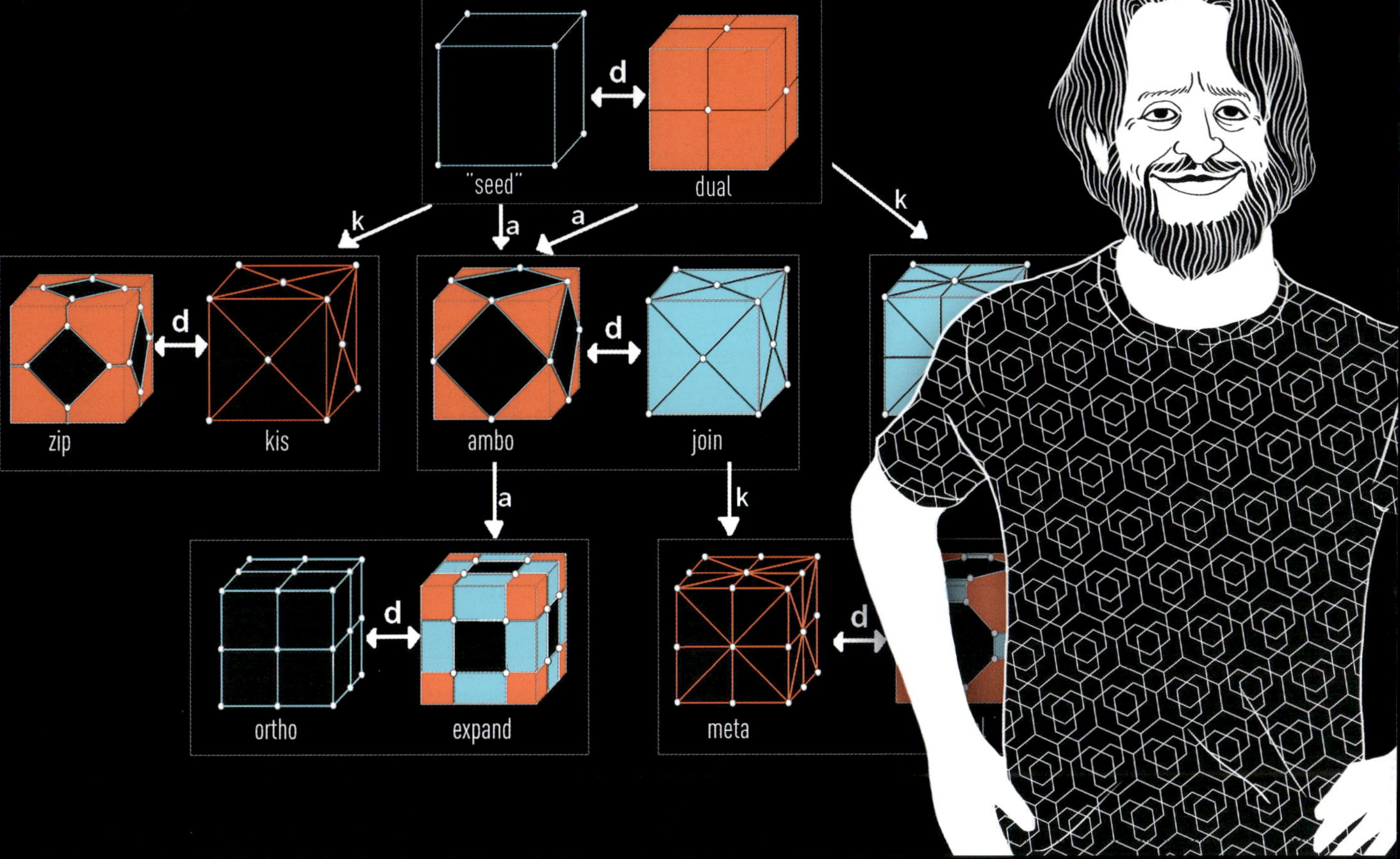

콘웨이는 전형적인 팔방미인형 천재였다. 거창한 이론이나 학파를 세우기엔 너무나 자유분방한 기질이었지만, 그럼에도 수학의 수많은 분야에 뚜렷한 발자취를 남겼다. 폰 노이만이 원자폭탄 제조와 컴퓨터 개발 같은 거대한 프로젝트에 참여했다면, 콘웨이는 그저 게임을 만드는 걸 더 좋아했다. 체계적인 시스템을 구축하는 것보다는 손으로 만질 수 있고 눈에 보이는 구체적인 것들, 즉 '실험 수학'에 깊은 애착을 가졌다.

그는 상아탑에 갇힌 고립된 수학자의 이미지와는 거리가 멀었다. MIT 학생들과 토론하는 걸 즐겼고, 백개먼 게임을 하거나 무엇보다도 새로운 게임을 발명하는 데 열중했다. 그리고 바로 그 열정을 바탕으로 폰 노이만의 아이디어를 다듬어 게임으로 변형시킨 것이다.

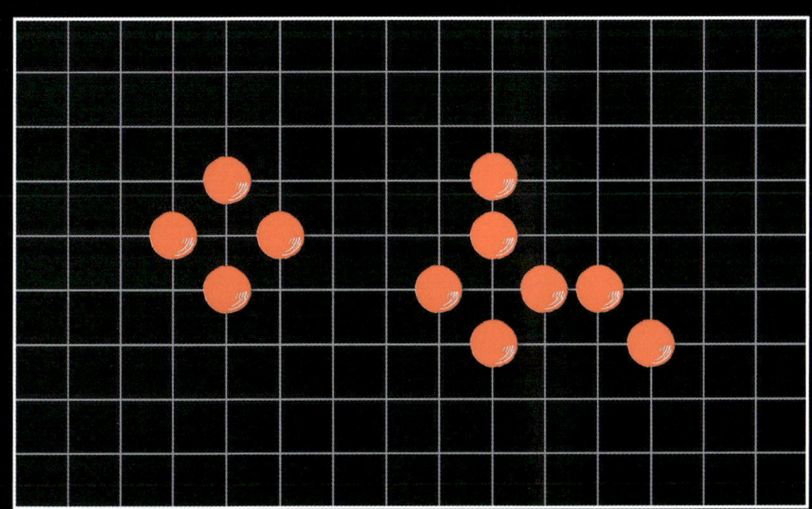

그래서 탄생한 게 바로 '제로 플레이어 게임'이다. 하지만 게임은 게임이었다. 콘웨이와 그의 제자들은 바둑판이나 모눈종이를 가져다 놓고 직접 세포들을 그려가며 이 게임을 즐겼다.

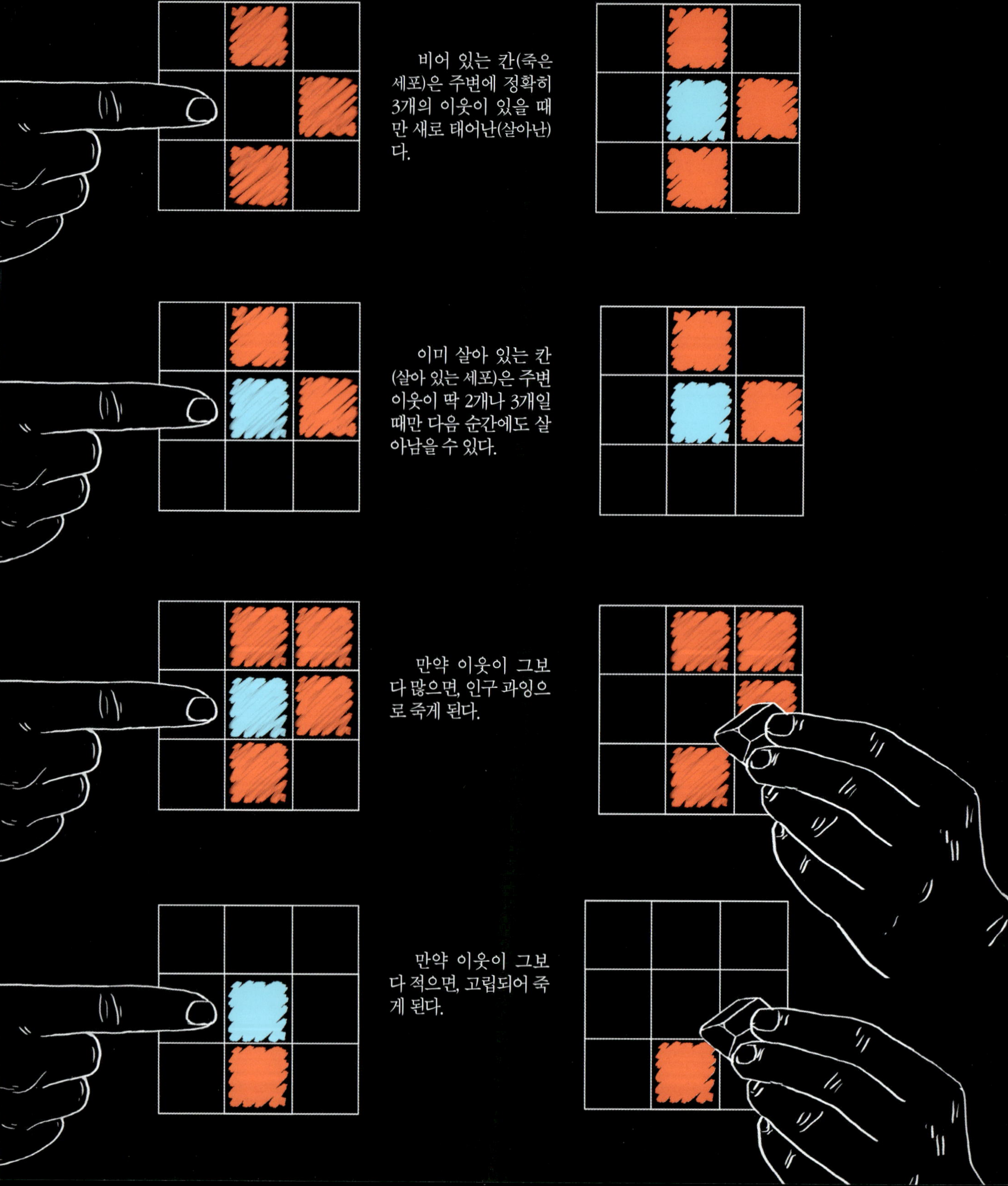

비어 있는 칸(죽은 세포)은 주변에 정확히 3개의 이웃이 있을 때만 새로 태어난(살아난)다.

이미 살아 있는 칸(살아 있는 세포)은 주변 이웃이 딱 2개나 3개일 때만 다음 순간에도 살아남을 수 있다.

만약 이웃이 그보다 많으면, 인구 과잉으로 죽게 된다.

만약 이웃이 그보다 적으면, 고립되어 죽게 된다.

이 두 가지 규칙(탄생과 생존/죽음)을 반복해서
적용하기만 해도, 아주 단순한 개체들이
놀라울 정도로 복잡한 시각적 결과물을
만들어낼 수 있다.

《사이언티픽 아메리칸》에 기사가 나간 뒤,
'생명 게임'을 중심으로 엄청난 수의
아마추어 동호인들이 모여들었다. 이들은
게임 속에 나타나는 온갖 형태를 목록으로
만들고 연구하기 시작했다.

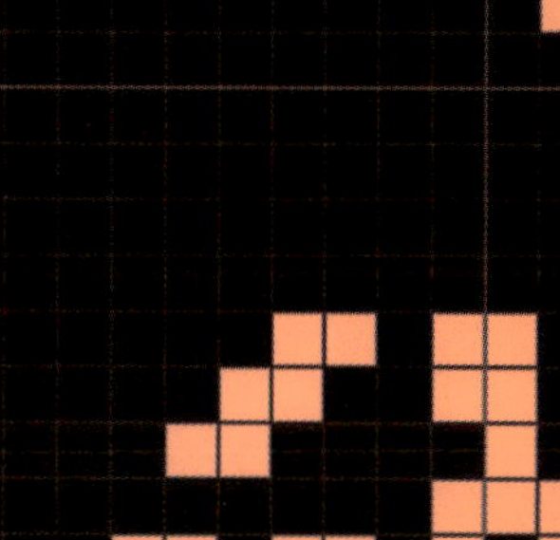

가장 먼저 정적인 배치가 있다. 콘웨이는 이걸 '정물'이라고 불렀다.

그리고 진동자도 있는데, 이들은 일정한 주기를 반복하며 안정된 상태를 유지한다.

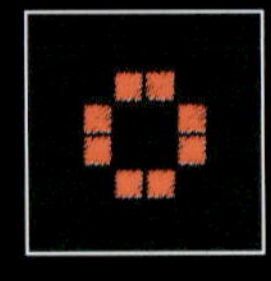 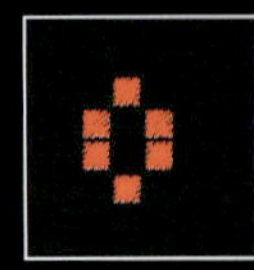 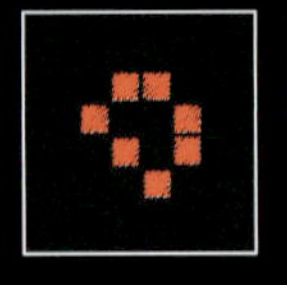 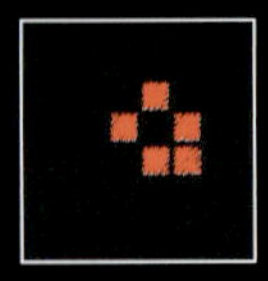 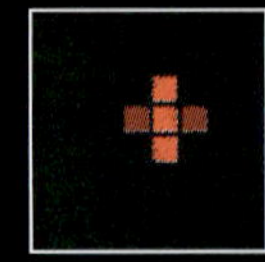 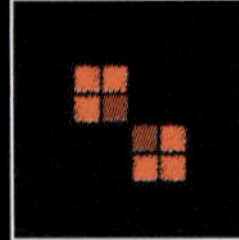 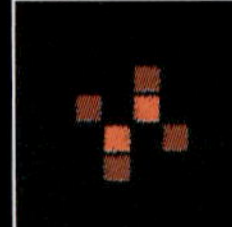 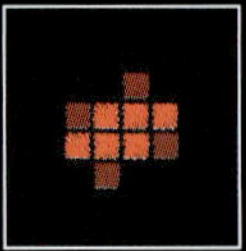

그게 바로 연못, 벌집, 빵, 배 같은 것들이다.

깜빡이, 등대, 시계, 두꺼비 등이 바로 그런 진동자들이다.

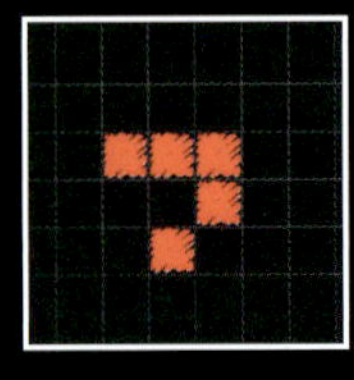 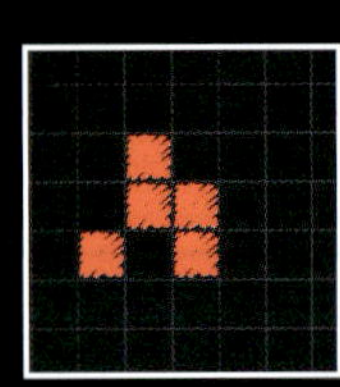 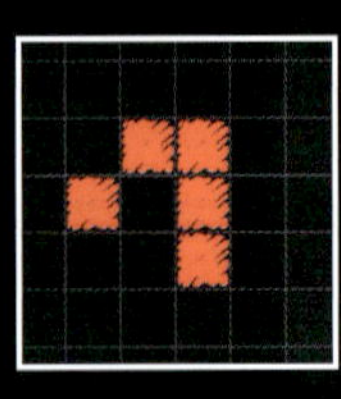 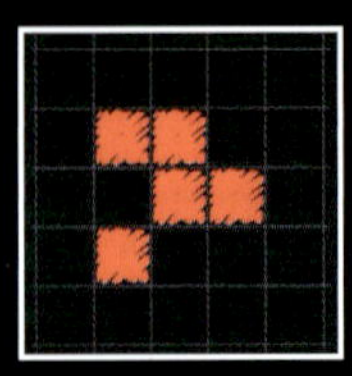 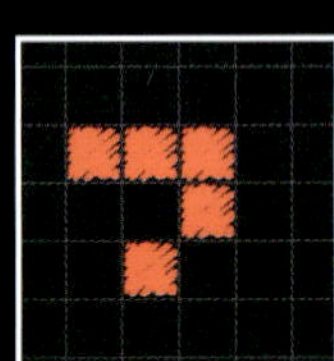

그리고 스스로 '이동'하는 능력을 갖춘 듯한 아주 특별한 형태들도 존재한다. 그중 가장 단순하면서도 흔히 볼 수 있는 게 바로 글라이더이다. 이 녀석은 종종 아무런 예고 없이 갑자기 나타나서는 대각선 방향으로 유유히 나아가곤 했다.

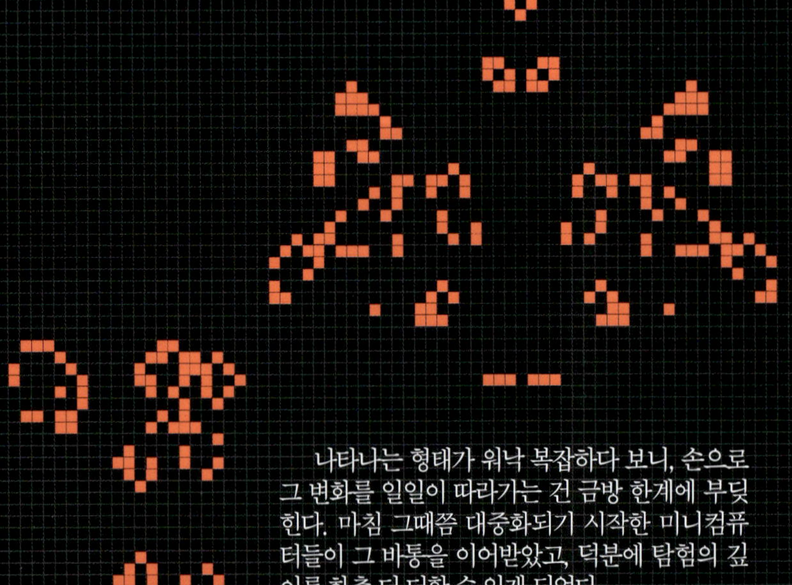

나타나는 형태가 워낙 복잡하다 보니, 손으로 그 변화를 일일이 따라가는 건 금방 한계에 부딪힌다. 마침 그때쯤 대중화되기 시작한 미니컴퓨터들이 그 바통을 이어받았고, 덕분에 탐험의 깊이를 한층 더 더할 수 있게 되었다.

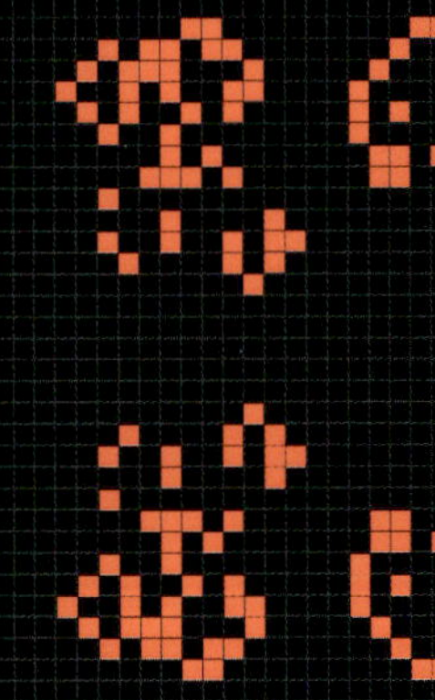

하지만 자연과학처럼 나타나는 현상을 기술하고 분류하는 방식을 넘어, 공학자처럼 '건설적인 방식'으로 인생 게임에 접근해 볼 수도 있다.

콘웨이가 연구했던 초기 배치들은 대부분 결국 정적인 상태나 순환하는 상태(진동자)로 끝나는 것처럼 보였다. 그래서 그는 혹시 '인구'가 무한히 팽창하게 만드는 배치가 존재할 수 있을지 궁금해졌다.

콘웨이는 워낙 내기를 좋아하는 성격이라, 무한히 팽창하는 패턴을 찾아내거나 혹은 그런 패턴이 존재할 수 없다는 걸 증명하는 사람에게 50달러를 주겠다는 현상금을 걸었다.

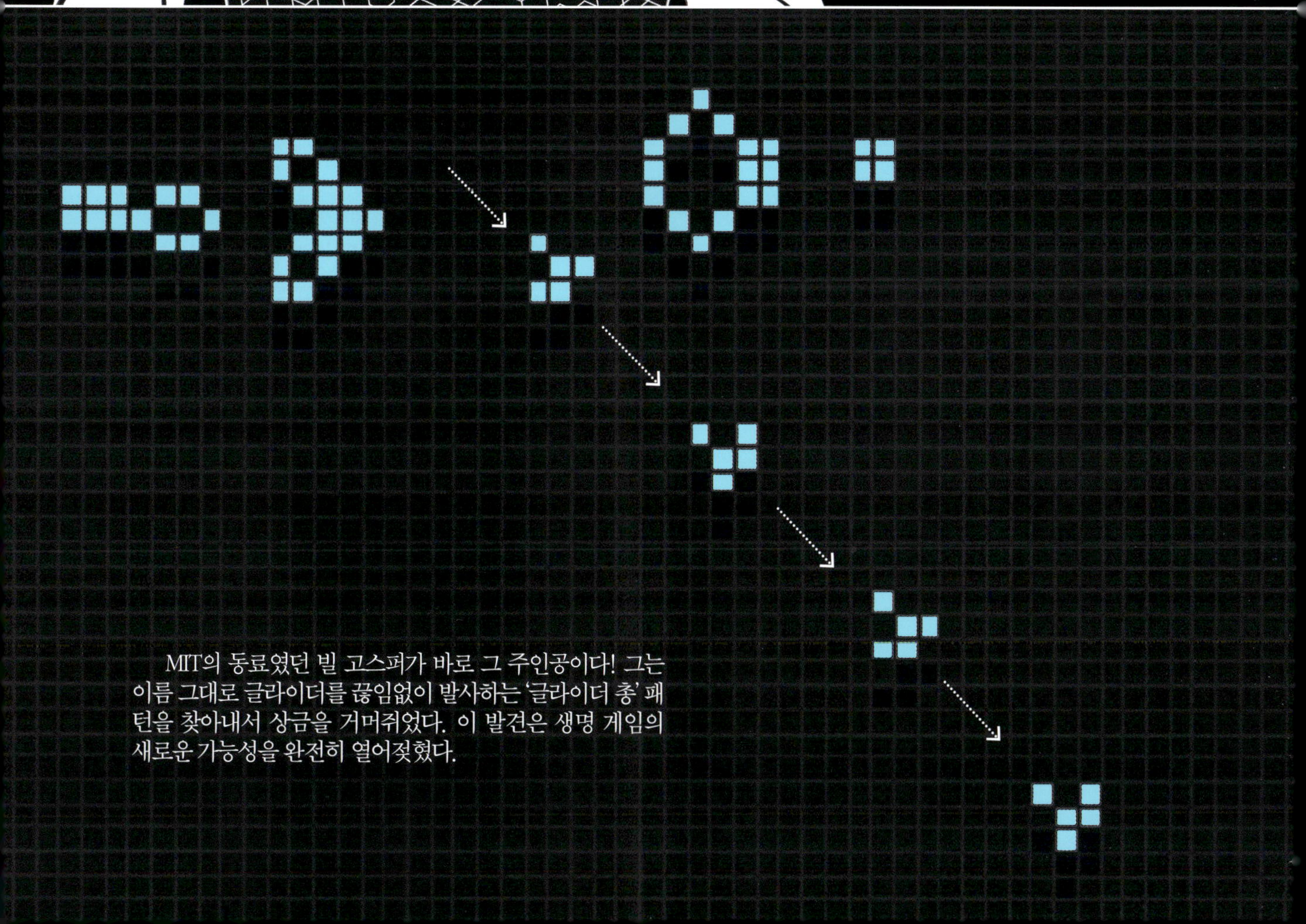

MIT의 동료였던 빌 고스퍼가 바로 그 주인공이다! 그는 이름 그대로 글라이더를 끊임없이 발사하는 '글라이더 총' 패턴을 찾아내서 상금을 거머쥐었다. 이 발견은 생명 게임의 새로운 가능성을 완전히 열어젖혔다.

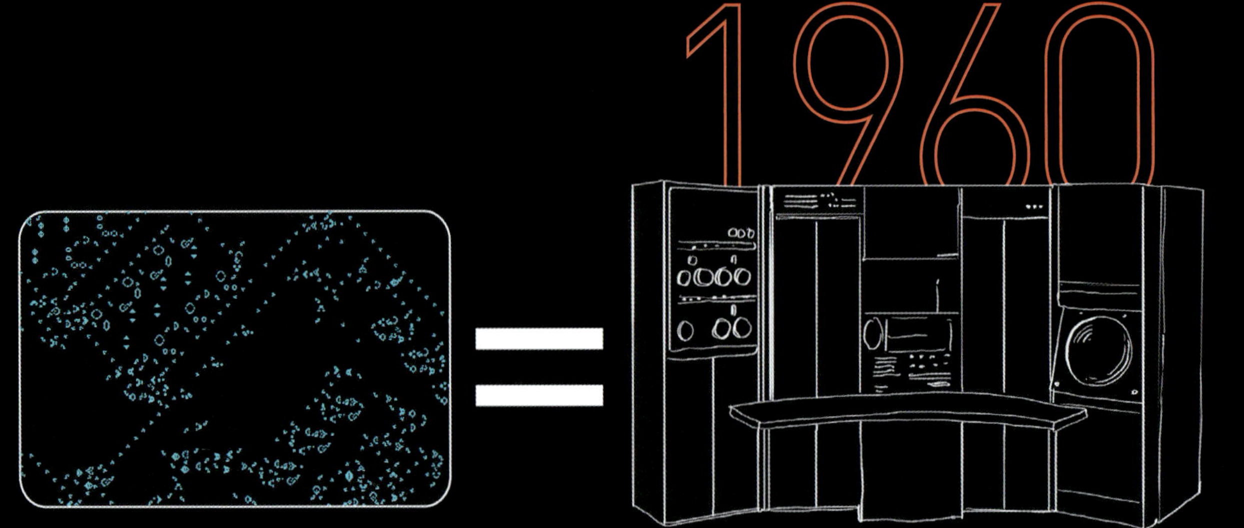

그때부터 콘웨이와 그의 제자들은 컴퓨터의 논리 회로에 해당하는 구조물을 만들 수 있게 되었다. 정보를 한 지점에서 다른 지점으로 전달하고, 그것을 '메모리(기록 장치)'에 저장하는 것까지 가능해진 거다.

이를 통해 그들은 '생명 게임'이 이른바 범용 계산기라는 사실을 증명해 냈다. 즉, 일반적인 컴퓨터가 수행할 수 있는 모든 연산을 이 게임 안에서도 똑같이 해낼 수 있다는 뜻이다.

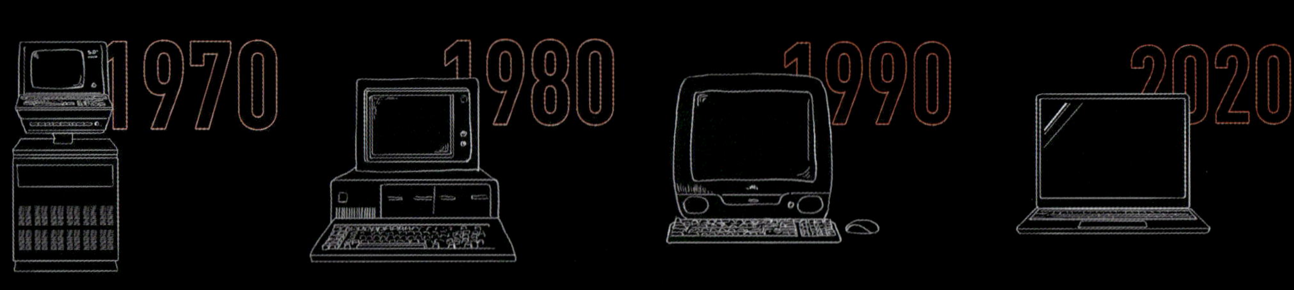

세월이 흐르고 컴퓨터의 성능과 알고리즘이 비약적으로 발전함에 따라, '생명 게임'에 매료된 동호인들은 점점 더 거대한 배치를 훨씬 더 빠른 속도로 관찰할 수 있게 되었다. 그리고 오늘날에도 여전히, 그전까지는 상상조차 할 수 없었던 훨씬 더 복잡한 구조물이 끊임없이 발명되고 있다.

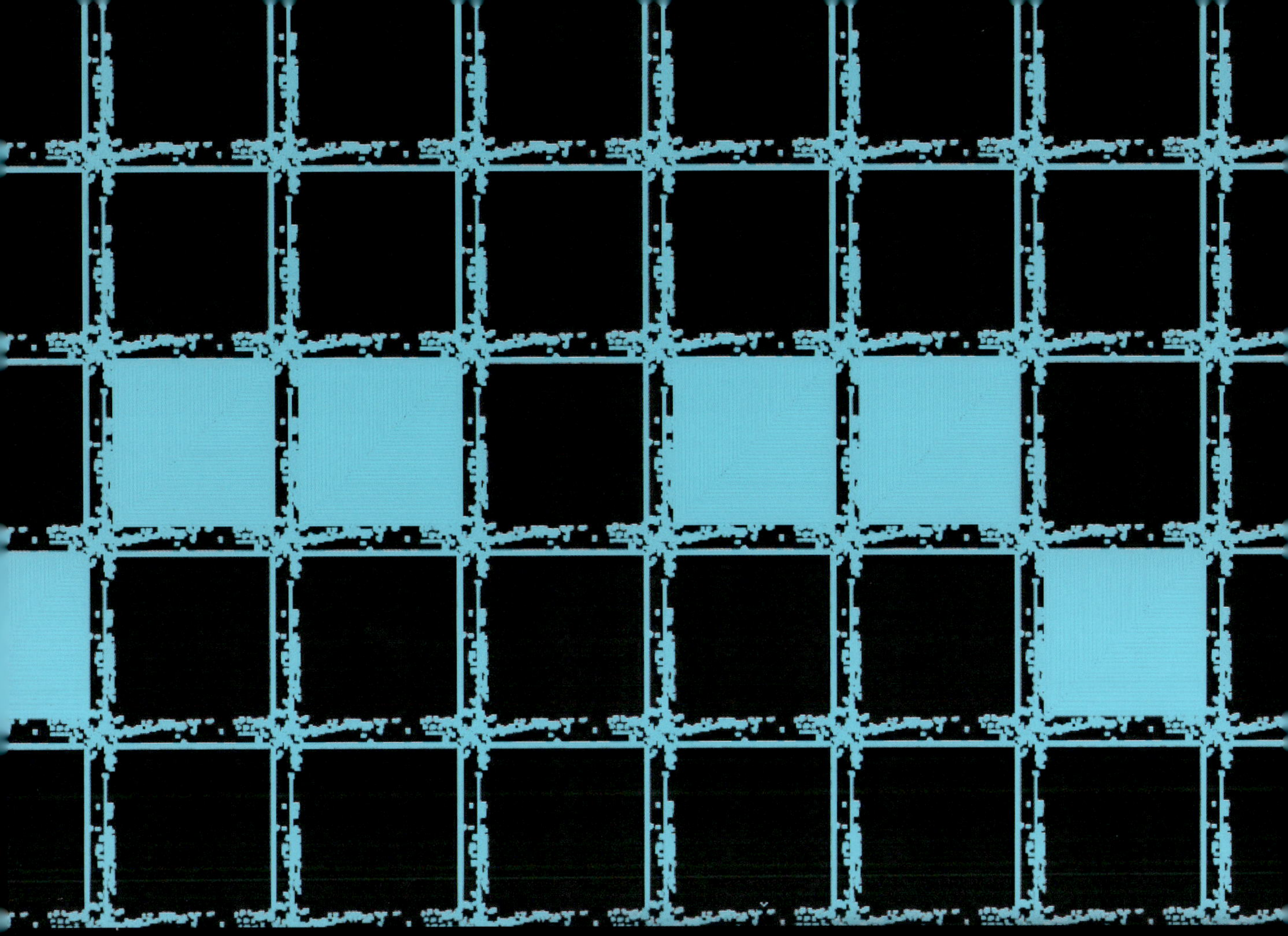

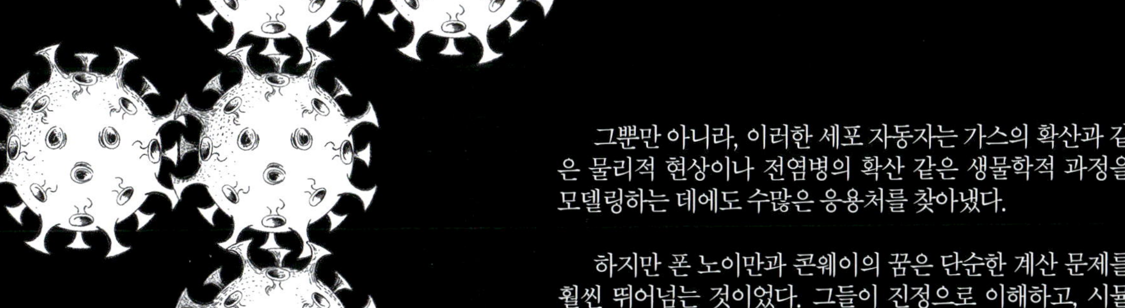

누군가는 결국 '생명 게임'을 이용해서… '인생 게임' 그 자체를 프로그래밍하는 데 성공하고 말았다!

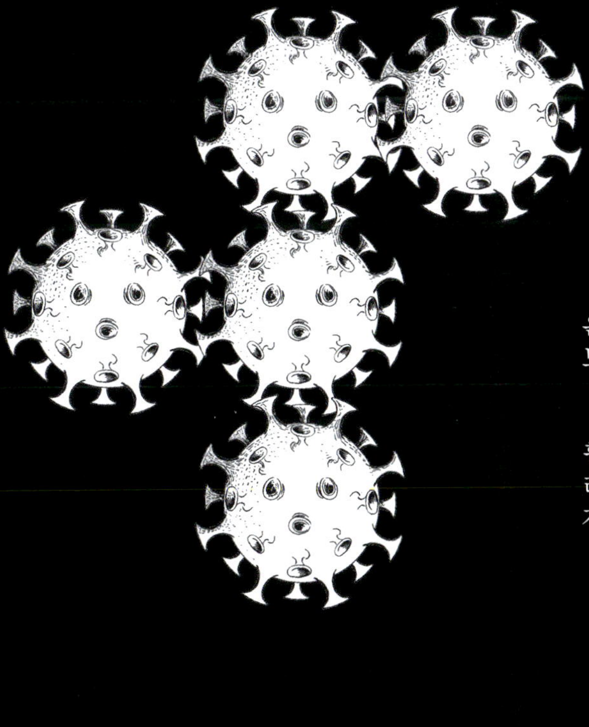

그뿐만 아니라, 이러한 세포 자동자는 가스의 확산과 같은 물리적 현상이나 전염병의 확산 같은 생물학적 과정을 모델링하는 데에도 수많은 응용처를 찾아냈다.

하지만 폰 노이만과 콘웨이의 꿈은 단순한 계산 문제를 훨씬 뛰어넘는 것이었다. 그들이 진정으로 이해하고, 시뮬레이션하고, 나아가 재창조하고 싶었던 것은 바로 '생명 그 자체'였다.

충분히 넓은 격자 판을 무작위로 가득 채운다면, 그 안에서는 실제로 어떤 형태든 조만간 나타나기 마련이라고 콘웨이는 설명한다.

그리고 이 수십억 개의 형태 중에는 스스로 복제하고, 증식하며, 진화하고—어쩌면—지능을 가진 생명체가 될 수 있는 것들도 존재할 거라고 상상해 볼 수 있다.

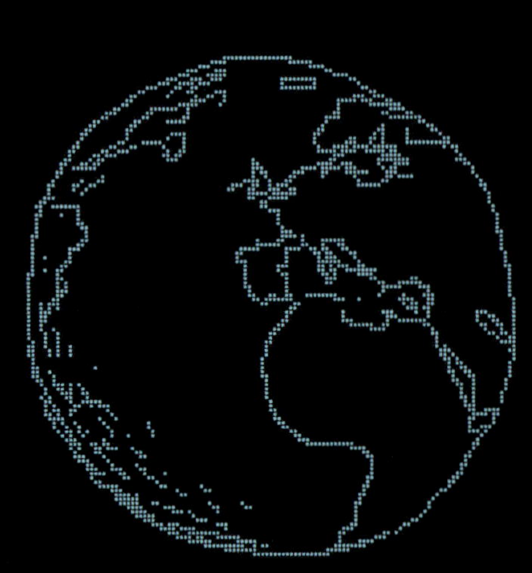

같은 시기에 "컴퓨터 공학의 선구자였던 독일의 콘라트 추제는 이보다 훨씬 더 파격적이고 대담한 가설을 내놓았다.

만약 아주 단순한 규칙으로 움직이는 세포 자동자 안에서도 스스로 형태를 만들고, 번식하고, 진화하는 존재가 나타날 수 있다면, 우리 세계 전체가 하나의 거대한 세포 자동자, 혹은 그와 비슷한 계산 장치가 만들어낸 시뮬레이션일지도 모른다고 상상하지 못할 이유는 없지 않을까?

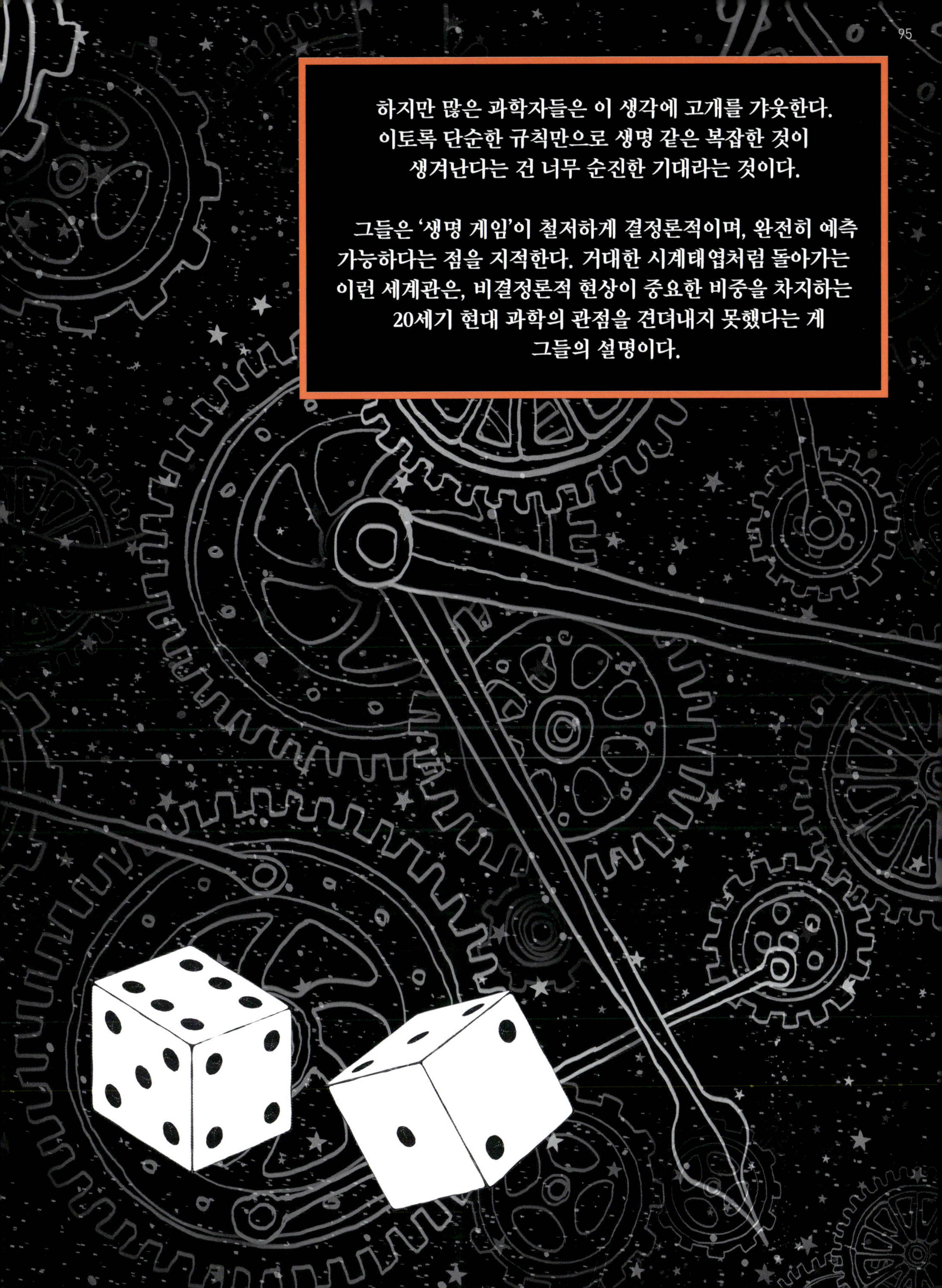

하지만 많은 과학자들은 이 생각에 고개를 갸웃한다.
이토록 단순한 규칙만으로 생명 같은 복잡한 것이
생겨난다는 건 너무 순진한 기대라는 것이다.

그들은 '생명 게임'이 철저하게 결정론적이며, 완전히 예측
가능하다는 점을 지적한다. 거대한 시계태엽처럼 돌아가는
이런 세계관은, 비결정론적 현상이 중요한 비중을 차지하는
20세기 현대 과학의 관점을 견뎌내지 못했다는 게
그들의 설명이다.

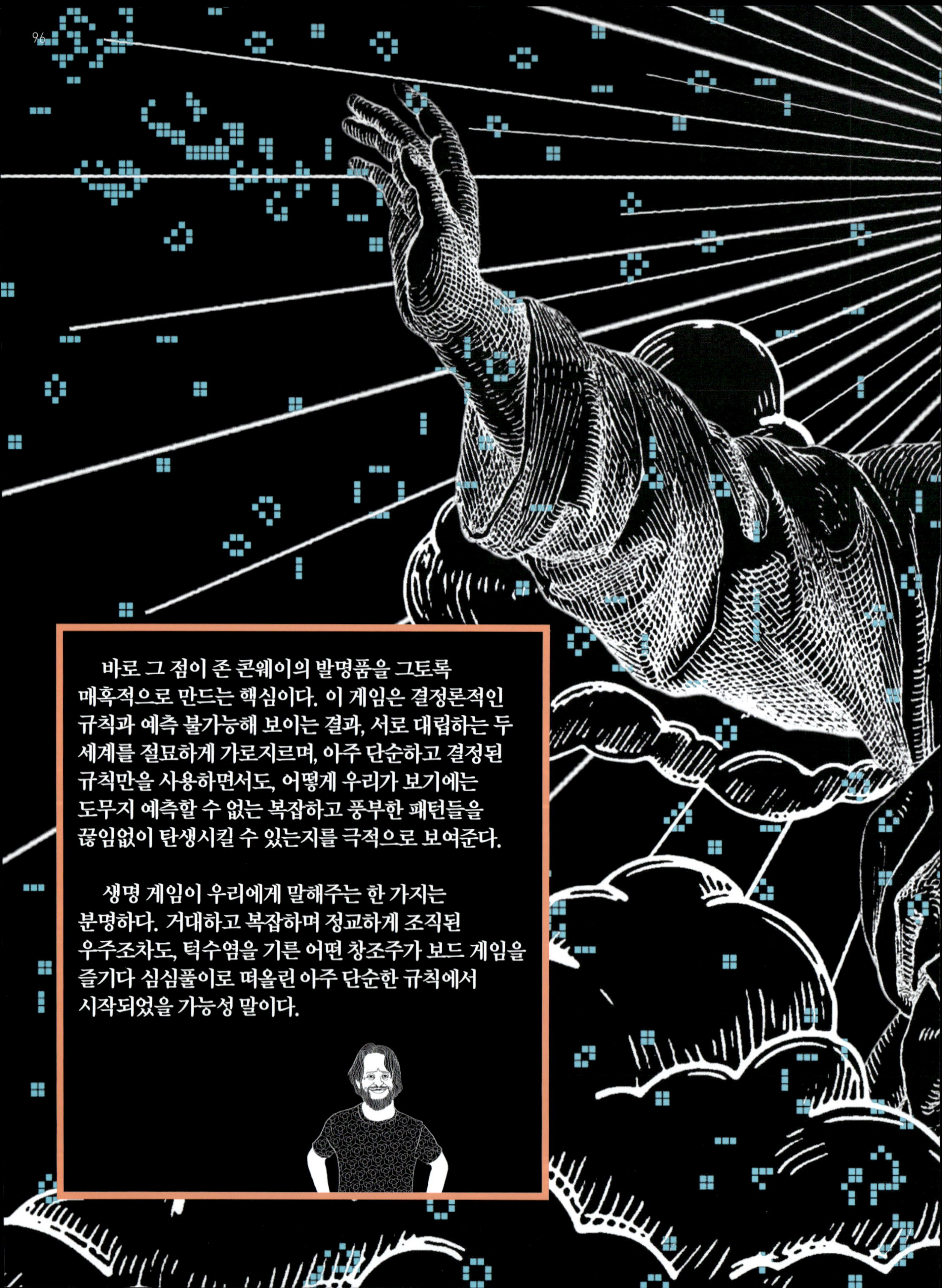

　　바로 그 점이 존 콘웨이의 발명품을 그토록 매혹적으로 만드는 핵심이다. 이 게임은 결정론적인 규칙과 예측 불가능해 보이는 결과, 서로 대립하는 두 세계를 절묘하게 가로지르며, 아주 단순하고 결정된 규칙만을 사용하면서도, 어떻게 우리가 보기에는 도무지 예측할 수 없는 복잡하고 풍부한 패턴들을 끊임없이 탄생시킬 수 있는지를 극적으로 보여준다.

　　생명 게임이 우리에게 말해주는 한 가지는 분명하다. 거대하고 복잡하며 정교하게 조직된 우주조차도, 턱수염을 기른 어떤 창조주가 보드 게임을 즐기다 심심풀이로 떠올린 아주 단순한 규칙에서 시작되었을 가능성 말이다.

CHAPTER VII

복소평면 위의 소풍

수만 가지 수의 정글 속을 오랫동안 헤매고 다닌 뒤, 시원한 그늘 아래서 낮잠 한숨 자는 것보다 더 기분 좋은 일이 있을까? 그리고 낮잠을 자기에 해먹보다 더 좋은 게 있을까? 그 해먹의 옆모습은 누가 봐도 거부할 수 없을 만큼 포물선을 떠올리게 한다.

$$f(x) = ax^2 + bx + c$$

잠깐 복습해 볼까? 만약 f가 이차함수라면 (즉, 변수의 가장 높은 지수가 2인 함수를 말한다. 예를 들면 다음과 같은 형태다):

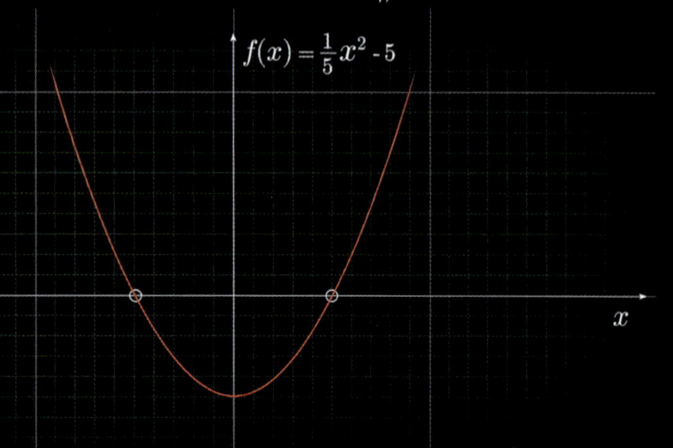

그리고 가로축에 x를, 세로축에 f(x)를 나타내면 그 결과물은 포물선이 된다. 이 포물선이 가로축과 만나는 지점이 바로 함수 f의 '근', 즉 방정식 $ax^2 + bx + c = 0$의 해가 되는 곳이다.

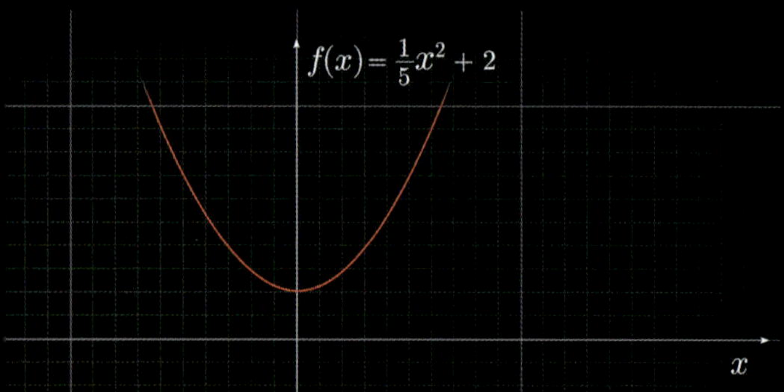

하지만 a, b, c의 값에 따라 어떤 포물선은 가로축보다 훨씬 위쪽으로 지나가 버리기도 한다. 그러면 언뜻 보기에는 해가 없는 것처럼 보인다.

그렇지만 어떤 수학자라도 망설임 없이 단언할 거다. "이차방정식은 언제나 두 개의 해를 가진다"라고 말이다. 다만 그 해가 때로는 '복소수'의 형태로 존재할 뿐이다. 이게 정확히 무슨 뜻일까? 머릿속에 이런 질문이 맴돌면 낮잠을 자는 건 불가능하다…
자, 그럼 이제 복소평면으로 소풍을 떠나보자고!

이 이야기의 시작을 찾으려면 16세기 이탈리아로 가보는 게 좋겠다. 훗날 수학이 갖게 될 그 순수한 이미지와는 달리, 당시의 수학은 천문학, 점성술, 역학, 그리고 거의 모든 것과 뒤섞여 있었다.

제롬 카르다노는 그 시대를 대표하는 전형적인 수학자였다. 그는 의사로서 생계를 꾸렸고, 점성가로 명성을 얻었으며, 확률 계산법을 발명했다… 다름 아닌 카드 게임에서 이기기 위해서 말이다!

그는 자연과학부터 점술, 꿈의 해석, 암호학에 이르기까지 온갖 종류의 주제를 다룬 수십 권의 저작을 남겼고, 마침내 1545년, 대수학에 관한 책을 출간했다.

그가 《아르스 마그나》, 즉 '위대한 예술'이라는 겸손한(?) 제목의 논문을 통해 세상에 공개한 것은 당시 수학계의 성배와도 같았던 '3차 방정식의 해법'이었다.

다음과 같이 쓰이는 방정식에 대하여:

$$x^3 + cx = d$$

X의 값은 아래의 공식을 통해 구할 수 있다:

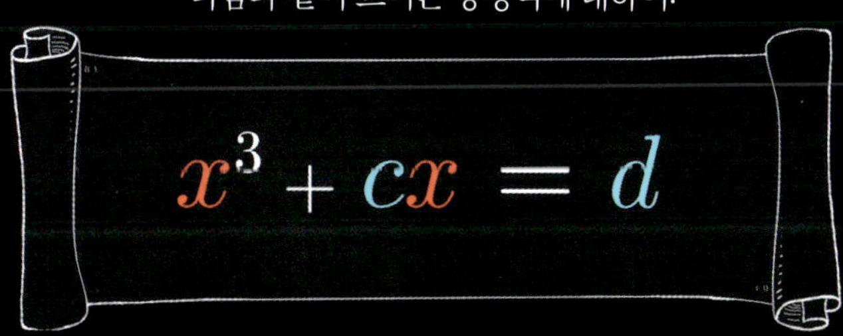

$$x = \sqrt[3]{\frac{d}{2} + \sqrt{\frac{d^2}{4} + \frac{c^3}{27}}} + \sqrt[3]{\frac{d}{2} - \sqrt{\frac{d^2}{4} + \frac{c^3}{27}}}$$

그의 동료 몇몇이 그보다 먼저 이 공식을 발견하긴 했지만, 세상에 처음으로 공개한 사람은 바로 카르다노였다. 이 공식은 어떤 경우에는 아주 잘 들어맞았지만, 또 어떤 경우에는 결과가… 좀 이상하게 나왔다.

예를 들어, 이런 방정식을 하나 살펴볼까?

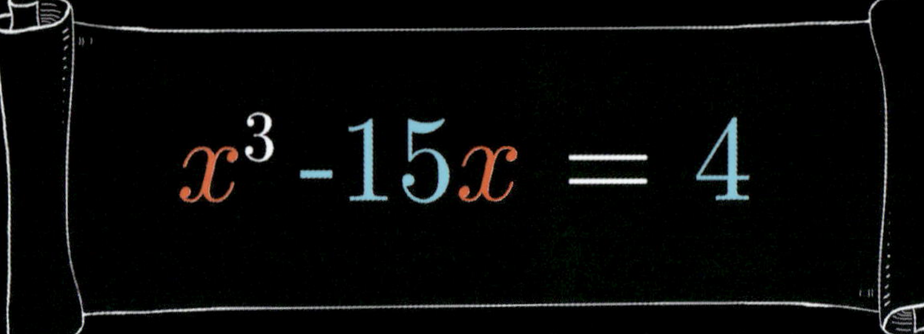

수학에 좀 안목이 있는 사람이라면 X에 4를 넣었을 때
64 - 60 - 4 = 0이 된다는 걸 바로 알아채고, 4가 정답이라는
걸 금방 맞힐 수 있다.

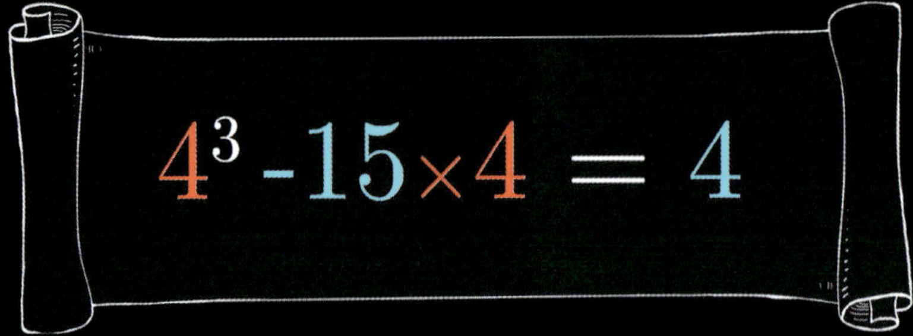

하지만 이 방정식에 카르다노의 공식을 그대로 적용해
보면… 이런 결과가 나온다.

$$x^3 - 15x = 4$$

$$x = \sqrt[3]{\frac{4}{2} + \sqrt{\frac{4^2}{4} - \frac{15^3}{27}}} + \sqrt[3]{\frac{4}{2} - \sqrt{\frac{4^2}{4} - \frac{15^3}{27}}}$$

과연 4가 이 복잡한 공식과 같을 수 있을까?

$$x = \sqrt[3]{2 + \sqrt{-121}} + \sqrt[3]{2 - \sqrt{-121}}$$

참 판단하기 어려운 문제다. 하지만 어찌 됐든 분명한
문제점이 하나 있다. 바로 -121의 제곱근은 존재하지 않는
다는 사실이다!

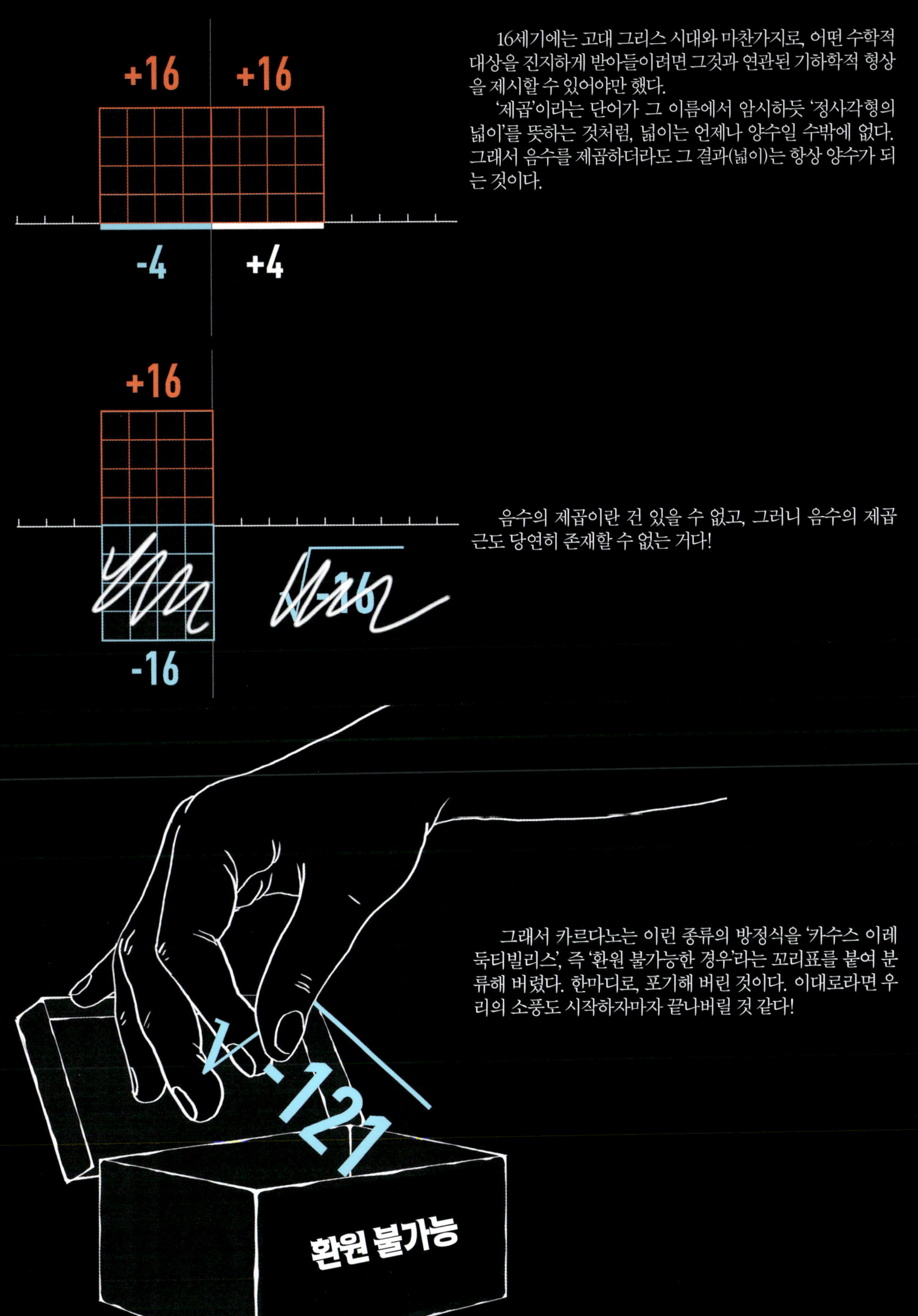

16세기에는 고대 그리스 시대와 마찬가지로, 어떤 수학적 대상을 진지하게 받아들이려면 그것과 연관된 기하학적 형상을 제시할 수 있어야만 했다.

'제곱'이라는 단어가 그 이름에서 암시하듯 '정사각형의 넓이'를 뜻하는 것처럼, 넓이는 언제나 양수일 수밖에 없다. 그래서 음수를 제곱하더라도 그 결과(넓이)는 항상 양수가 되는 것이다.

음수의 제곱이란 건 있을 수 없고, 그러니 음수의 제곱근도 당연히 존재할 수 없는 거다!

그래서 카르다노는 이런 종류의 방정식을 '카수스 이레듀티빌리스', 즉 '환원 불가능한 경우'라는 꼬리표를 붙여 분류해 버렸다. 한마디로, 포기해 버린 것이다. 이대로라면 우리의 소풍도 시작하자마자 끝나버릴 것 같다!

카르다노 이후 거의 한 세기가 지났음에도 '환원 불가능한 경우'의 미스터리는 여전히 풀리지 않은 채 남아 있었다. 그리고 이 '숫자가 아닌 기묘한 숫자'에 이름을 붙여준 사람이 바로 르네 데카르트다.

17세기의 많은 학자들과 마찬가지로 그 역시 철학자인 동시에 수학자였다. 그리고 자존심 있는 수학자라면 누구나 그렇듯, 그도 대수함수 연구에 몰두했다. 우리가 오늘날까지 사용하는 표기법, 즉 X와 Y를 미지수로 쓰고 a, b, c, d 등을 매개변수로 쓰는 방식을 고안해 낸 사람도 바로 그다.

이차방정식의 매개변수(a, b, c 등)를 변화시키면 온갖
종류의 포물선과 다양한 해를 얻게 된다. 데카르트는 이를
세 가지 범주로 분류했다.

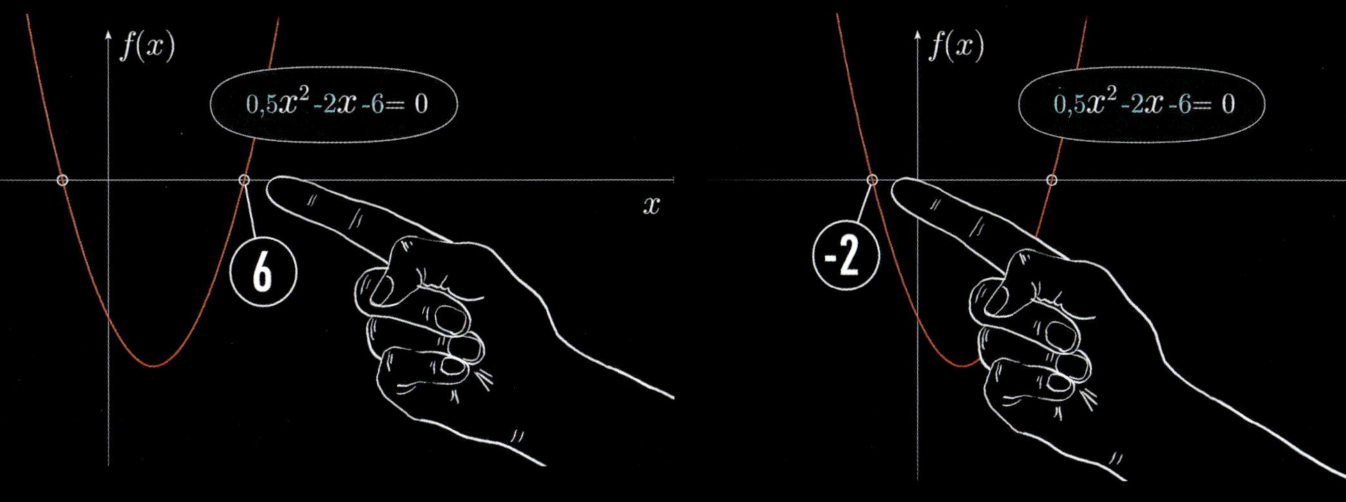

참된 해가 있는데, 이는 양수인 해를 말한다. 물리적인
길이에 딱 들어맞는 값들이다.

거짓된 해가 있는데, 이는 음수인 해를 말한다.

그리고 특정 매개변수 값에 대해 나타나는, 제롬 카르다
노가 말한 '환원 불가능한 경우'들이 있다. 여기에는 음수의
제곱근이 포함되어 있다.

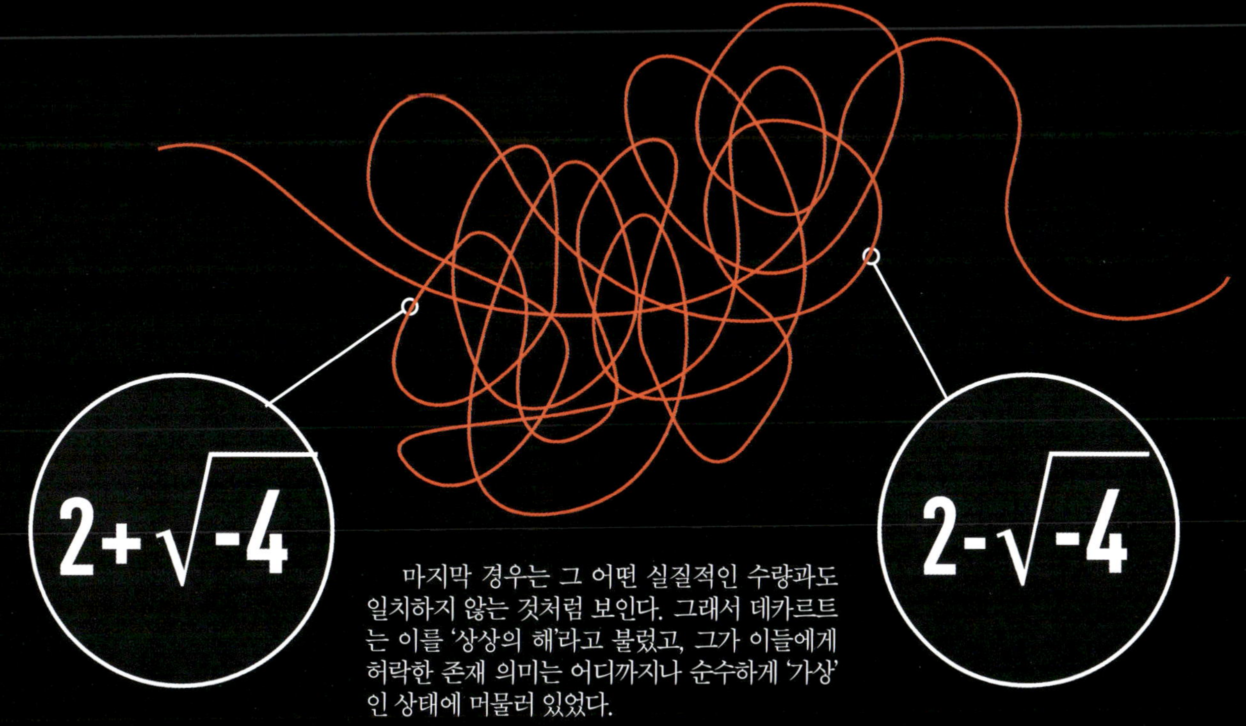

마지막 경우는 그 어떤 실질적인 수량과도
일치하지 않는 것처럼 보인다. 그래서 데카르트
는 이를 '상상의 해'라고 불렀고, 그가 이들에게
허락한 존재 의미는 어디까지나 순수하게 '가상'
인 상태에 머물러 있었다.

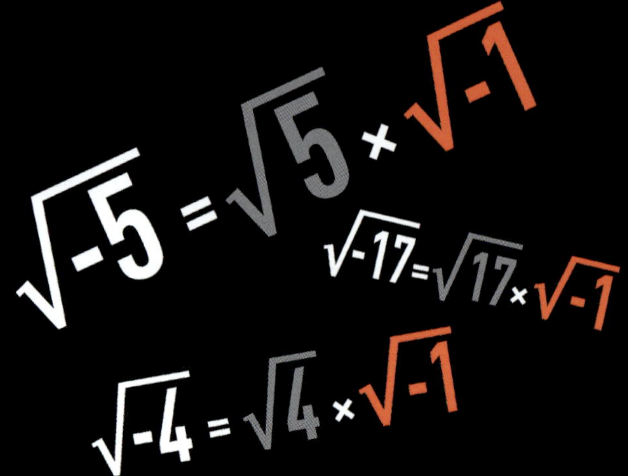

하지만 방정식은 끊임없이 이 '상상 속의 존재'들을 우리 눈앞에 들이밀었다. 이들 존재는 $\sqrt{-1}$의 배수 형태로 쓸 수 있었다.

결국 이들의 존재를 인정하기로 결심한 사람은 스위스의 수학자 레온하르트 오일러였다. 그는 다음과 같은 표기법을 사용했다.

$$i = \sqrt{-1}$$

여기서 i는 '상상'을 뜻한다. 하지만 오일러조차 이들 숫자가 도대체 왜, 어떻게 존재하는지에 대한 미스터리를 명쾌하게 풀지는 못했다.

그런데, 이 '상상의 수'라는 녀석들이 아무런 의미도 없다면 그냥 깔끔하게 포기하고 다른 길을 찾으면 되지 않았을까? 왜 수학자들은 이들을 버리지 못했을까?

문제는 바로 '닫힘성'이다. 어떤 수학적 대상이 특정 연산에 대해 '닫혀 있다'고 하는 건, 그 연산을 수행했을 때 결과 값이 절대로 그 집합 밖으로 나가지 않는다는 뜻이다. 예를 들어, 두 자연수를 더하면 항상 또 다른 자연수가 나온다. 하지만 두 자연수를 뺄 때는 더 이상 이 법칙이 통하지 않는다!

작은 수에서 큰 수를 빼면 자연수 범위를 벗어나 버리니까!

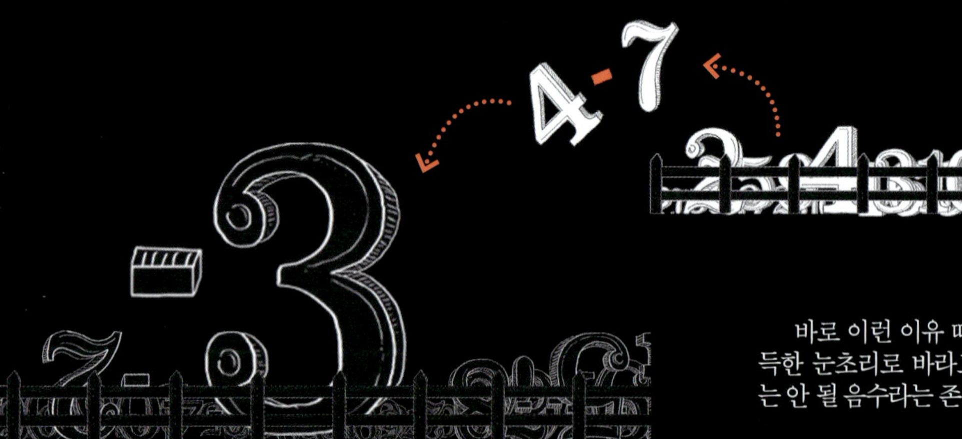

바로 이런 이유 때문에, 우리는 한때 의구심 가득한 눈초리로 바라보았으나 이제는 결코 없어서는 안 될 음수라는 존재를 발명해 낸 것이다.

제곱근의 경우도 똑같은 문제가 발생한다. 음의 실수의 제곱근은 '실수' 집합에 속하지 않기 때문이다. 따라서 실수 집합은 '제곱근 구하기'라는 연산에 대해 닫혀 있지 않은 셈인 것이다. 말하자면 어딘가 구멍이 나서 새고 있는 것과 같다. 그리고 이 틈을 메우는 방법이 바로 '허수(상상의 수)'를 받아들이는 것이다.

이야기는 이제 덴마크로 이어진다. 1796년, 덴마크 왕국의 첫 번째 정밀 지도가 막 발간되었다.

이 지도의 제작자인 카스파르 베셀이라는 인물은 이듬해인 51세의 나이에 수학 논문을 한 편 발표한다. 하지만 덴마크어로 발표한 탓에 유럽의 다른 지역에서는 거의 주목받지 못하고 묻혀버렸다. 하지만 베셀이 발견한 것은 다름 아닌 허수의 기하학적 의미라는 놀라운 사실이었다.

"그의 생각을 이해하기 위해, 숫자를 '0에서 뻗어 나가는 화살표'라고 상상해 보자. 우리가 흔히 보는 가로 숫자선 위에 화살표를 그려보는 것이다."

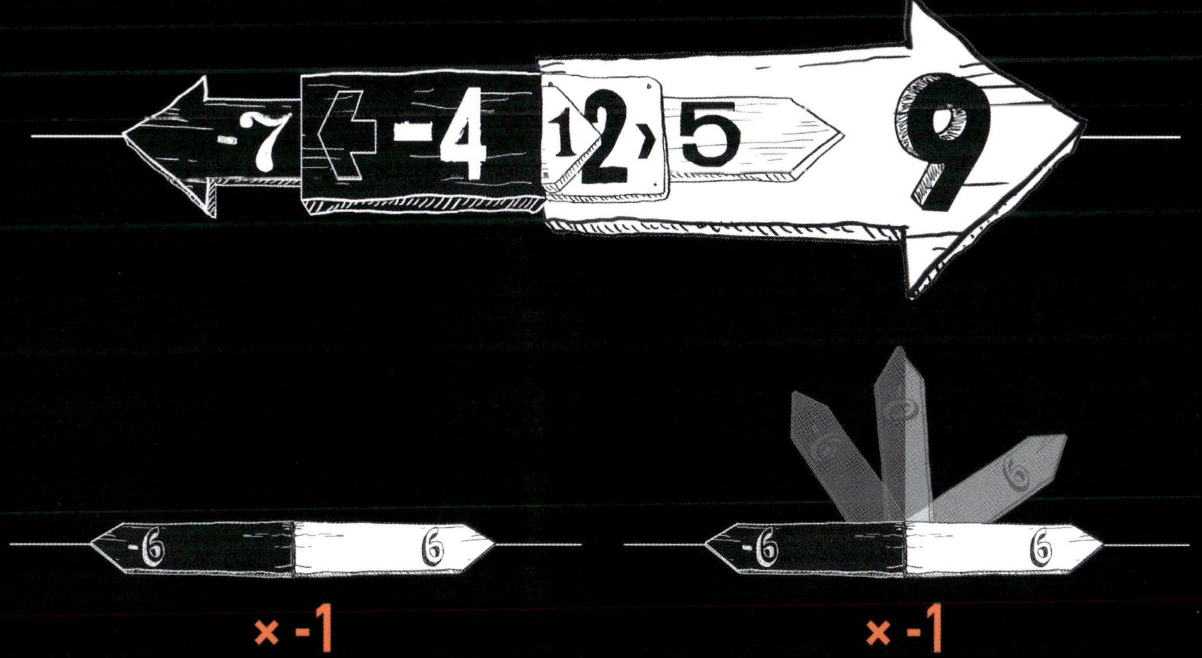

음수를 곱하면 이 축 위에서 선분의 방향이 반대로 뒤집힌다.

하지만 이 반전을 표현하는 또 다른 방법은 선분이 180° 회전한다고 말하는 거다. 따라서 음수를 자기 자신과 곱하면(즉, 180°를 두 번 회전하면 360°가 되니까) 다시 양수가 되는 것이다.

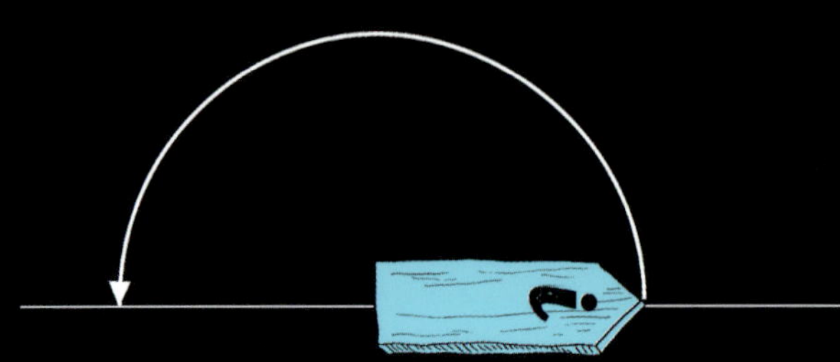

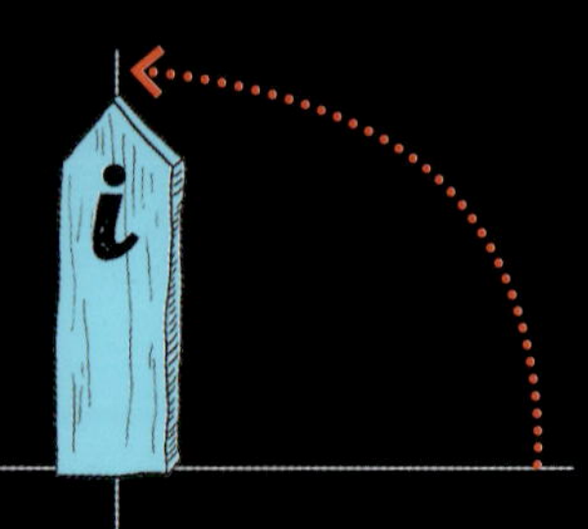

어떤 수 i를 자기 자신과 곱했을 때(제곱했을 때) 음수가 되려면, 이 숫자는 180° 회전하는 과정의 '반환점(딱 절반)'에 위치해야만 한다.

즉, 90°에 위치해야 한다는 뜻이다.

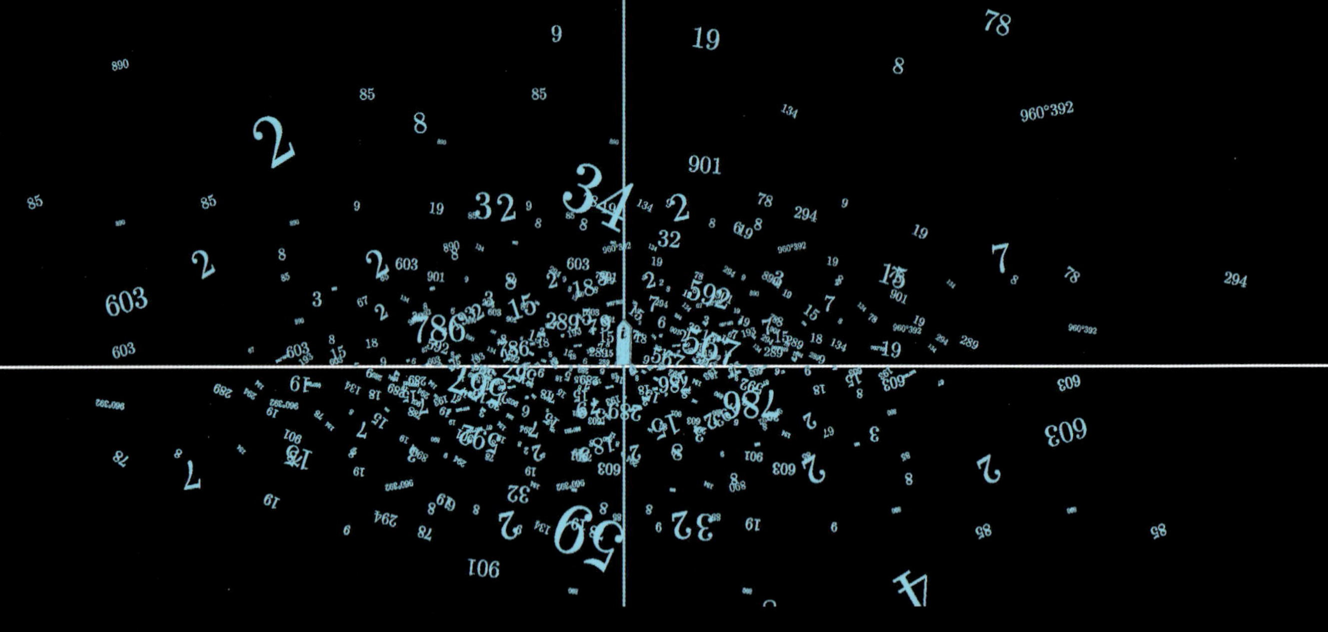

0도 아니고, 0보다 작지도 크지도 않은 이 이상한 숫자는, 숫자의 영역이 기존의 가로선에서 벗어나 그와 수직을 이루는 두 번째 차원으로 뻗어 나간다고 상상하는 순간 비로소 존재가 가능해진다. 이제 숫자는 좁은 직선을 탈출해서 평면 전체를 점령하게 된 것이다! 30년 후, 독일의 수학자 카를 프리드리히 가우스는 이 새로운 세상을 '복소평면'이라고 이름 붙이게 된다.

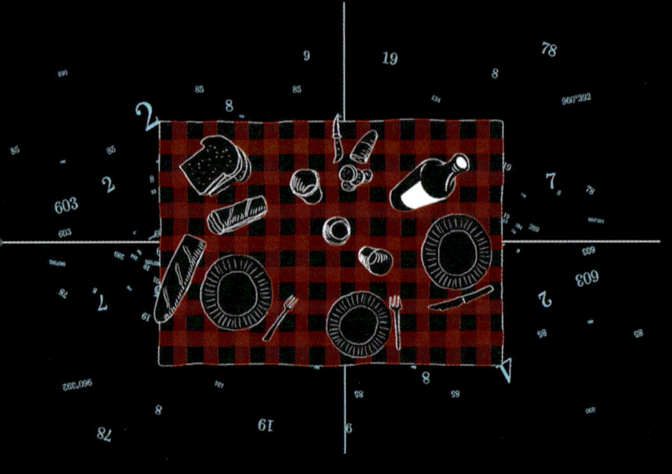

드디어 도착했다. 여기가 바로 복소평면이다! 이제 소풍 바구니를 꺼내고, 이 평면이 구체적으로 어떻게 돌아가는지 잠시 살펴볼 시간이다.

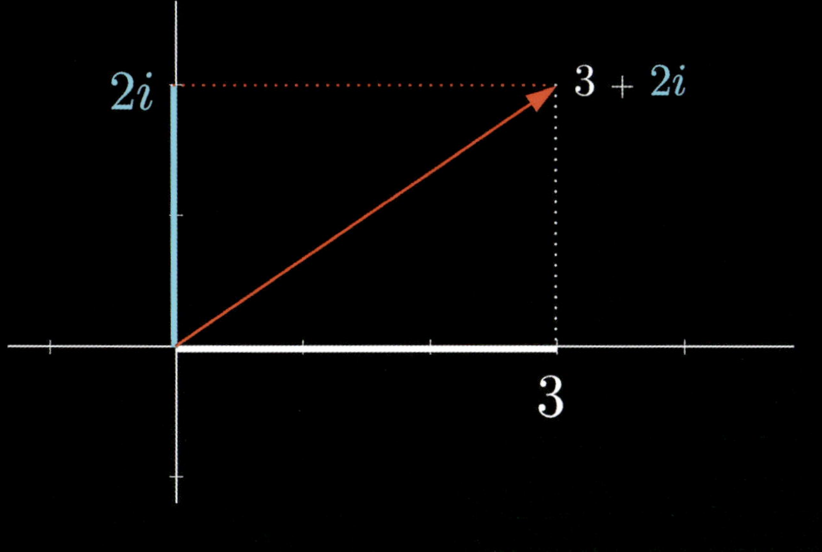

숫자가 실수와 허수라는 서로 다른 두 부분으로 구성되어 평면 위의 한 점을 정의할 때, 우리는 이들 숫자를 '복소수'라고 부른다.

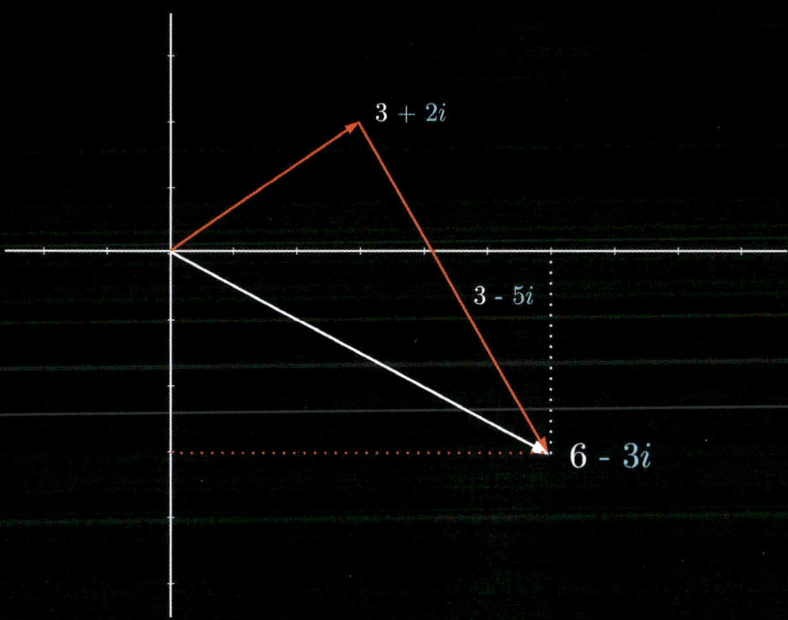

두 복소수를 더하려면, 그들을 꼬리에 꼬리를 물듯 이어 붙여야 한다.

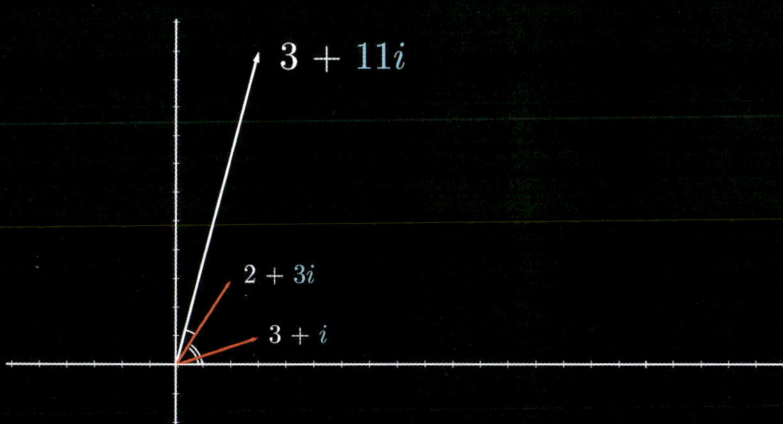

복소수를 곱할 때는, 각도는 서로 더하고 그들의 '길이(절댓값)'는 서로 곱하면 된다.

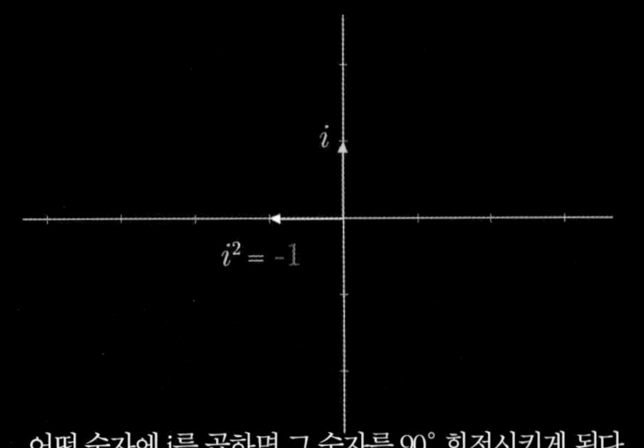

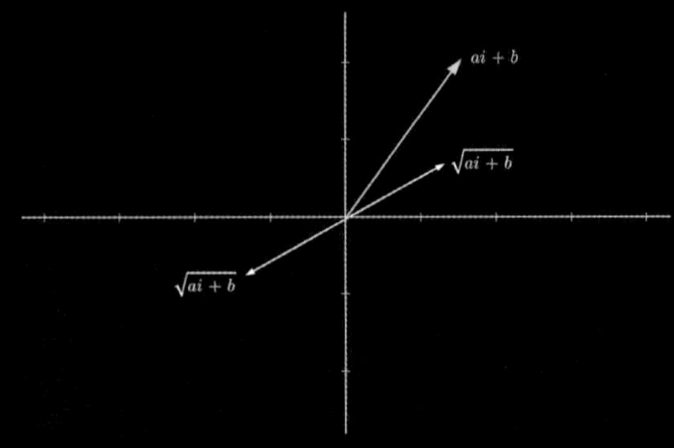

어떤 숫자에 i를 곱하면 그 숫자를 90° 회전시키게 된다. 그래서 i × i를 하면 90°씩 두 번 돌아가니까, 예상했던 대로 $i^2 = -1$이 되는 것이다.

모든 복소수는 예외 없이 두 개의 제곱근을 가지고 있다. 그리고 이들 제곱근은 절대로 복소수 집합 밖으로 벗어나지 않는다. 즉, 복소수 집합은 제곱근 구하기 연산에 대해 완벽하게 '닫혀' 있는 셈이다.

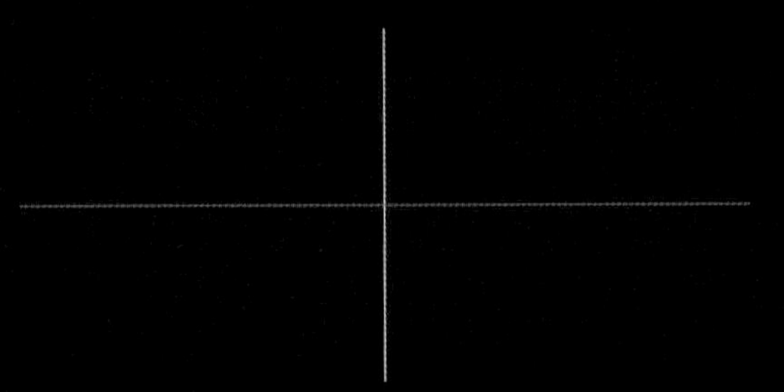

이제 복소평면과 친해졌으니, 다시 처음에 봤던 그래프로 돌아가서 무슨 일이 일어나고 있는지 시각화해 보자. 우리가 그저 하나의 '직선'이라고만 생각했던 x축은 사실…

…옆면(단면)에서 바라본 평면이었던 것이다! 우리가 시야를 조금만 높여서 위에서 내려다보면 그 사실이 아주 분명하게 드러난다.

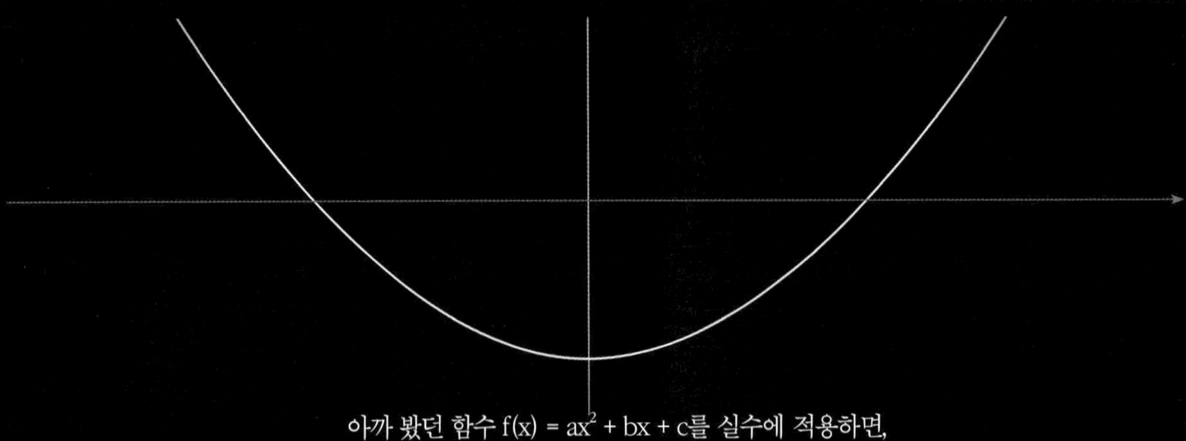

아까 봤던 함수 $f(x) = ax^2 + bx + c$를 실수에 적용하면, 우리가 이미 확인했던 그 포물선이 그려진다.

이제 이 함수를 복소수 전체에 적용하면, 우리가 보던
그래프는 4차원 공간으로 드넓게 펼쳐지게 된다.

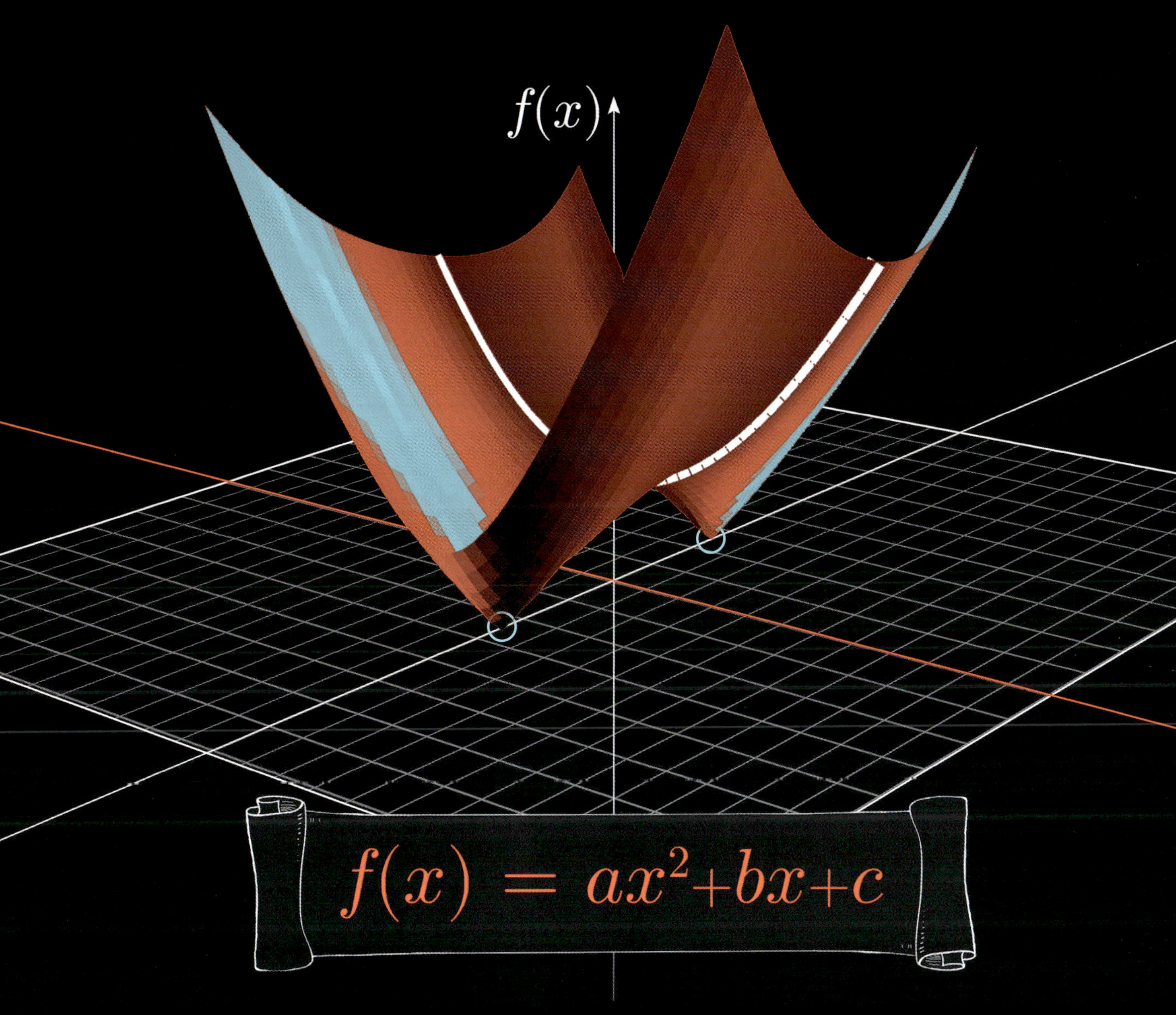

그리고 색상이 보이지 않는 나머지 차원을 나타내는 이 눈부신 해먹 모양의 그래프를 보면 알 수 있듯이, 실제로 우리의 함수는 언제나 두 개의 해를 가지고 있다. 매개변수의 값에 따라 어떤 경우에는 해가 실수가 되기도 하지만, 또 어떤 경우에는 해가 실수 축이라는 직선을 벗어나 허수나 복소수가 되기도 한다.

결국 우리 수학자의 말이 옳았던 거다. 이차방정식은 언제나 두 개의 해를 가진다… 다만 그 해들이 때로는 허수나 복소수의 모습일 뿐이다.

'허수(상상의 수)'라니: 물리학과 수학에서 이제는 한시도
없어서는 안 될 이 대상들에게 붙여주기엔 정말이지
어울리지 않는 이름이야!
제롬 카르다노부터 카를 프리드리히 가우스까지,
이 기묘한 소풍(복소평면)에 도달하기까지 무려 300년이 걸렸다!
하지만 수천 년 동안 이어져 온 수학자들과 수학적 대상들
사이의 긴 대화의 역사로 보면, 사실 그리 긴 시간도 아니다.

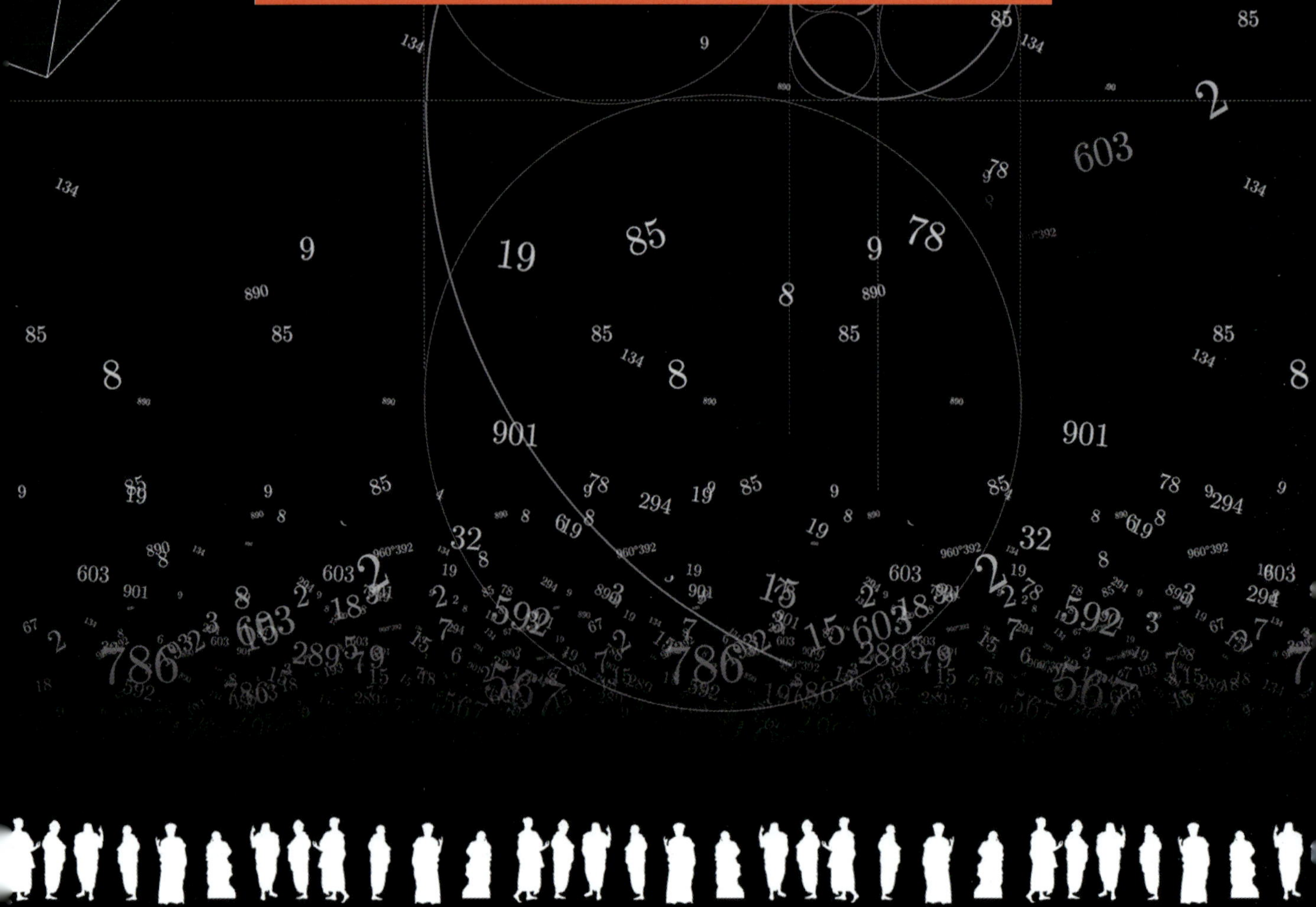

CHAPTER VIII

리만 가설을 향하여

1 2 3 4 5 6 7 8 9 10 11 12 13 14 15 16 17 18 19 20 21 22 23 24 25 26 27 28 29 30 3
32 33 34 35 36 37 38 39 40 41 42 43 44 45 46 47 48 49 50 51 52 53 54 55 56 57 58 59 60 61 6
63 64 65 66 67 68 69 70 71 72 73 74 75 76 77 78 79 80 81 82 83 84 85 86 87 88 89 90 91 92 9
94 95 96 97 98 99 100 101 102 103 104 105 106 107 108 109 110 111 112 113 114 115 116 117 118 119 120 121 122 123 12
125 126 127 128 129 130 131 132 133 134 135 136 137 138 139 140 141 142 143 144 145 146 147 148 149 150 151 152 153 154 15
156 157 158 159 160 161 162 163 164 165 166 167 168 169 170 171 172 173 174 175 176 177 178 179 180 181 182 183 184 185 18
187 188 189 190 191 192 193 194 195 196 197 198 199 200 201 202 203 204 205 206 207 208 209 210 211 212 213 214 215 216 21
218 219 220 221 222 223 224 225 226 227 228 229 230 231 232 233 234 235 236 237 238 239 240 241 242 243 244 245 246 247 24
249 250 251 252 253 254 255 256 257 208 259 260 261 262 263 274 275 276 277 278 269 270 271 272 273 274 275 276 277 278 27
280 281 282 283 284 285 286 287 288 289 290 291 292 293 294 295 296 297 298 299 300 301 302 303 304 305 306 307 308 309 31
311 312 313 314 315 316 317 318 319 320 321 322 323 324 325 326 327 328 329 330 331 332 333 334 335 336 337 338 339 340 34
342 343 344 345 346 347 348 349 350 351 352 353 354 355 356 357 358 359 360 361 362 363 364 365 366 367 368 369 370 371 37
373 374 375 376 377 378 379 380 381 382 383 384 385 386 387 388 389 390 391 392 393 394 395 396 397 398 399 400 401 402 40
404 405 406 407 408 409 410 411 412 413 414 415 416 417 418 419 420 421 422 423 424 425 426 427 428 429 430 431 432 433 43
435 436 437 438 439 440 441 442 443 444 445 446 447 448 449 450 451 452 453 454 455 456 457 458 459 460 461 462 463 464 46
466 467 468 369 370 371 372 373 374 475 476 477 478 479 470 471 472 373 484 485 486 487 488 489 480 491 492 493 494 495 49
497 498 499 500 501 502 503 504 505 506 507 508 509 510 511 512 513 514 515 516 517 518 519 520 521 522 523 524 525 526 52
528 529 530 531 532 533 534 535 536 537 538 539 540 541 542 543 544 545 546 547 548 549 550 551 552 553 554 555 556 557 55
559 560 561 562 563 564 565 566 567 568 569 570 571 572 573 574 575 576 577 578 579 580 581 582 583 584 585 586 587 588 58
590 591 592 593 594 595 596 597 598 599 600 601 602 603 604 605 606 607 608 609 610 611 612 613 614 615 616 617 618 619 62
621 622 623 624 625 626 627 628 629 630 631 632 633 634 635 636 637 638 639 640 641 642 643 644 645 646 647 648 649 650 65
652 653 654 655 656 657 658 659 660 661 662 663 664 665 666 667 668 669 670 671 672 673 674 675 676 677 678 679 680 681 68
683 684 685 686 687 688 689 690 691 692 693 694 695 696 697 698 699 700 701 702 703 704 705 706 707 708 709 710 711 712 71
714 715 716 717 718 719 720 721 722 723 724 725 726 727 728 729 730 731 732 733 734 735 736 737 738 739 740 741 742 743 74

수많은 정수의 무리 속에서 우리는 모든 숫자가 다 똑같다고 느낄 수 있다. 아니, 음… 똑같다기보다는 다들 비슷한 지위를 가졌다고 상상할 수 있겠지만, 사실은 전혀 그렇지 않다. 어떤 숫자는 다른 숫자보다 더 '특별한' 지위를 누리고 있는데, 우리는 이들을 소수라고 부른다.

자기 자신과 1로만 나누어 떨어지는 숫자를 소수라고 한다.

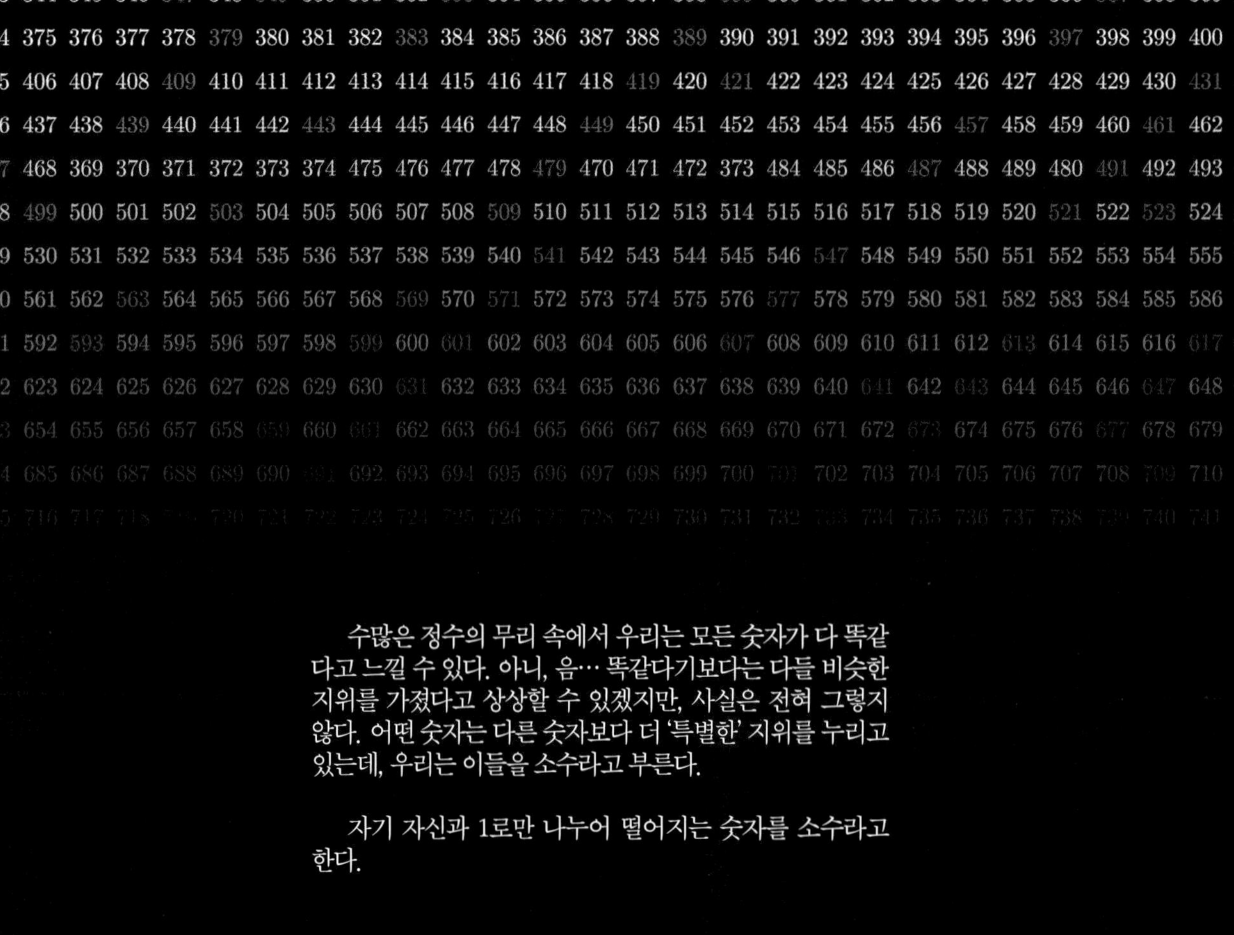

그래서 7은 소수이고, 11도 소수다.

하지만 4는 소수가 아니고 15도 아니다.

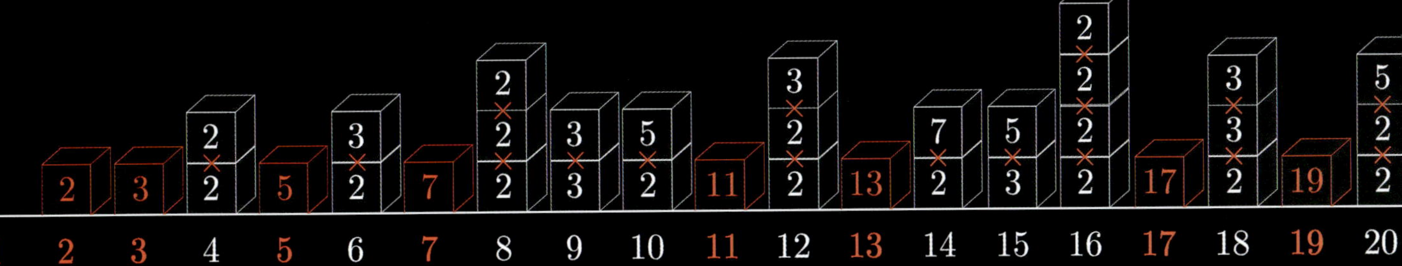

소수는 곱셈을 통해 다른 모든 숫자를 만들어낼 수 있게 해주는 가장 기초적인 구성 요소다. 하지만 이토록 근본적인 개념임에도 불구하고 그 신비는 여전히 다 풀리지 않았다. 소수는 오늘날 수학계에서 가장 중요한 미해결 과제 중 하나인 '리만 가설'의 핵심에 자리 잡고 있다.

이번 산행은 조금 험난할 수도 있지만, 수학의 거대한 미스터리 중 하나를 발견할 아주 좋은 기회다. 본격적으로 가파른 오르막을 오르기 전에, 잠시 숨을 고르며 전체적인 그림을 한번 조망해 보자.

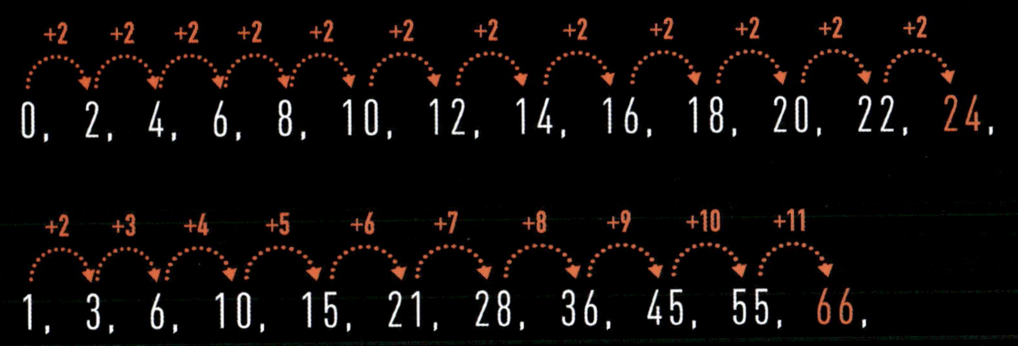

소수가 가진 목록이 왜 그토록 특별한지 제대로 이해하기 위해, 다른 숫자들의 목록을 먼저 살펴보자.

이런 숫자들의 경우에는 간단한 컴퓨터 프로그램만 있으면 열 번째, 백 번째, 혹은 천 번째 숫자가 무엇인지 아주 쉽게 계산해낼 수 있다.

$$2, \ 3, \ 5, \ 7, \ 11, \ 13, \ 17, \ 19, \ 23, \ 29, \ 31$$

하지만 소수에 관해서는 그런 편리한 방법이 전혀 존재하지 않는다. 그 목록을 자동으로 만들어낼 수 있는 간단한 프로그램은 없다. 우리가 알고 있는 다른 방법도 사실 꽤나 고단하고 지루한 반복 작업뿐이다.

가장 유명하면서도 간단한 방법은 바로
'에라토스테네스의 체'이다.

먼저 2의 배수를 모두 지
우고,

그다음 3의 배수를 모두
지운 뒤,

차례로 나타나는 소수의
배수를 계속해서 지워나가
는 방식이다.

동그라미 쳐진 숫자들은 탈락하지 않고 살아남는다.
이들이 바로 소수다.

1	②	③	4	⑤	6	⑦	8	9	10
⑪	12	⑬	14	15	16	⑰	18	⑲	20
21	22	㉓	24	25	26	27	28	㉙	30
㉛	32	33	34	35	36	㊲	38	39	40
㊶	42	㊸	44	45	46	㊼	48	49	50
51	52	㊼	54	55	56	57	58	㊾	60
㊶	62	63	64	65	66	㊻	68	69	70

가장 먼저 눈에 띄는 점은 소수들이 지독할 정도로 무질
서하게 배치되어 있다는 것이다. 마치 정수라는 정원 여기
저기에서 제멋대로 솟아나는 잡초처럼 보인다!

숫자의 가장 기초적인 구성 요소인 소수가 어떻게 이토
록 불규칙하고 예측 불가능하게 흩어져 있을 수 있을까? 이
겉보기에 무질서한 혼돈은 수많은 세대의 수학자들을 매료
시켰다…

1795

이것이 바로 어린 시절의 카를 프리드리히 가우스를 사로잡았던 매력이었다. 18세기 말, 아직 소년이었던 그는 촛불 아래서 밤을 지새우며 소수표를 몇 시간씩 들여다보곤 했다. 그리고 가우스는 스스로에게 질문을 던졌다. "이것을 통계적인 관점에서 바라본다면 어떨까?"

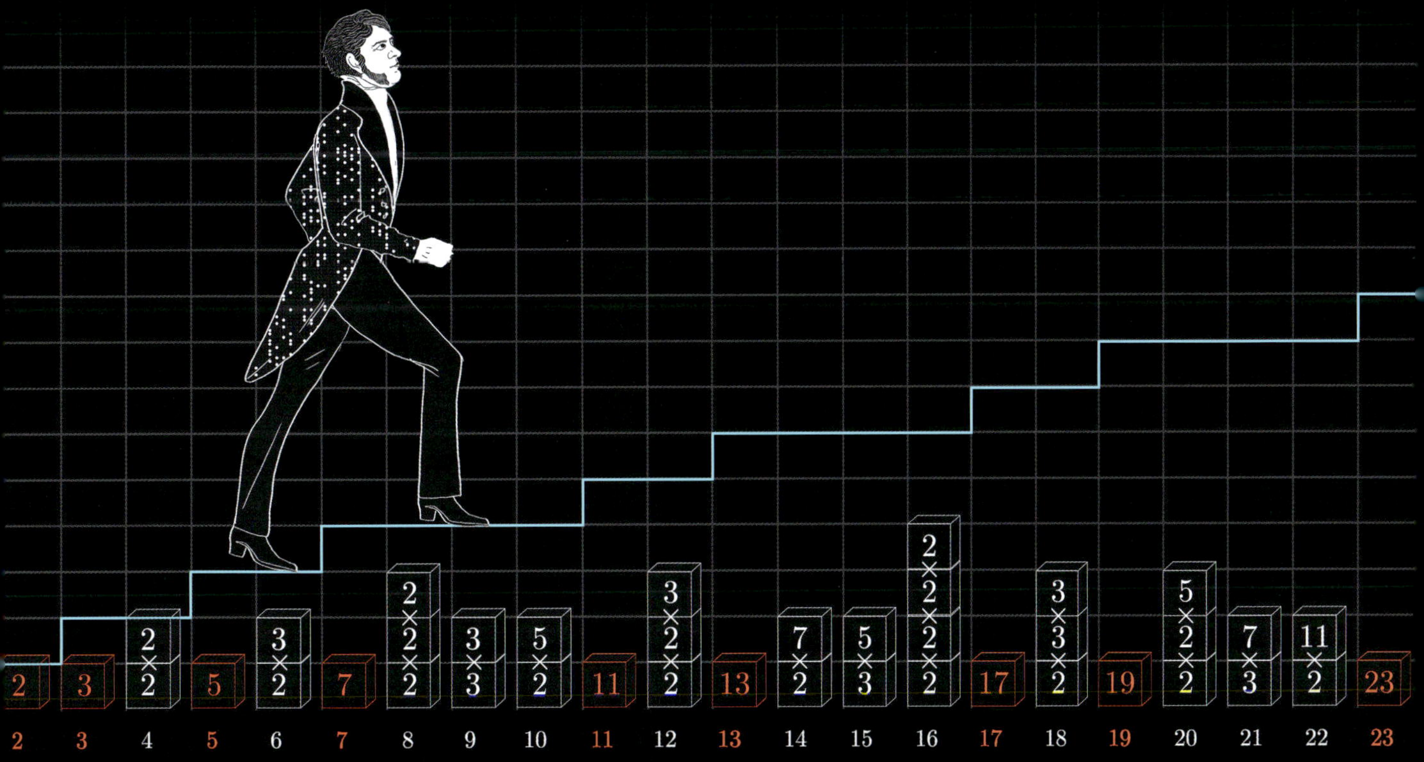

소수를 세는 함수인 π를 상상해 보자. 이 함수의 그래프는 마치 계단처럼 생겼다. 2가 나타날 때 한 칸 올라가고, 3이 나타날 때 또 한 칸 올라가는 식이다.

이 계단은 아주 불규칙하다. 처음에는 경사가 아주 급하게 시작되지만, 앞으로 나아갈수록 점점 완만해진다. 계속 따라가다 보면 실제로 소수가 나타나는 빈도가 점차 줄어든다는 사실을 발견하게 될 거다.

충분히 멀리서 바라보면, 울퉁불퉁했던 계단은 매끄러운 곡선의 형태를 띠게 된다. 드디어 질서다운 질서가 나타난 거다!

수학자가 된 가우스는 이 관찰 결과를 로그를 이용해 기록했다. X보다 작은 어떤 수가 소수일 확률은 X를 X의 로그 값으로 나눈 것과 비슷하게 변한다는 사실을 말이다.

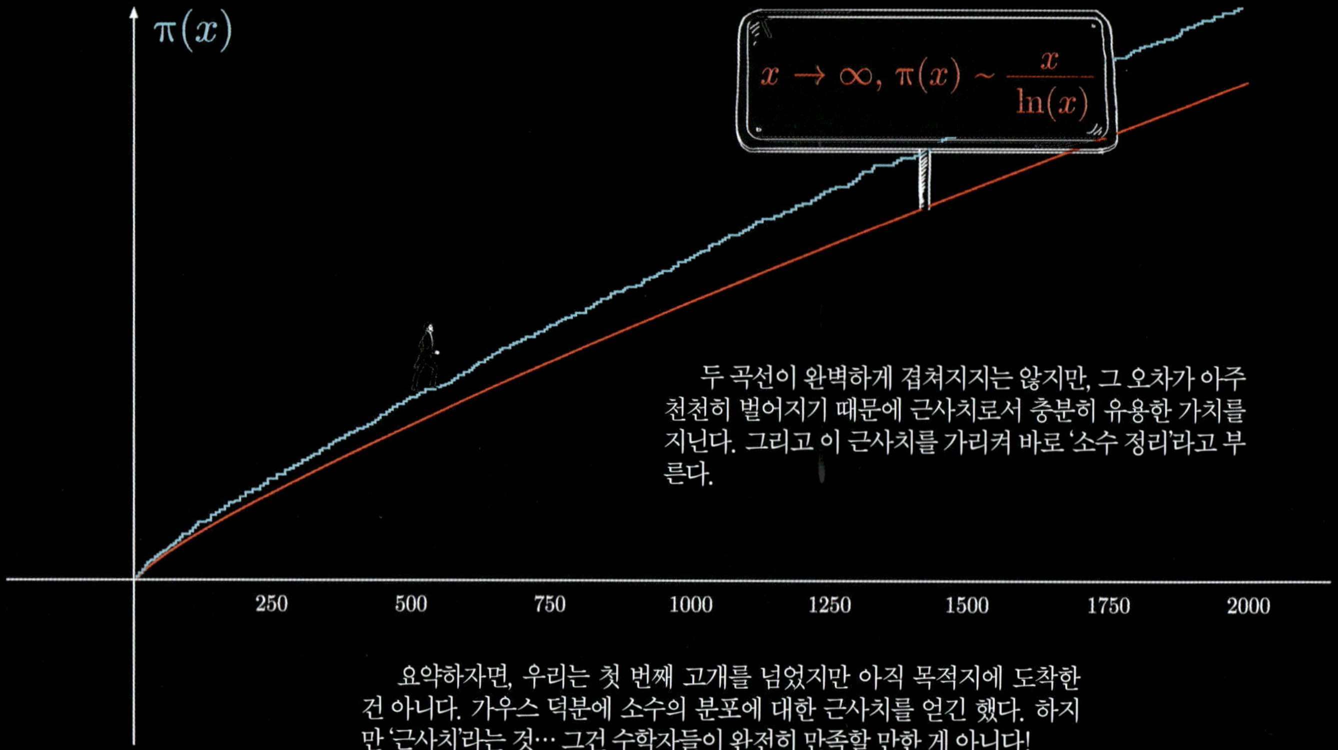

$$x \to \infty, \pi(x) \sim \frac{x}{\ln(x)}$$

두 곡선이 완벽하게 겹쳐지지는 않지만, 그 오차가 아주 천천히 벌어지기 때문에 근사치로서 충분히 유용한 가치를 지닌다. 그리고 이 근사치를 가리켜 바로 '소수 정리'라고 부른다.

요약하자면, 우리는 첫 번째 고개를 넘었지만 아직 목적지에 도착한 건 아니다. 가우스 덕분에 소수의 분포에 대한 근사치를 얻긴 했다. 하지만 '근사치'라는 것… 그건 수학자들이 완전히 만족할 만한 게 아니다!

그다음 이야기를 이해하기 위해, 우리는 스위스 라인강 기슭에 있는 바젤로 떠난다. 이른바 '바젤 문제'라고 불리는 이것은 숫자들의 급수와 관련된 아주 오래된 질문이다.

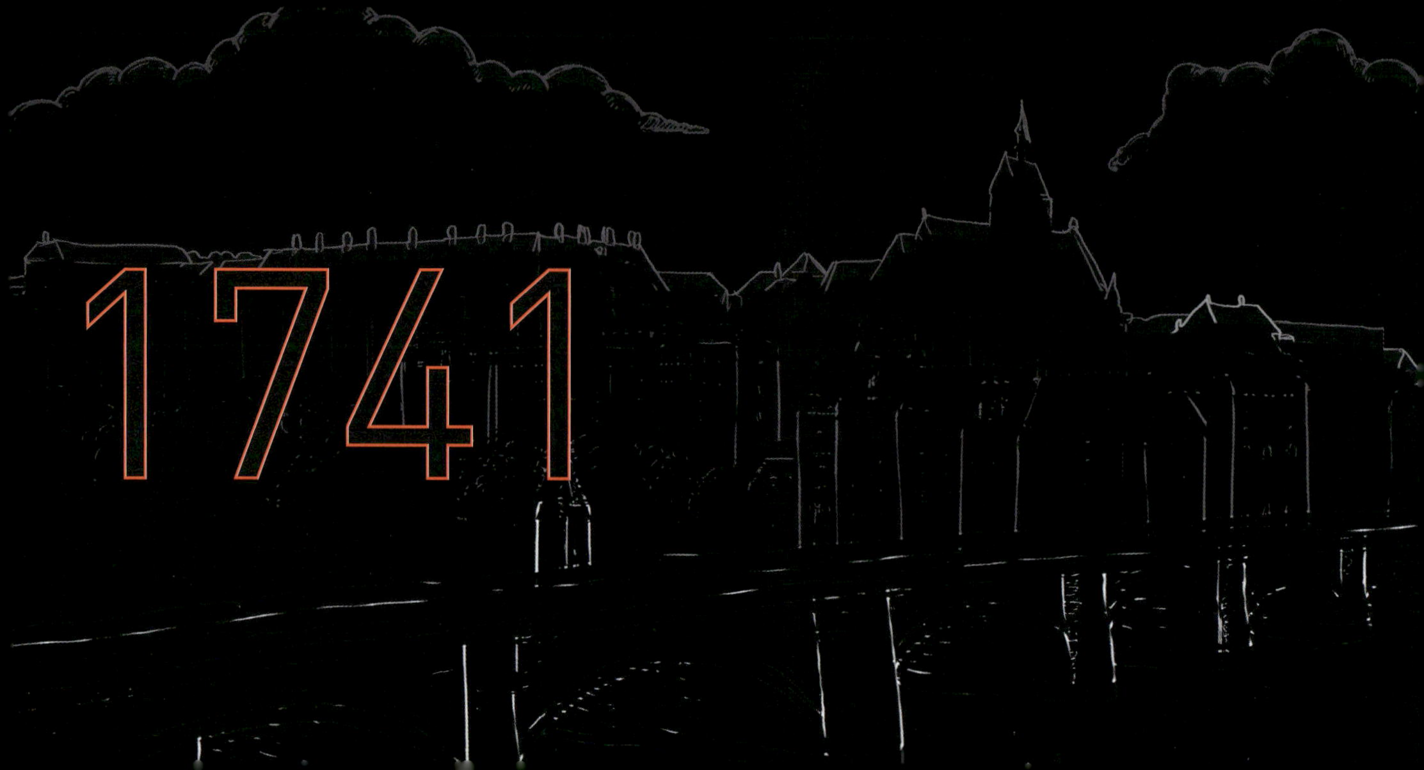

1741

급수란 무한히 이어지는 덧셈의 목록이라는 점을 기억해 두자. 그리고 여기에는 크게 두 가지 종류가 있다.

이런 것처럼 어떤 급수들은 그 결과가 무한대로 커지기도 한다. 이런 경우를 우리는 발산한다고 말한다.

빈면에 $1 + 1/2 + 1/4 + 1/8 + 1/16 + \cdots$ 처럼 수렴하는 급수도 있다.

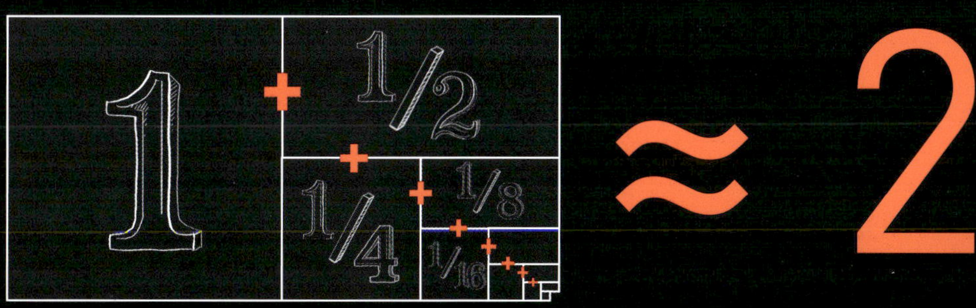

즉, 계산을 계속 진행하면 할수록 어떤 특정한 값(여기서는 2)에 점점 더 가까워진다는 뜻이다.

$$\frac{1}{1^2} + \frac{1}{2^2} + \frac{1}{3^2} + \frac{1}{4^2} + \frac{1}{5^2} + \frac{1}{6^2} + \cdots$$

바젤 문제란, 모든 정수의 제곱의 역수를 더한 급수가
과연 어떤 값으로 수렴하는지를 찾아내는 것이다.

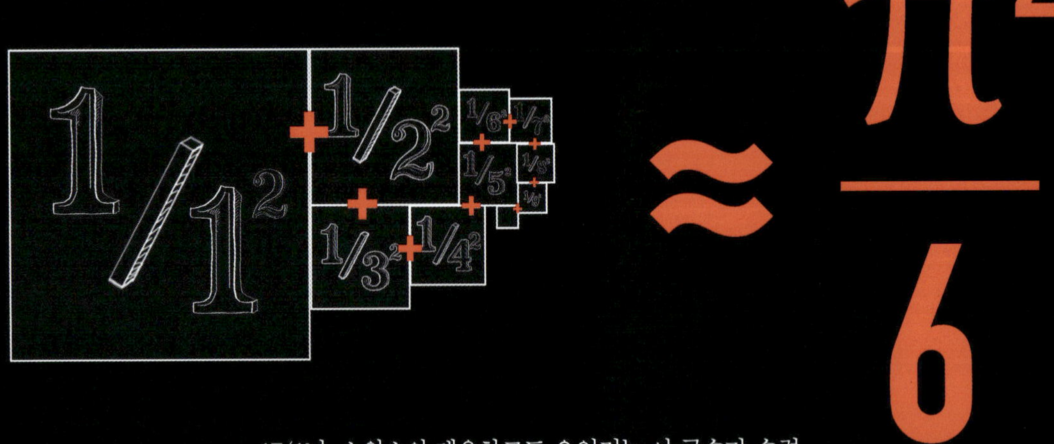

1741년, 스위스의 레온하르트 오일러는 이 급수가 수렴
한다는 사실과, 그 합이 정확히 π²/6과 같다는 것을 증명해
냈다.

그리고 이 과정에서 π가 갑자기 툭 튀어나온 것은 엄청난
충격이었다! 원에 대한 이야기도, 심지어 기하학에 대한 언
급조차 전혀 없었는데, 대체 왜 정수론 한복판에 π가 나타
난 걸까?

$$\frac{1}{1^2} + \frac{1}{2^2} + \frac{1}{3^2} + \frac{1}{4^2} + \frac{1}{5^2} + \cdots = \frac{\pi^2}{6}$$

$$\frac{1}{1^4} + \frac{1}{2^4} + \frac{1}{3^4} + \frac{1}{4^4} + \frac{1}{5^4} + \cdots = \frac{\pi^4}{90}$$

$$\frac{1}{1^6} + \frac{1}{2^6} + \frac{1}{3^6} + \frac{1}{4^6} + \frac{1}{5^6} + \cdots = \frac{\pi^6}{945}$$

그러는 동안 오일러는 분수 급수에 관한 연구를 계속 이어나갔고, 이 과정을 일반화한 제타 함수(ζ)를 만들어냈다.

$$\zeta(x) = \frac{1}{1^x} + \frac{1}{2^x} + \frac{1}{3^x} + \frac{1}{4^x} + \frac{1}{5^x} + \cdots$$

분수 수열을 제곱하는 대신, 임의의 지수 X승을 해주는 거다.

그렇게 하면 수학적 언어로 다음과 같이 쓸 수 있는 제타 함수 ζ(x)를 얻게 된다.

$$\zeta(x) = \sum_{n=1}^{\infty} \frac{1}{n^x}$$

자, 나도 안다. 여러분은 지금 우리가 소수 이야기를 완전히 놓쳐버렸다고 생각할 것이다. 내 실수 때문에 수학 나라의 울창한 정글 속에서 길을 잃어서, 다시는 길을 못 찾을 거라고 말이다… 하지만 천만에, 이제 곧 보게 될 거다!

에라토스테네스의 체의 원리를 다시 떠올려보면서, 오일러는 제타 함수 $\zeta(x)$를 쓰는 또 다른 방법을 찾아냈다. 그건 바로 무한한 더하기가 아니라, 모든 소수를 X승해서 계산에 넣는 무한한 곱하기의 형태이다.

$$\zeta(x) = \frac{1}{1-\frac{1}{2^x}} \times \frac{1}{1-\frac{1}{3^x}} \times \frac{1}{1-\frac{1}{5^x}} \times \frac{1}{1-\frac{1}{7^x}} \times \frac{1}{1-\frac{1}{11^x}} \times \cdots$$

그리고 이건 정말이지 말도 안 되게 이상한 일이다!

왜냐하면 무한급수 이론은 해석학의 영역이고…

반면에 소수는 정수론에 속한다. 이 둘은 수학에서 완전히 서로 떨어진 별개의 두 줄기였단 말이다!

따라서 제타 함수는 두 영역 사이를 흐르는 지하 통로를 형성하고 있는 것 같다. 이 함수가 소수의 분포 속에 숨겨진 질서를 발견할 수 있는 수단이 된다고 상상해 볼 수 있다.

더 나아가기 위해선 '복소평면'이라는 곳으로 아주 빠르게 우회해야만 한다. 이곳은 숫자의 영역이 확장된 일종의 신대륙 같은 곳이다.

너랑 내가 평소에 쓰는 '실수'는 직선 위에 자리를 잡고 있다. 한쪽에는 양수가, 반대쪽에는 음수가 있는 식이다. 하지만 복소수는 직선을 벗어나 평면 전체에 골고루 퍼져 있다.

실수 범위에서는 풀 수 없었던 방정식을 해결할 수 있게 해준 이 확장은 수학을 근본적으로 뒤바꿔 놓았다. 그리고 이 변화에 가장 크게 기여한 인물 중 한 명이 바로 베른하르트 리만이다. 드디어 그를 만날 시간이 된 거다!

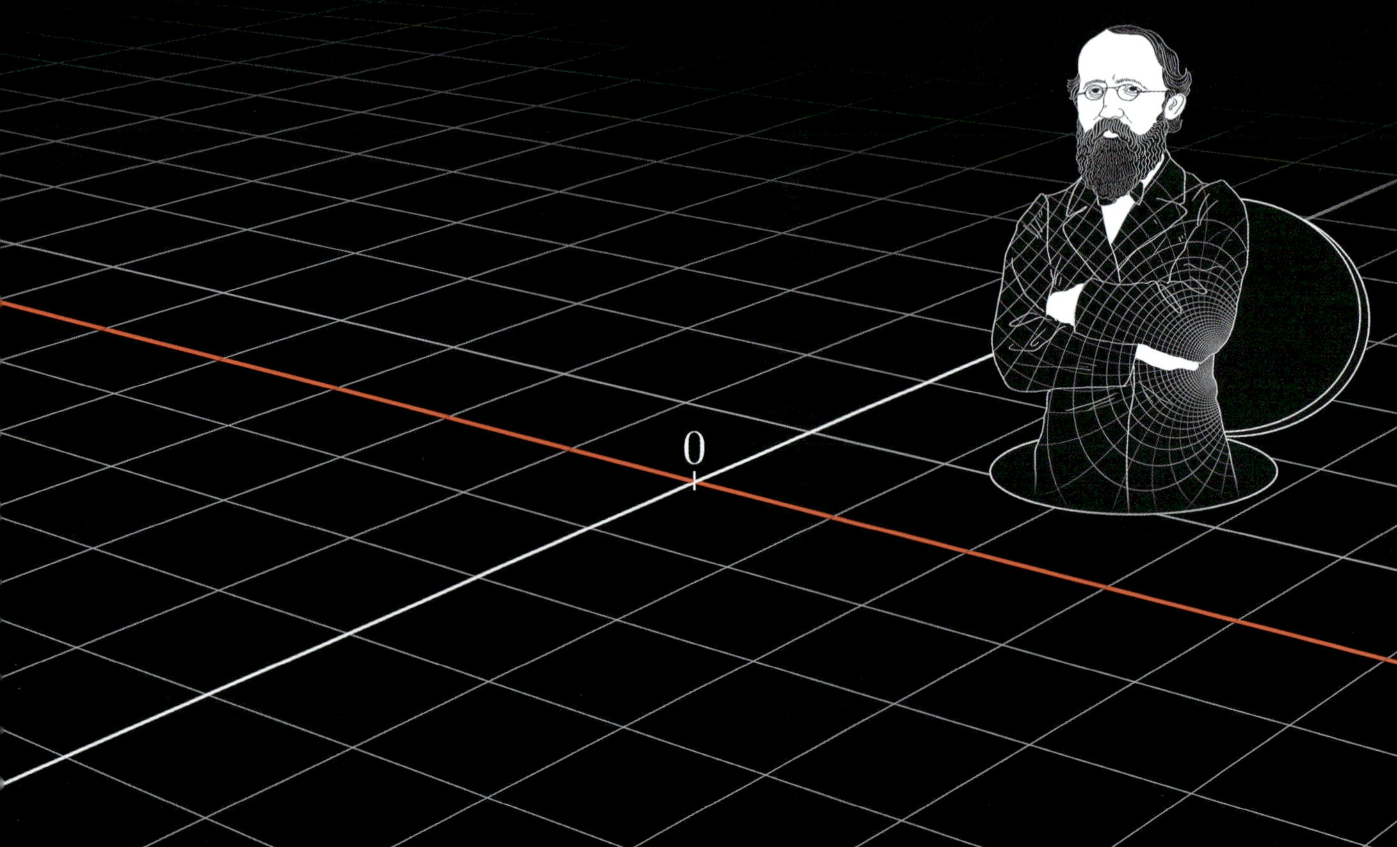

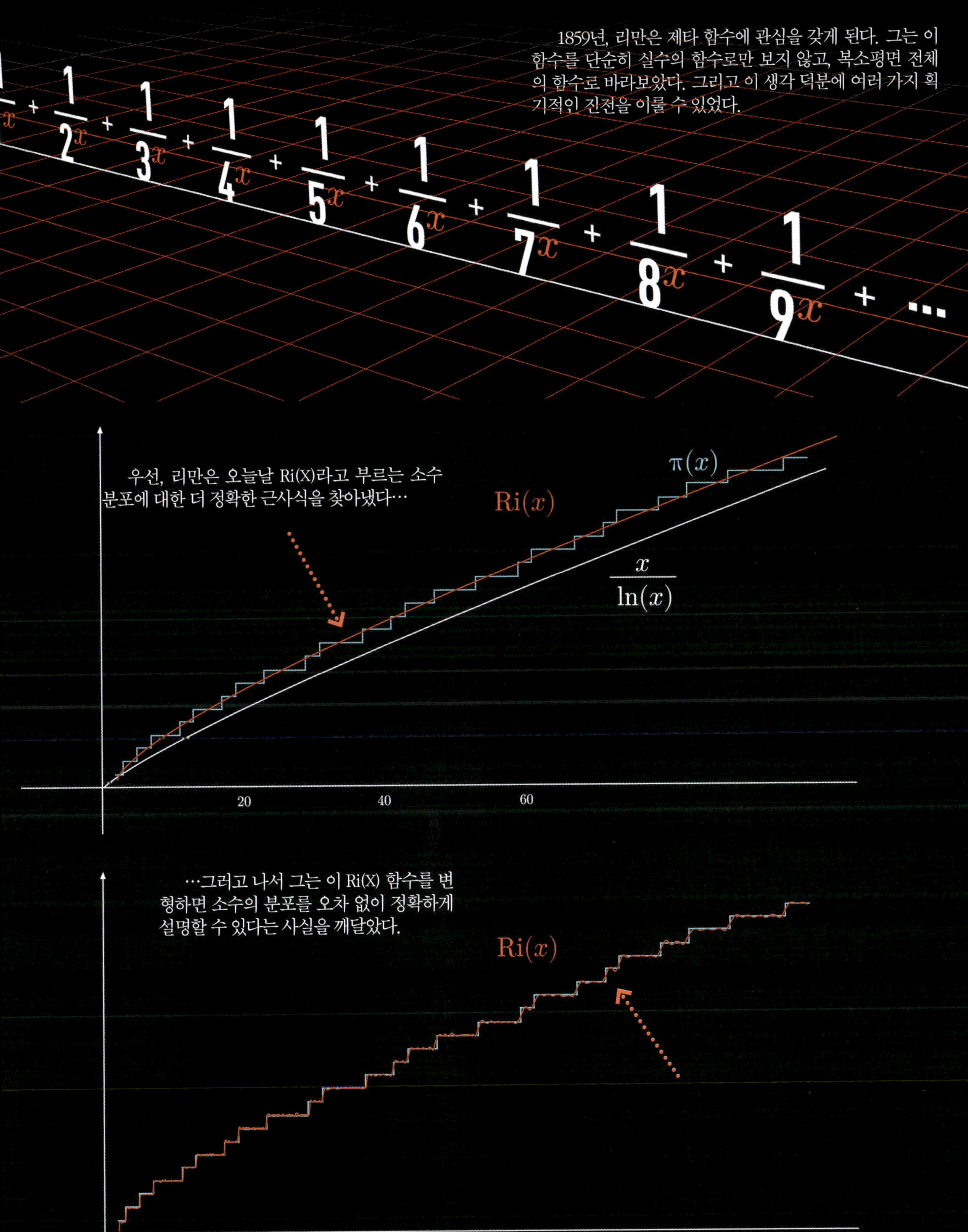

1859년, 리만은 제타 함수에 관심을 갖게 된다. 그는 이 함수를 단순히 실수의 함수로만 보지 않고, 복소평면 전체의 함수로 바라보았다. 그리고 이 생각 덕분에 여러 가지 획기적인 진전을 이룰 수 있었다.
우선, 리만은 오늘날 Ri(X)라고 부르는 소수 분포에 대한 더 정확한 근사식을 찾아냈다…
π(x)
Ri(x)
x/ln(x)
20
40
60
…그리고 나서 그는 이 Ri(X) 함수를 변형하면 소수의 분포를 오차 없이 정확하게 설명할 수 있다는 사실을 깨달았다.
Ri(x)
20
40
60
80
100

…하지만 여기에는 아주 특별한 재료가 들어있다. 바로 제타 함수의 제로점들이다.

그러니까 바로 이게 소수 사이에 숨겨진 질서를 밝혀낼 수 있는 열쇠인 셈이다. 이걸 이해하려면, 그 유명한 제타 함수를 좀 더 자세히 들여다봐야 한다.

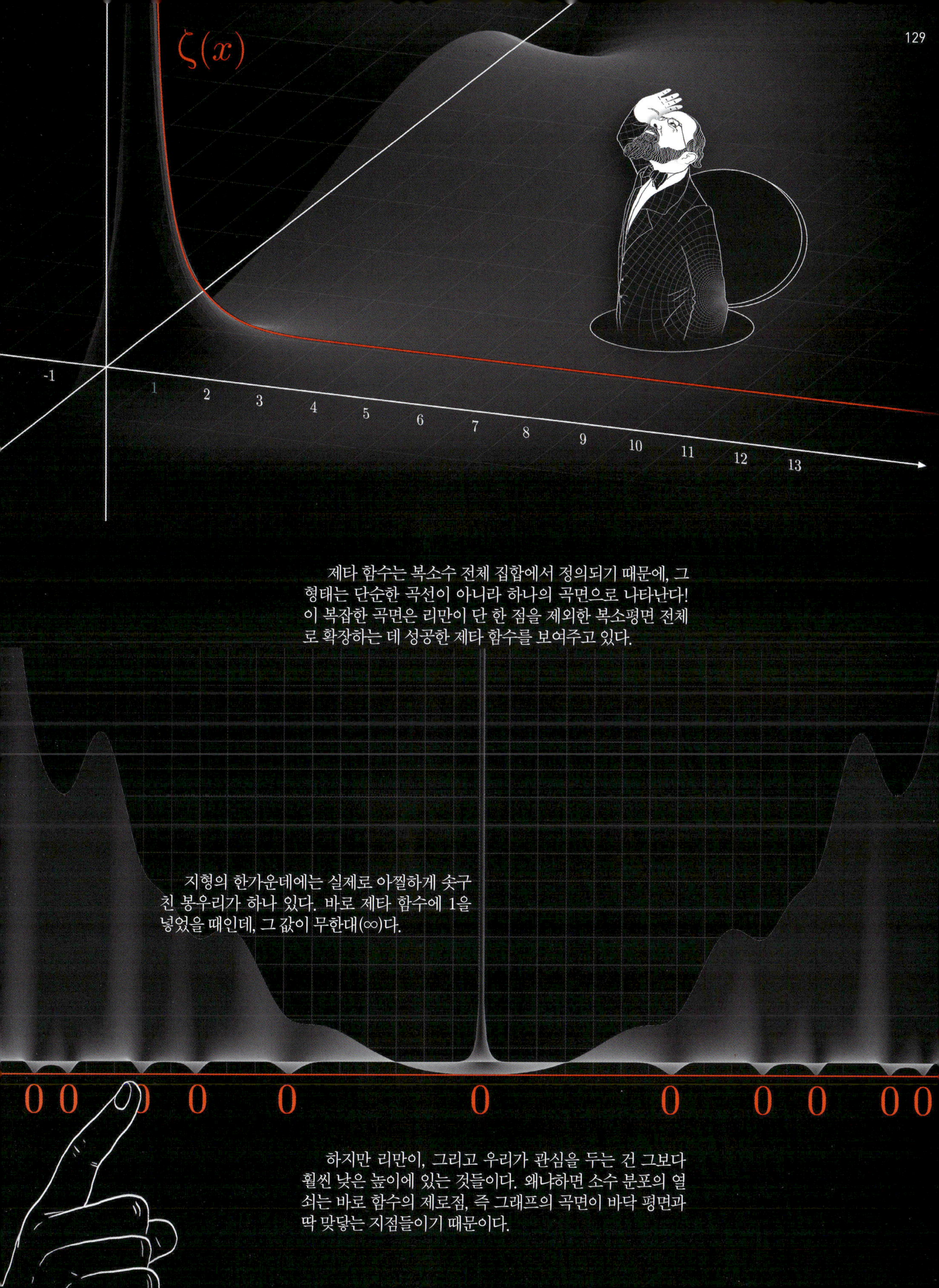

제타 함수는 복소수 전체 집합에서 정의되기 때문에, 그 형태는 단순한 곡선이 아니라 하나의 곡면으로 나타난다! 이 복잡한 곡면은 리만이 단 한 점을 제외한 복소평면 전체로 확장하는 데 성공한 제타 함수를 보여주고 있다.

지형의 한가운데에는 실제로 아찔하게 솟구친 봉우리가 하나 있다. 바로 제타 함수에 1을 넣었을 때인데, 그 값이 무한대(∞)다.

하지만 리만이, 그리고 우리가 관심을 두는 건 그보다 훨씬 낮은 높이에 있는 것들이다. 왜냐하면 소수 분포의 열쇠는 바로 함수의 제로점, 즉 그래프의 곡면이 바닥 평면과 딱 맞닿는 지점들이기 때문이다.

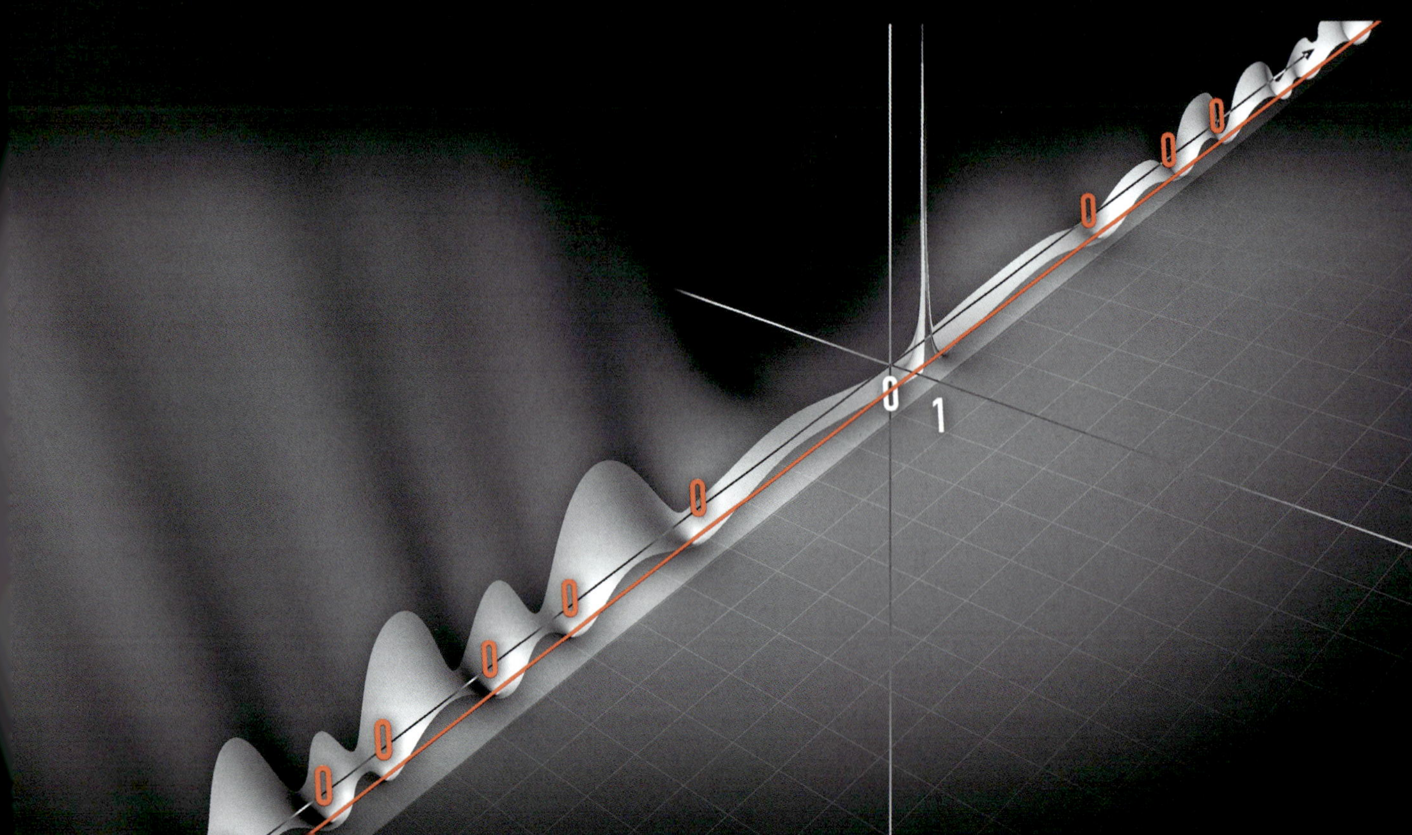

그리고 제타 함수에는 제로점이 정말 많다! 정확히 말하면 무한히 많다. 여기에는 두 가지 서로 다른 종류가 존재한다. 우선 음의 실수 축 위에 있는, 아무도 관심을 두지 않는 '자명한 제로점'들이 있다.

그리고 나머지는 '비자명한 제로점'들인데, 이 녀석들은 실숫값이 0과 1 사이인 '임계 구역'이라는 띠 모양의 영역 안에 들어 있다.

리만은 자신이 계산한 모든 비자명한 제로점이 임계 구역의 딱 중간인 지점, 즉 실수 부분이 1/2인 직선 위에 일렬로 늘어서 있다는 사실을 발견했다.

드디어 여기까지 왔네! 리만 가설은 바로 이렇게 주장한다.

리만 제타 함수의 모든 비자명한 제로점의 실수 부분은 1/2이다.

만약 이 가설이 참이라면, 소수의 분포는 이전보다 조금은 덜 신비로운 것이 된다. 하지만 이 유명한 가설이 담긴 논문이 발표된 건 1859년이었고, 그 이후로 상황은 별반 나아진 게 없다! 리만은 자신의 가설을 증명하지 못한 채 39세의 나이로 세상을 떠났다. 그 후로 컴퓨터를 이용해 수십억 개의 제로점을 계산해 봤는데, 모두가 그 유명한 '임계선' 위에 일렬로 늘어서 있었다.

하지만 수학에서는 그 어떤 실험적인 확인도 완벽한 '증명'을 대신할 수는 없다. 어지러울 정도로 수많은 시도와 부분적인 성과, 그리고 헛된 희망이 지나갔음에도 불구하고 리만 가설은 여전히 '가설'로 남아 있다. 수학계가 만장일치로 참이라 믿고는 있지만, 어찌 됐든 여전히 가설일 뿐이다!

오늘날까지도 소수 분포의 수수께끼는 아직 풀리지 않은 채로 남아 있다. 사실 이건 어마어마한 기회이기도 하다. 이 가설을 증명해 내거나, 혹은 반대로 틀렸음을 입증하는 사람은 그 즉시 세계 수학사의 찬란한 별이 될 테니까 말이다… 그러니, 자, 어서 공부를 시작하자고!

CHAPTER IX

몬티 홀 문제

장 폴 들라예, 「보물과 소피들」
(2005년 10월 〈푸르 라 시앙스〉 제336호)

수학 나라의 어느 서쪽 마을, '하자드빌'대학에는 확률 심리학 실험실이 하나 있다. 이곳에서는 용감한 수학자들이 아주 위험천만한 주제를 연구하고 있다. 그건 바로 '우연'이다!

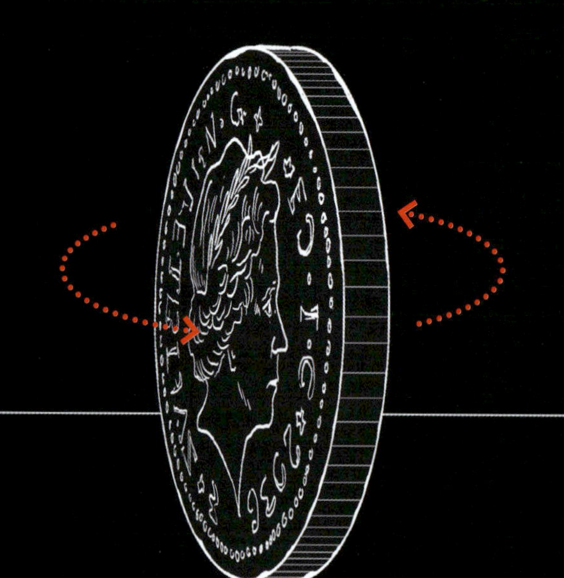

처음 생각하면, 동전 던지기 같은 곳에서 나타나는 '우연'은 수학의 영역 밖에 있다고 생각하기 쉽다. 하지만 그건 수학자들을 잘 몰라서 하는 소리다. 수학자들은 남들이 예상치 못한 곳에 코를 들이미는 걸 정말 좋아한다! 그래서 그들은 우연을 수학적인 언어로 설명하기 시작했다. 이게 바로 우리가 말하는 확률론이다.

하지만 이 불확실한 땅에 발을 들이는 순간, 온갖 예상치 못한 장애물과 마주하게 된다. 때로는 인간의 이성을 흔들어 놓는 아주 당혹스러운 질문들까지 말이다!

확률을 계산하려는 최초의 시도는 16세기까지 거슬러 올라간다. 당시 이탈리아의 제롬 카르다노가 자신의 저서 『주사위 놀이에 관한 책』에서 도박과 같은 우연의 게임에 관심을 가지면서 시작되었다.

안드레이 콜모고로프

하지만 확률론이 응용 수학의 핵심 분야로 자리 잡게 된 것은 에밀 보렐과 안드레이 콜모고로프 같은 수학자들 덕분이다. 이제 확률이 어떻게 작동하는지 한번 살펴볼까!

우선, 어떤 사건이 일어날 확률에는 0과 1 사이의 수치를 부여해. 0은 '불가능'을 의미하고, 1은 '확실'을 의미한다. 이 두 한계점 사이가 바로 '가능성'의 영역이다.

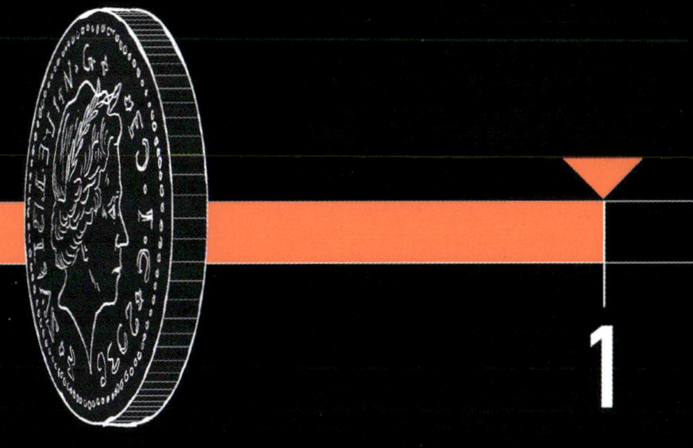

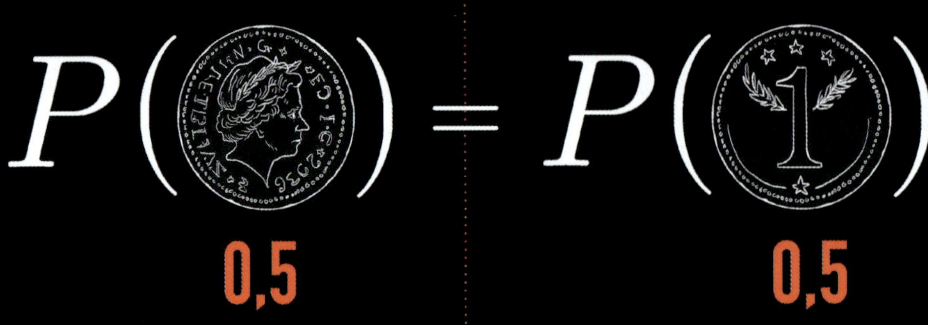

0,5　　　　　　**0,5**

만약 동전을 던졌을 때 앞면과 뒷면이 나올 확률을 각각 P(앞면), P(뒷면)이라고 한다면, 동전의 앞뒤가 균형이 잘 잡혀 있을 경우 P(앞면) = P(뒷면) = 0.5라는 것을 우리는 알고 있다.

주사위를 던질 때 1, 2 또는 6이 나올 확률은 모두 1/6, 즉 0.166666…로 똑같다.

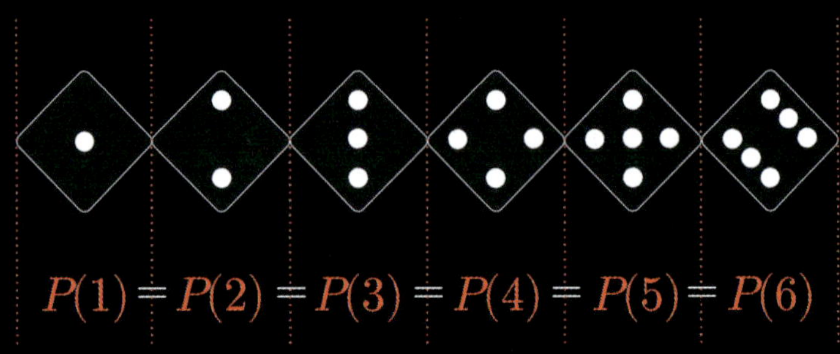

$$P(1) = P(2) = P(3) = P(4) = P(5) = P(6)$$

하지만 더 복잡한 경우도 있다. 두 사건 A와 B가 동시에 일어날 수도 있다. 예를 들어, 뽑은 카드가 '잭'인 동시에 '클로버'일 수도 있는 것처럼 말이야.

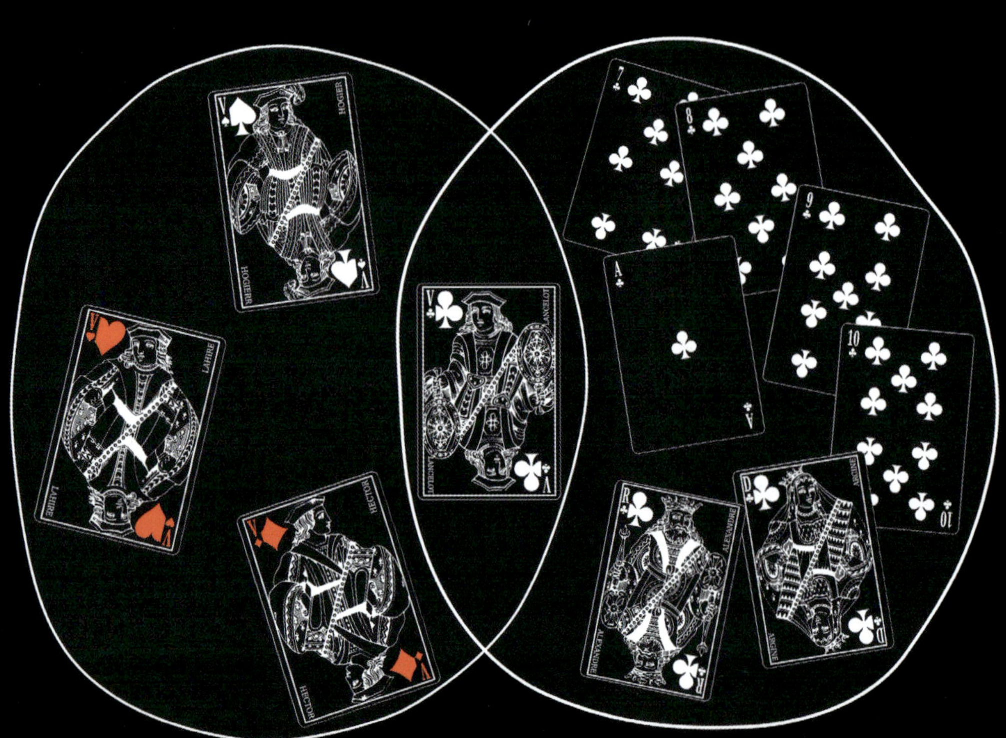

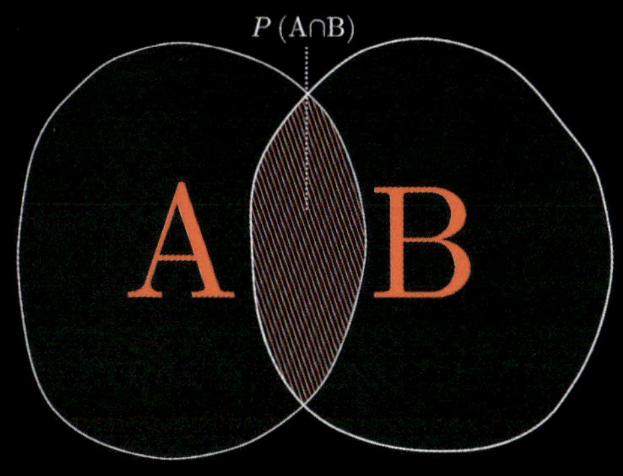

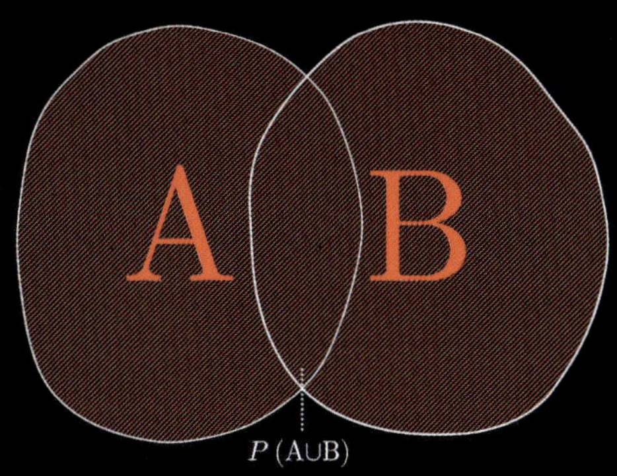

A가 일어날 확률과 B가 일어날 확률을 각각 계산하는 것 외에도, 두 사건이 동시에 일어나는 (A 그리고 B)의 확률을 계산할 수 있다.

마찬가지로 두 사건 중 적어도 하나가 일어나는 (A 또는 B)의 확률도 계산할 수 있다.

확률론 덕분에 이제 '우연'은 어느 정도 길들여진 것처럼 보인다. 그런데 사실, 우연을 길들여서 대체 어디에 쓰는 걸까?

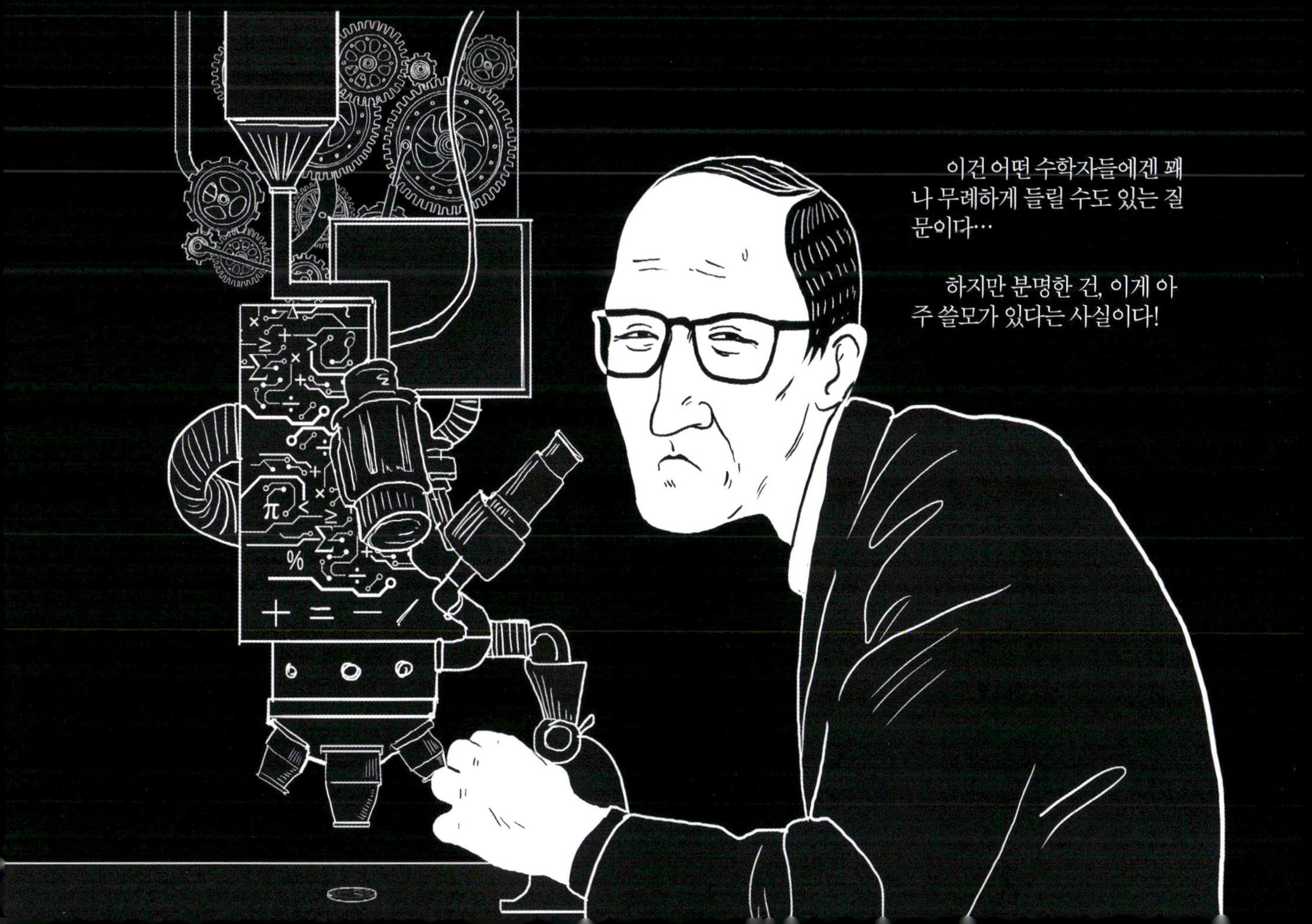

이건 어떤 수학자들에겐 꽤나 무례하게 들릴 수도 있는 질문이다…

하지만 분명한 건, 이게 아주 쓸모가 있다는 사실이다!

예를 들어, 확률은 조건부 확률을 계산하는 데 쓰인다. 즉, 두 사건 사이에 숨겨진 연결 고리를 찾아내는 것이다. 사건 A가 사건 B에 어떤 영향을 미칠까?

다시 말해, 사건 A가 일어났다는 것을 알고 있을 때, 사건 B가 일어날 조건부 확률이 얼마인지를 구하는 것이다.

예를 하나 들어보자.

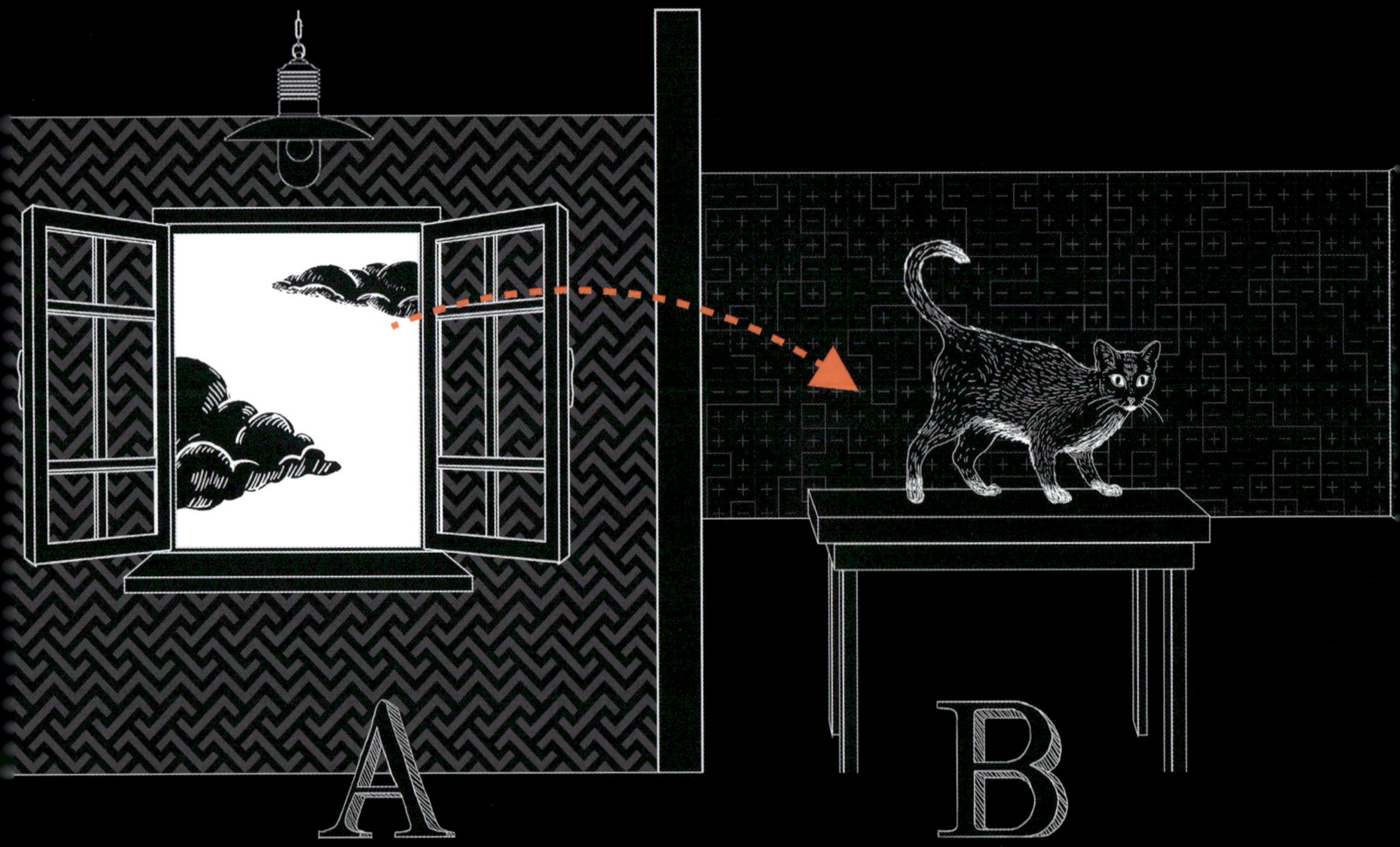

사건 A를 "외출할 때 창문을 열어두었다"라고 하고,

사건 B를 "고양이가 집 안으로 들어왔다"라고 해보자.

우리가 해결하고 싶은 문제는 이것이다. 집에 돌아왔을 때 고양이가 안에 있는 것을 발견했다면, 과연 창문이 열려 있을 확률은 얼마일까?

이를 판별하기 위해, 18세기 토마스 베이즈 목사가 발견한
정리를 이용해 보자. 그 정리는 다음과 같이 주장한다.

$$P(A|B) = \frac{P(B|A) \cdot P(A)}{P(B)}$$

우리 상황에 적용해 보면 이렇다. P(고양이가 있을 때 창문이
열려 있을 확률) = [P(창문이 열려 있을 때 고양이가 들어올 확률) ×
P(창문이 열려 있을 확률)] ÷ P(고양이가 있을 확률)

계산을 하려면 먼저 몇 가지 기초 데이터가 필요하다.
예를 들어, 내가 외출할 때 창문을 열어두었을 확률이 반반이라고 가정해 보자. 즉, P(창문
열림) 확률은 0.5이다.

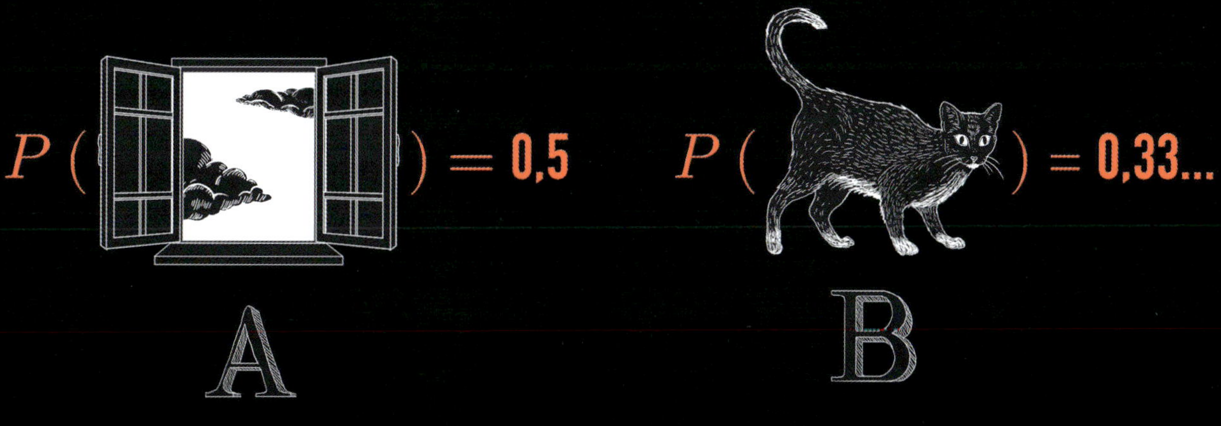

그리고 집에 돌아왔을 때 고양이가 안에 있을 확률은 3분
의 1 정도로 추산하자. 즉, P(고양이) 확률은 약 0.33인 셈이다.

마지막으로, 창문이 열려 있을 때 고양이가 들어오는 경우가 두 번 중 한 번꼴이라는 사실을 알아냈다. 다시 말해, P(창문이 열려 있을 때 고양이가 들어옴) 확률은 0.5이다.

$$P\left(\quad \middle| \quad \right) = \frac{0,5 \cdot 0,5}{0,333}$$

이제 내 문제에 딱 들어맞는 토마스 베이즈 공식을 가져와서 수치들을 대입해 보자. 계산 결과, 내가 세운 가정 하에 P(고양이가 있을 때 창문이 열려 있을 확률)은 0.75라는 결론이 나온다. 즉, 집에 왔을 때 고양이를 발견했다면 내가 창문을 열어두고 나갔을 확률이 75%나 된다는 뜻이다!

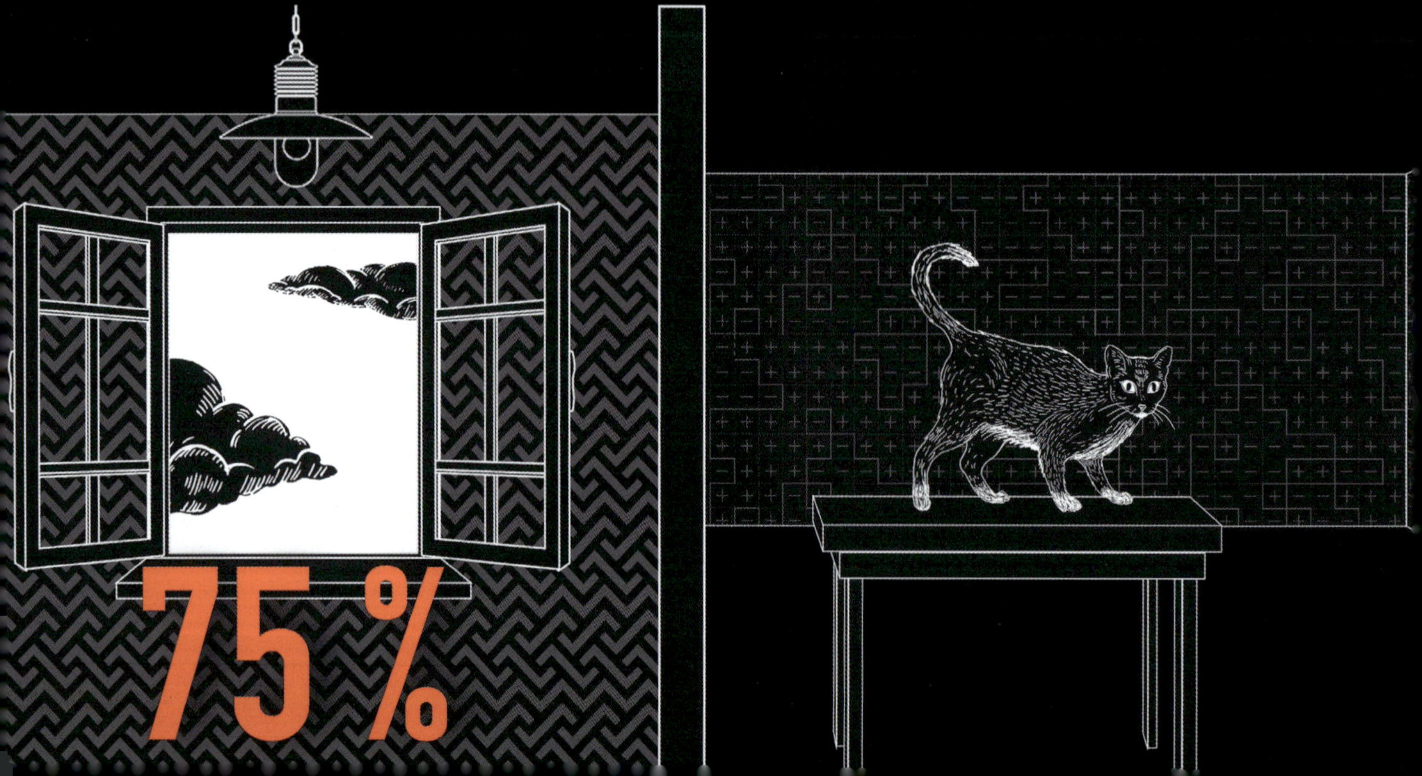

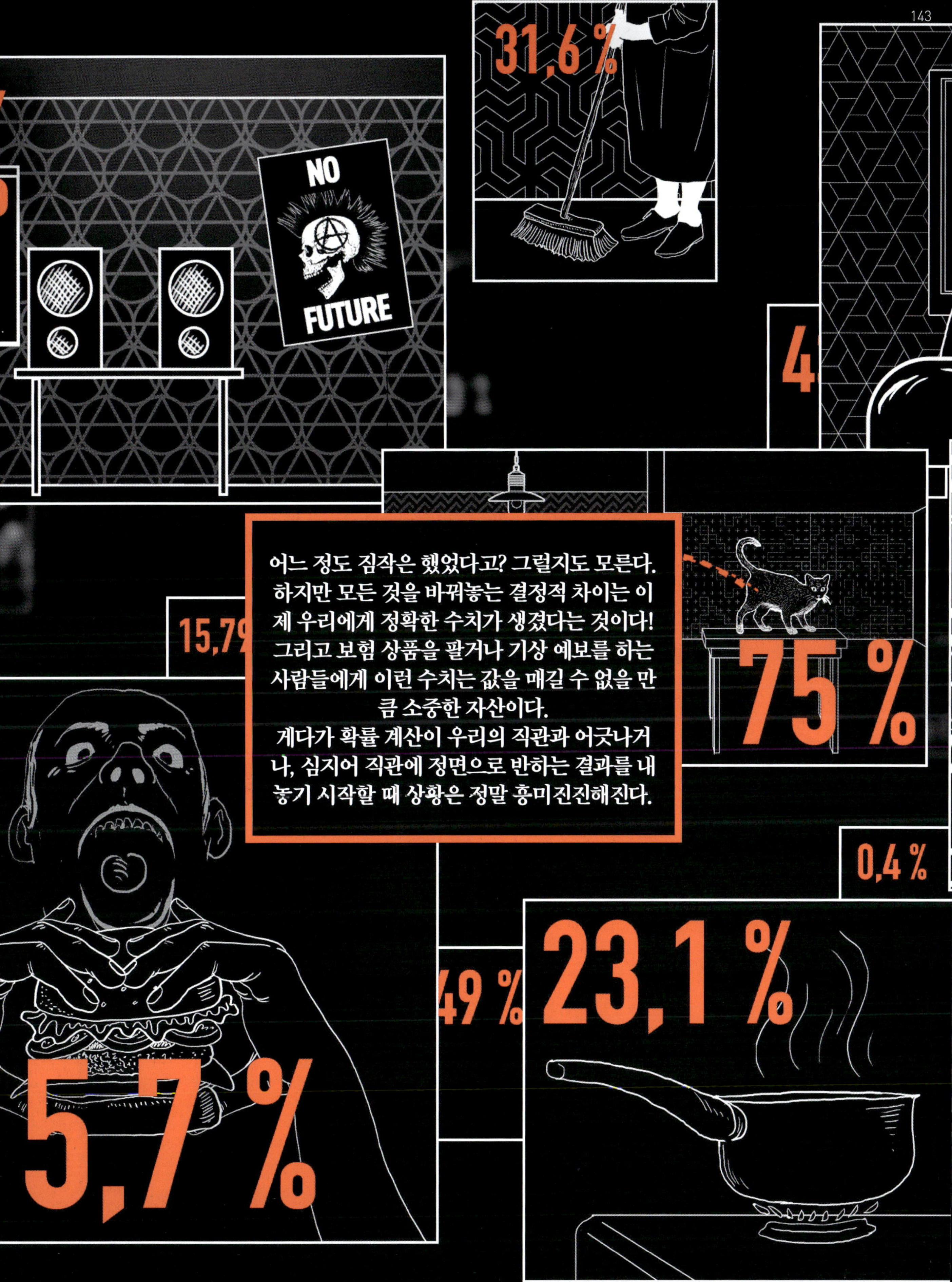
31,6 %
NO
FUTURE
4
15,7%
75 %
어느 정도 짐작은 했었다고? 그럴지도 모른다. 하지만 모든 것을 바꿔놓는 결정적 차이는 이제 우리에게 정확한 수치가 생겼다는 것이다! 그리고 보험 상품을 팔거나 기상 예보를 하는 사람들에게 이런 수치는 값을 매길 수 없을 만큼 소중한 자산이다.
게다가 확률 계산이 우리의 직관과 어긋나거나, 심지어 직관에 정면으로 반하는 결과를 내놓기 시작할 때 상황은 정말 흥미진진해진다.
0,4 %
49 %
23,1 %
5,7 %

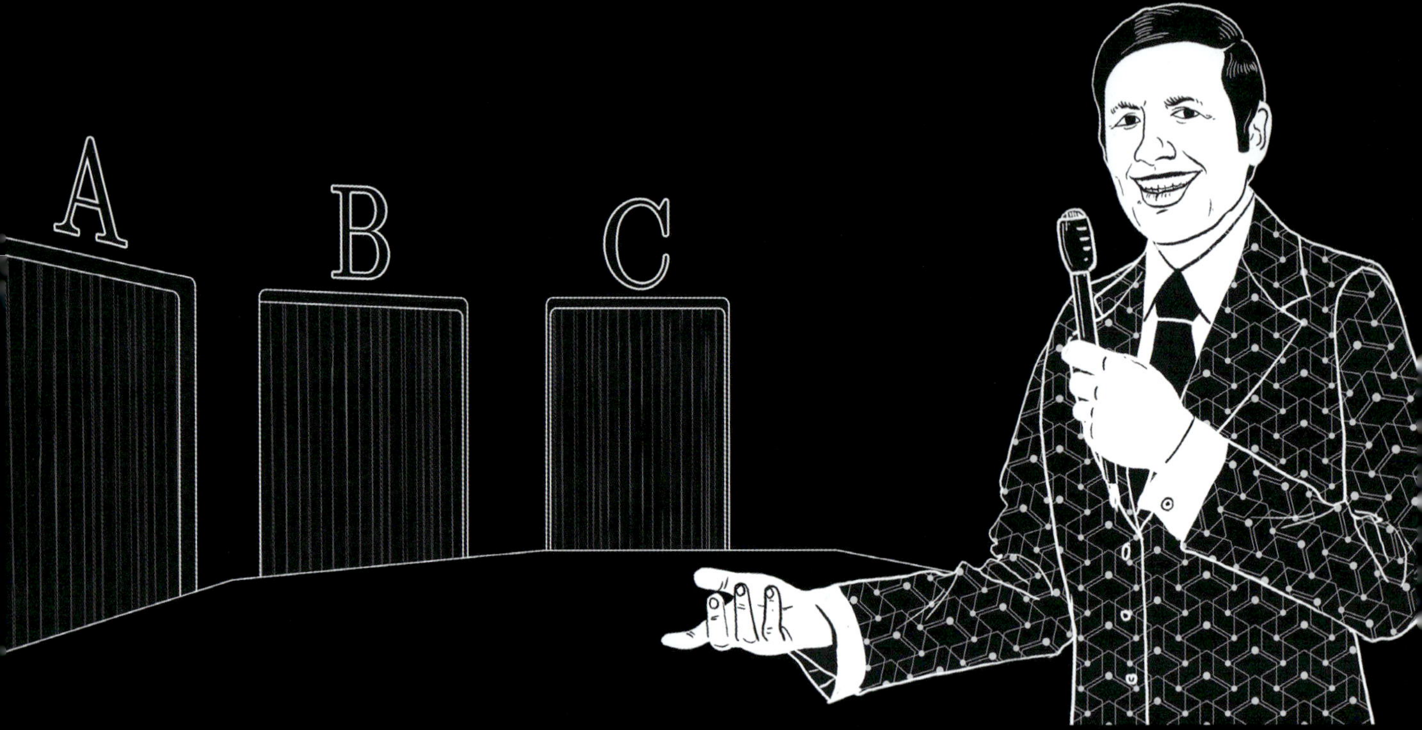

자, 우리는 지금 1970년대 미국의 어느 TV 퀴즈쇼 녹화장에 와 있다고 하자. 진행자인 몬티 홀이 당신에게 세 개의 문을 보여준다.

문 하나 뒤에는 번쩍이는 신형 캐딜락이 있고, 나머지 두 문 뒤에는 각각 염소가 한 마리씩 있다. 당신이 올바른 문을 열면 자동차를 얻게 되지만, 그렇지 않으면 염소와 함께 집으로 돌아가야 한다. (참고로 이때는 석유 파동이나 기후 변화 문제가 불거지기 전이라, 당신이 진짜로 탐내야 할 건 바로 저 캐딜락이라는 점을 분명히 해둔다!)

당신은 당첨 확률이 3분의 1밖에 안 된다는 걸 알면서도, 운에 맡기고 문 하나를 선택한다… 그런데 바로 여기서부터 상황이 복잡해지기 시작한다.

당신이 선택한 문을 바로 여는 대신, 몬티는 남은 두 문 중 하나를 열어 그 뒤에 염소가 있음을 보여준다. 그러고는 당신에게 선택을 바꿀 기회를 제안한다. 과연 그의 제안을 받아들이는 것이 당신에게 유리할까, 아니면 그렇지 않을까?

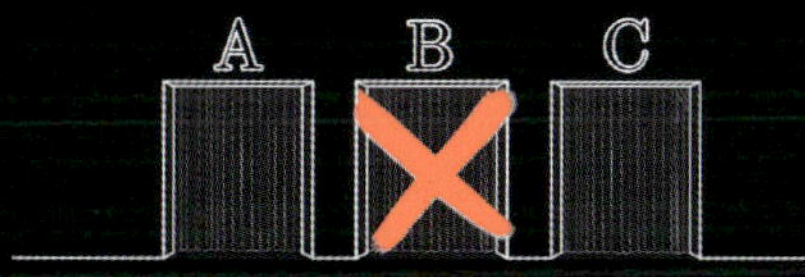

이 문제를 바라보는 몇 가지 방법이 있다. 가장 즉 각적으로 드는 생각은, B라는 문이 제거되었으니 이제 두 개의 문(A와 C)이 남았고, 각각 당첨될 확률은 50% 씩이라는 것이다. '선택을 바꿔봐야 아무런 소용이 없다'라고 생각하는 것이다.

$$P(C \mid B) = \frac{P(B \mid C) \cdot P(C)}{P(B)}$$

하지만 여기서 문제가 발생한다. 베이즈 정리를 적용하여 앞서 살펴본 고양이와 창문의 사례와 같은 방식으로 계산하면 전혀 다른 결과에 도달한다.

$$P(A \mid B) = 1/3$$

문 B 뒤에 염소가 있다는 사실을 알게 되었을 때, 처음에 선택했던 문 A가 당첨될 확률은 여전히 1/3인 반면,

$$P(C \mid B) = 2/3$$

나머지 문 C가 당첨될 확률은 2/3가 된다.

수학의 힘을 믿는다면 결론은 명확하다. 직관은 올바른 답을 제시하지 못하고 있으며, 무조건 문을 바꿔야만 한다!

1990

Marilyn Vos Savant 메릴린 보스 사반트

1990년, 저널리스트 메릴린 보스 사반트는 대중 매체 기사를 통해 방금 우리가 확인한 문제와 그 해답을 소개했다. 하지만 그 결과는 가히 '우편물의 쓰나미'라고 할 만한 엄청난 항의였다. 접수된 1만 통의 편지 중 대다수가 그녀가 제시한 해답을 부정했고, 그중 일부는 저명한 수학자들의 이름으로 서명되어 있었다. 그들은 그녀에게 공부 좀 더 하라고 충고하기까지 했다.

어떻게 이런 어마어마한 불일치가 가능할까? 이건 철학적인 질문이 아니라 아주 현실적인 문제다. 실험을 여러 번 반복해서 테스트해 보면 실제로 알 수 있다. 실제로 확인해 보면, 선택을 바꿨을 때 더 많은 승리를 거둔다는 사실을 알 수 있다. 어떤 문은 다른 문보다 더 '당첨될 확률이 높다'는 이 기괴한 결과를 어떻게 받아들여야 할까? 이번에는 직관적인 방법으로 한번 이해해 보자.

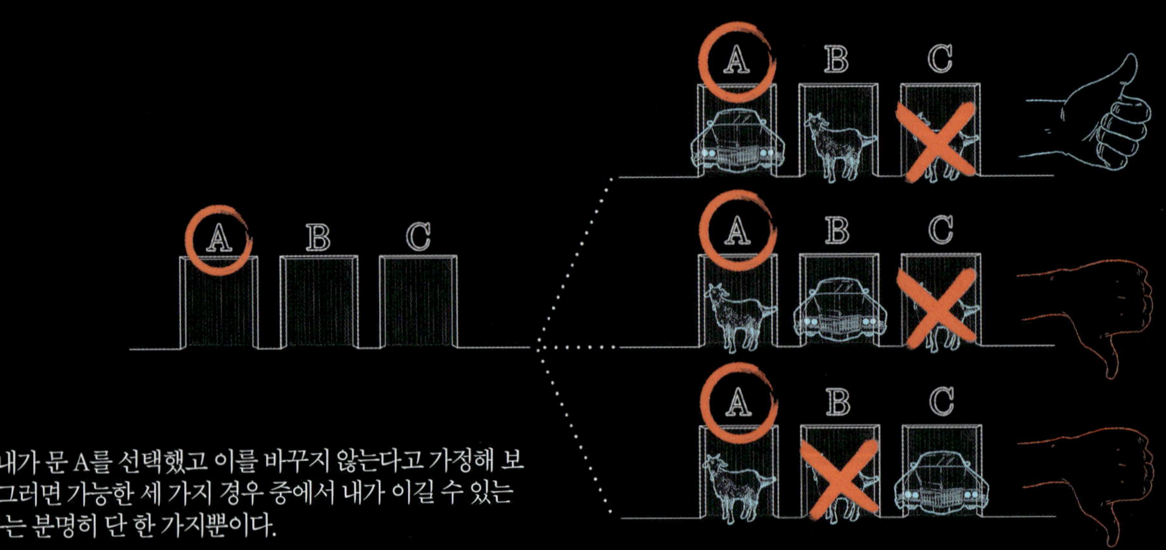

내가 문 A를 선택했고 이를 바꾸지 않는다고 가정해 보자. 그러면 가능한 세 가지 경우 중에서 내가 이길 수 있는 경우는 분명히 단 한 가지뿐이다.

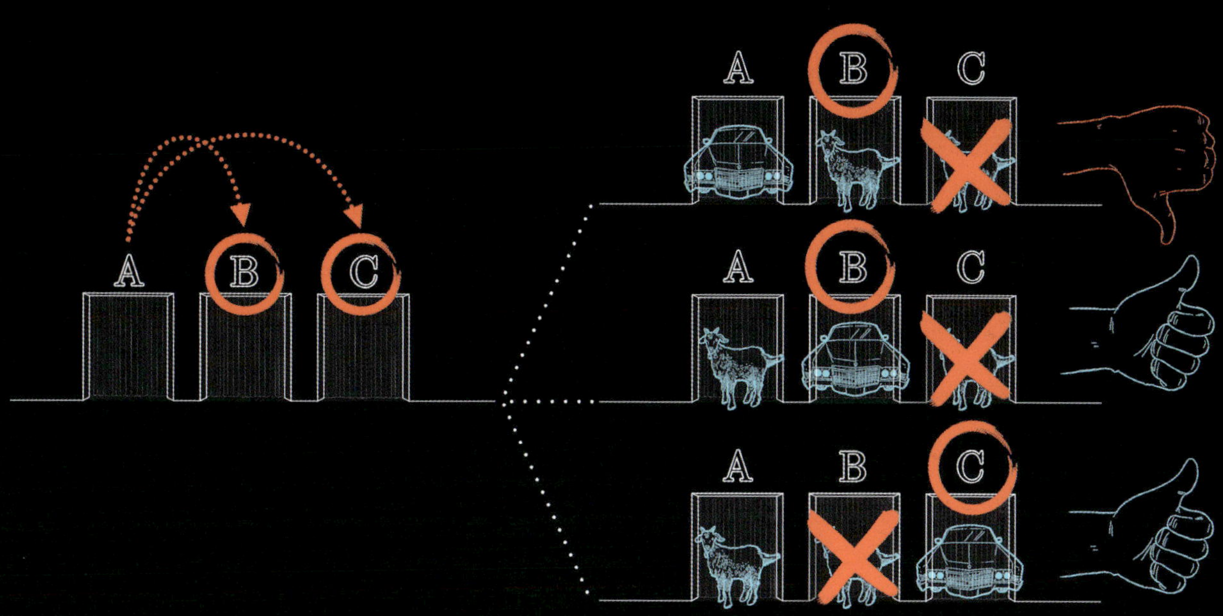

반대로 내가 선택을 바꾼다면, 오직 세 가지 경우 중 단 하나, 즉 처음에 정답 문을 골랐을 때만 지게 된다. 나머지 두 가지 경우에는 모두 이기게 된다. 만약 자동차가 B에 있다면, 몬티는 C를 열 테고 나는 결국 정답인 B를 선택하게 된다. 만약 자동차가 C에 있다면, 몬티는 B를 열 테고 나는 C를 선택하게 된다. 결국 두 경우 모두 내가 이기게 되는 것이다.

사실 이건 내가 처음에 골랐던 문 대신, 나머지 두 개의 문을 모두 열어볼 기회를 주는 것과 마찬가지다. 이런 식으로 생각해보면 이 문제는 더 이상 역설적이지 않다. 선택을 바꿈으로써 내 당첨 확률을 확실히 높이는 셈이니까!

몬티 홀 문제가 우리에게 일깨워 주는 핵심은, 확률 계산이 관찰자가 가진 정보에 따라 달라지는 주관적인 세계를 묘사한다는 점이다.

두 문이 대등해 보이는 것은 일종의 시각적 착각일 뿐이다.
그 사이에 얻은 정보가 두 개의 문을 하나로 압축해 버린 것이다.

만약 여전히 의구심이 든다면, 당신이 아주 훌륭한 사람과 같은 처지에 있다는 사실을 기억해 두자. 메릴린 보스 사반트에게 항의 편지를 보냈던 수학자들 중 일부는 나중에 자신의 실수를 겸허히 인정하고 사과했지만, 끝까지 잘못을 인정하지 않은 이들도 있었다! 심지어 헝가리의 위대한 천재 수학자 폴 에르되시조차 이 결과를 끝내 완전히 받아들이지 못했다는 전설적인 이야기도 전해진다.

당시 논쟁에 참여했던 한 수학자가 설명했듯이, '우리 뇌는 확률을 계산하도록 설계되어 있지 않기 때문'이다.

CHAPTER X

심슨의 역설

장폴 들라예, 「심슨의 당혹스러운 역설」
(2013년 7월호 〈푸르 라 시앙스〉 제429호)

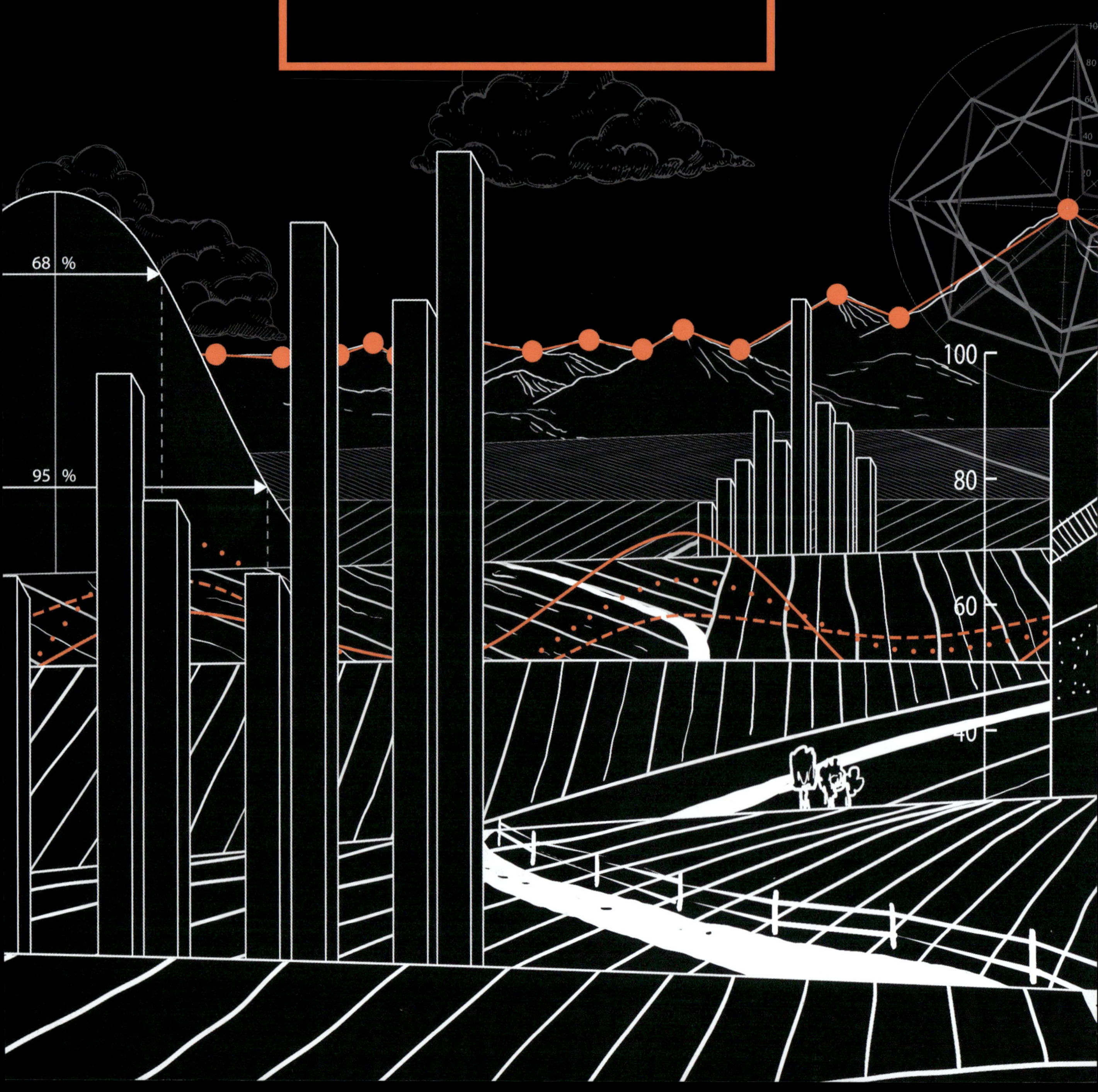

수학의 세계 그 변두리에는 순수주의자들이 너무나 세속적이라는 이유로 꺼리는 영역이 하나 존재한다. 바로 통계학이다. 즉, '집단이나 단위에 관한 관찰 데이터를 수집, 처리 및 해석하는 것을 목적으로 하는 방법론의 집합'을 말한다.

통계는 대중적인 현상을 시각화하고 평균, 수익률, 이용률 등을 계산하는
데 사용된다. 사람들은 이를 모든 합리적 의사결정의 기초로 여긴다. 한마디
로, 주택청약종합저축만큼이나 (따분하지만) 흥미진진한 존재라는 것이다.
　　하지만 이토록 차가운 이성의 요새 한복판에도 때로는 놀라운 일과 역설
이 스며들곤 한다. 이제 우리는 바로 그 기묘한 틈새 중 하나로 발을 들여 보
려 한다.

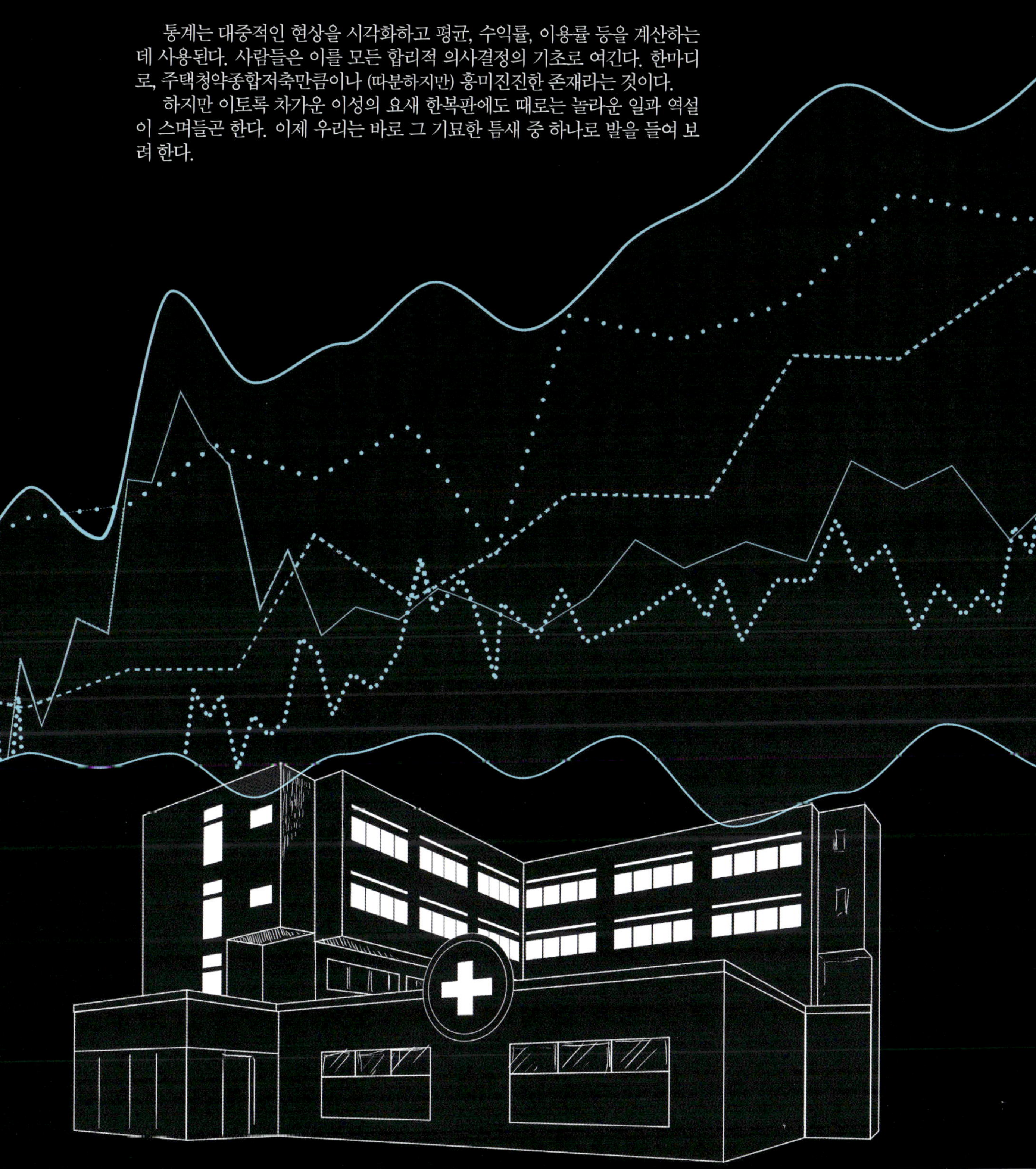

예를 들어, 어느 병원에서 신약을 테스트하는 상황
을 가정해 보자. 우선 표본 환자들을 모집한 뒤, 이들을
두 그룹으로 나눈다.

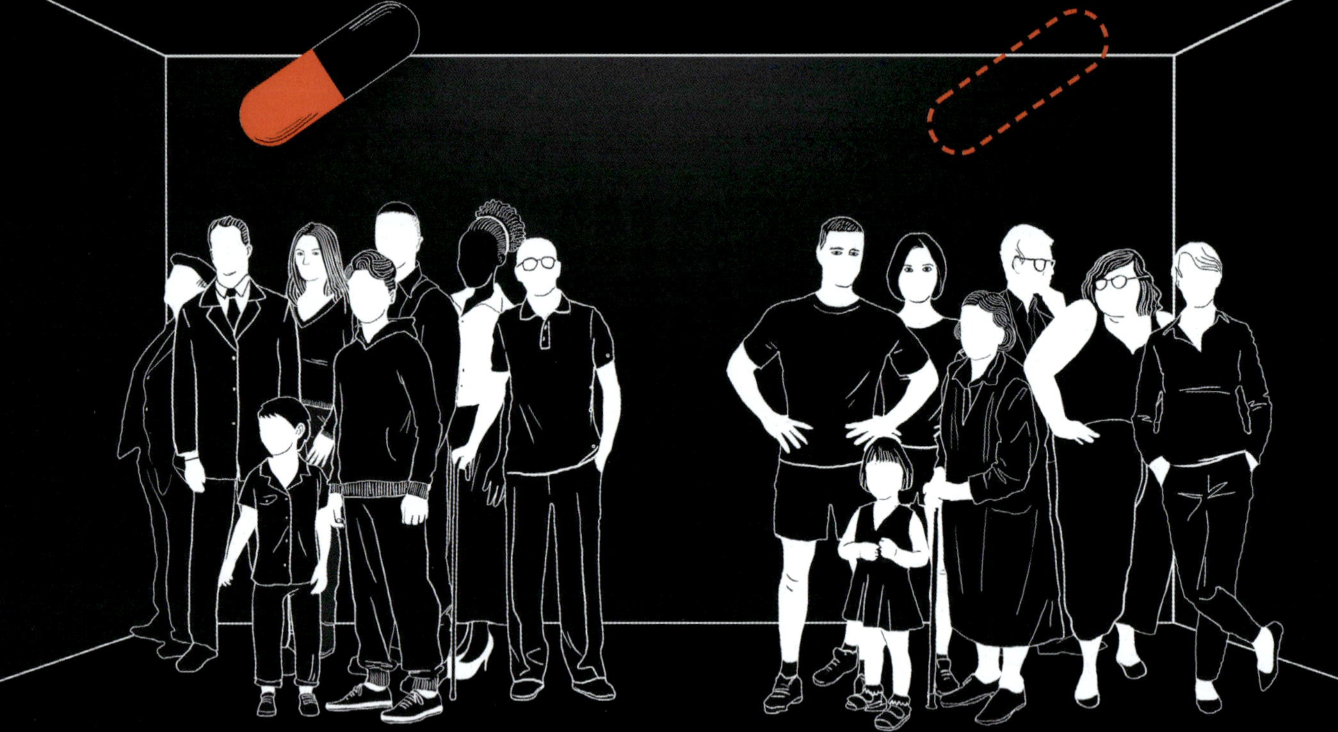

첫 번째 그룹에게는 테스트하려는 신약을 투여하고,

두 번째 그룹에게는 가짜 약(플라세보)을 투여한다.

한 젊은 통계학자가 결과를 수집하고, 이를 표로 정리하여 필요한 결론을 내리는 임무를 맡았다. 신약을 투여 받은 환자의 절반이 완치된 반면, 가짜 약을 받은 환자들은 40%만이 회복되었다. 차이가 엄청나게 크지는 않지만, 결론은 명확해 보였다. 이 약은 효과가 있다!

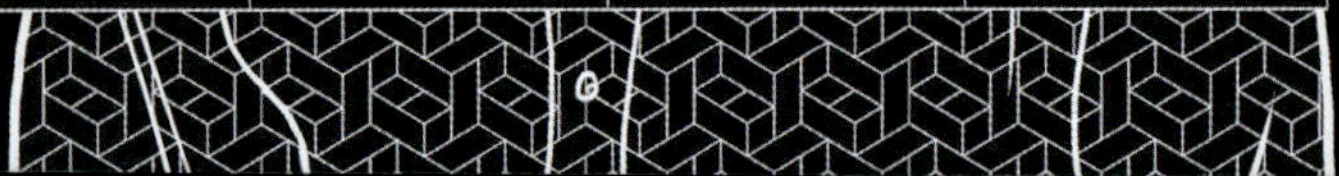

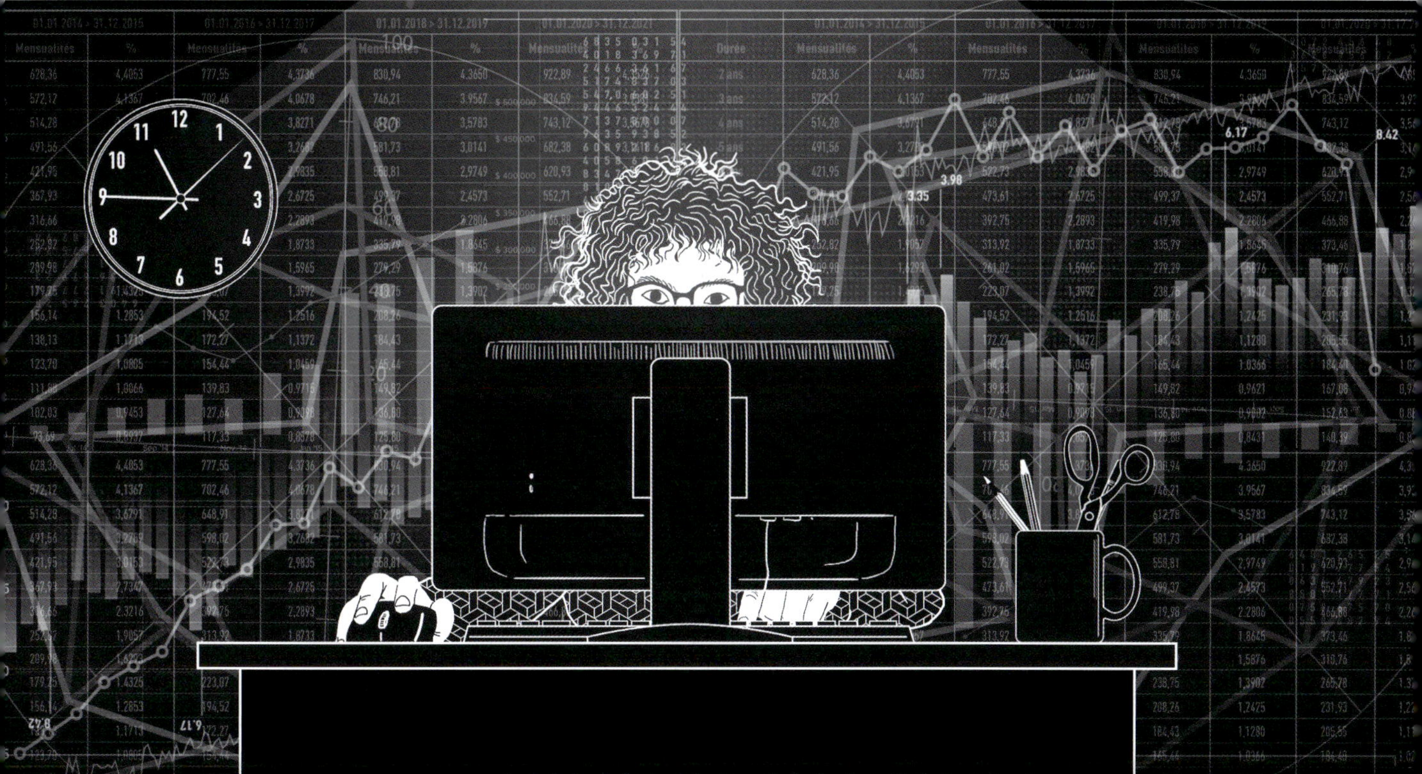

하지만 우리의 통계학자는 딱히 할 일이 없었던 터라, 이 약이 남녀 모두에게 똑같이 효과적인지 확인해 볼 겸 성별로 결과를 나누어 분석해 보기로 한다.

그런데 여기서 반전이 일어난다. 남성들의 결과를 보니 수치가 뒤집힌 것이다. 테스트 중인 신약보다 오히려 가짜 약이 더 효과적인 것처럼 나타났다…

통계학자는 내심 쾌재를 불렀다. 자신의 기민함 덕분에 이 신약이 여성에게는 효과가 있지만 남성에게는 그렇지 않다는 사실을 밝혀냈다고 생각했기 때문이다! 역시 무엇이든 면밀히 살펴 볼 일이라며 그녀는 스스로를 대견해했다.

이어서 여성들의 수치를 살펴보았는데, 거기서 또 한 번 놀라운 결과가 나타났다. 여성들에게조차 이 약은 효과가 없었던 것이다!

어떻게 약이 남성에게도 효과가 없고, 여성에게도 효과가 없으면서, '남성과 여성을 합친 전체'에게는 효과가 있을 수 있을까?

그녀는 이 결과를 좀 더 경험 많은 동료에게 보여주었고, 동료
는 그녀가 방금 '심슨의 역설'을 마주한 것이라고 말해주었다.

이와 같은 결과가 가장 처음 언급된 것은
1899년으로 거슬러 올라가는데, 당시 영국의 수
학자 칼 피어슨이 어느 기묘한 두개골 치수 측
정 사례를 연구하던 중 이와 유사한 현상을 기
술한 바 있다.

그리고 세월이 흘러 1951년이 되어서야 또 다른 영국인 에드워드 심슨이 이 통계적 특이성에 관한 논문을 발표하며 자신의 이름을 남기게 되었다. 후세의 명성이라는 것이 얼마나 제멋대로인지 잘 보여주는 대목이다!

하지만 이제 본론으로, 즉 우리 환자들의 이야기로 돌아가 보자. 이 기괴한 결과에 직면한 의사는 대체 어떻게 해야 할까?

첫 번째 관점은, 성별을 모르는 익명의 환자와 성별을 알고 있는 환자를 서로 다르게 처방해야 한다고 주장하는 것이다…

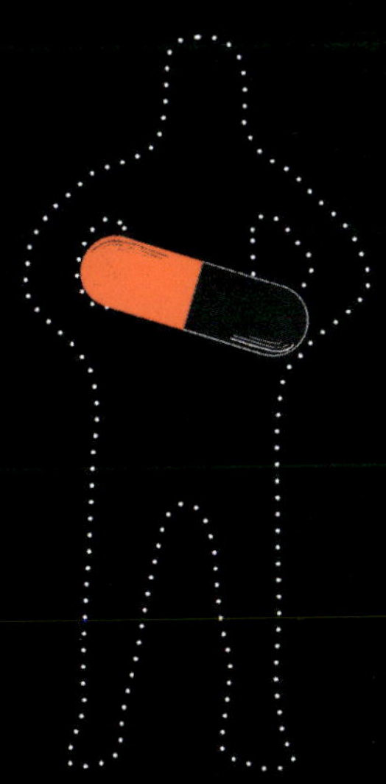

만약 환자의 성별을 모른다면, 약을 처방해야 한다.

반면 환자가 남성이라면… 처방해서는 안 된다. 그리고 환자가 여성이라 해도… 역시 안 된다! 이건 정말 말도 안 되는 소리다(부조리하다).

따라서 다른 관점을 택할 수도 있다. 성별로 나뉜 두 개의 표가 더 많은 정보를 담고 있으므로, 이제는 아무짝에도 쓸모없어진 전체 표보다는 그 세부 표들을 참고하는 것이 낫다는 결론이다.

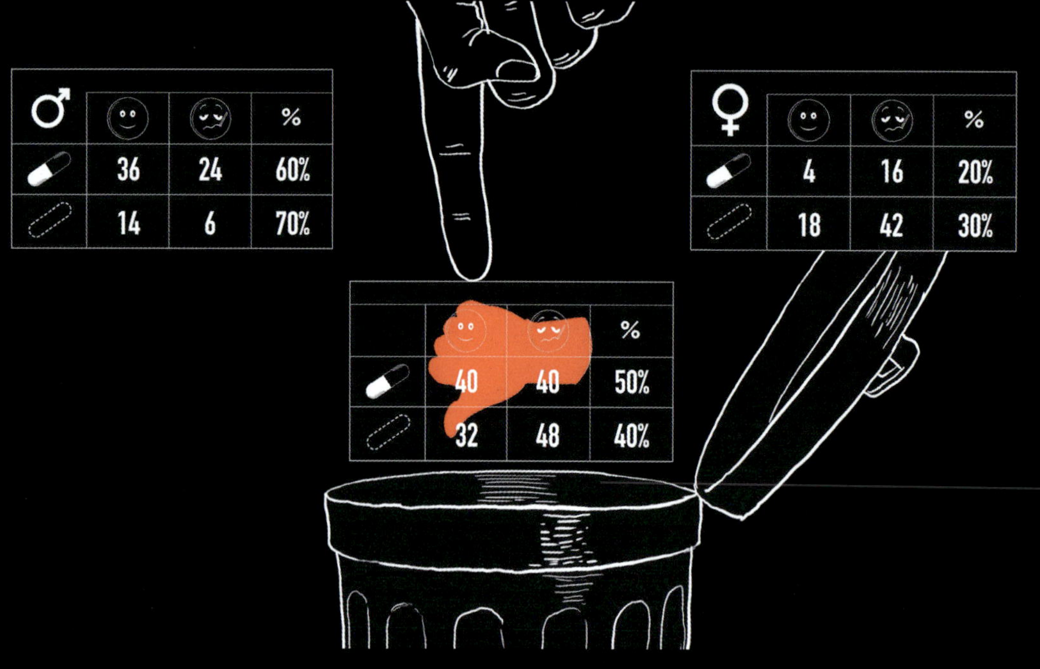

이쯤 되면 모든 것이 잘 해결되고 역설도 풀린 것처럼 보일지 모르겠지만… 여기 작은 문제가 하나 남아 있다.

꼼꼼한 성격의 우리 통계학자는 이번에는 환자들을 연령대에 따라 분류하여 표를 다시 만들어 보았다. 한쪽에는 40세 미만을, 다른 한쪽에는 40세 이상을 배치했다. 그런데 이번에는 놀랍게도… 아무런 놀라운 일이 없었다. 연령별로 나눈 표의 결과가 전체 표의 결과와 일치했기 때문이다.

결국 두 번째 접근법은 우리에게 별다른 도움이 되지 않는다. 환자를 분류하기 위해 선택한 기준에 따라 서로 상반된 처방 결과에 도달하기 때문이다.

이토록 역설적인 토대 위에서 어떻게 합리적인 의사결정을 내릴 수 있을까? 그저 동전이라도 던져서 정해야 한단 말인가?

실제로 어떤 일이 일어나고 있는지 이해하기 위해, 이제
남녀 고등학생 그룹의 100미터 달리기 성적을 살펴보기로
하자.

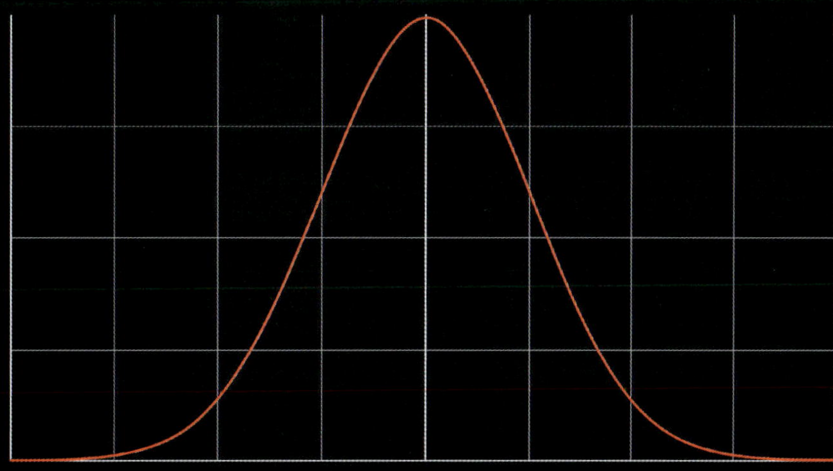

이들의 성적은 어떤 평균값을 중심으로 분포되어 있는
데, 여기서 우리의 관심사는 흡연량과 운동 성적 사
이의 상관관계이다.

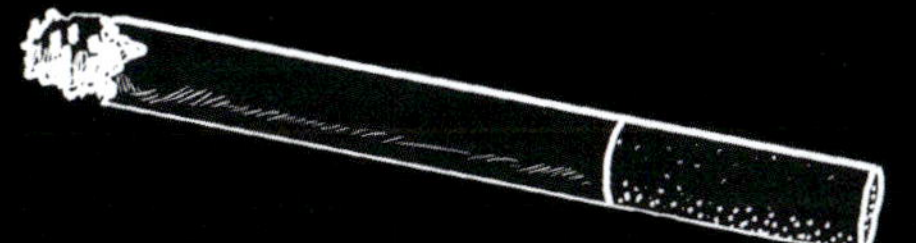

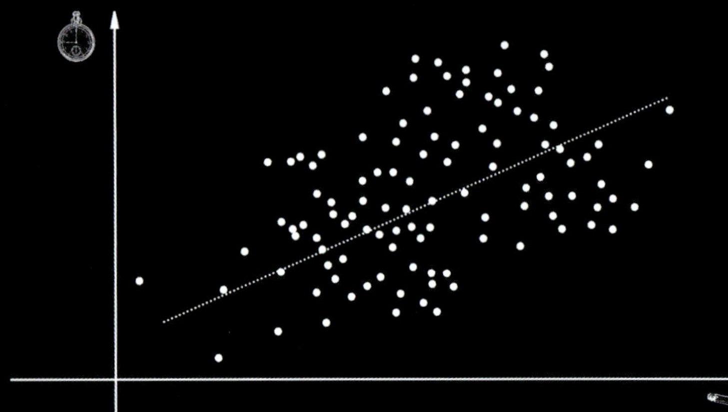

이러한 관점에서 우리의 통계학자는 또 하나의 그래프를 만들어 보았다. 가로축(X축)에는 흡연량을, 세로축(Y축)에는 각 학생의 100미터 달리기 속도를 표시했다. 물론 개인차는 크겠지만, 값들의 평균치를 선으로 그려보자 명확한 사실이 드러났다. 바로 담배를 많이 피울수록 더 빨리 달린다는 것이다! 이것 역시 전혀 예상치 못한 결과 아닌가?

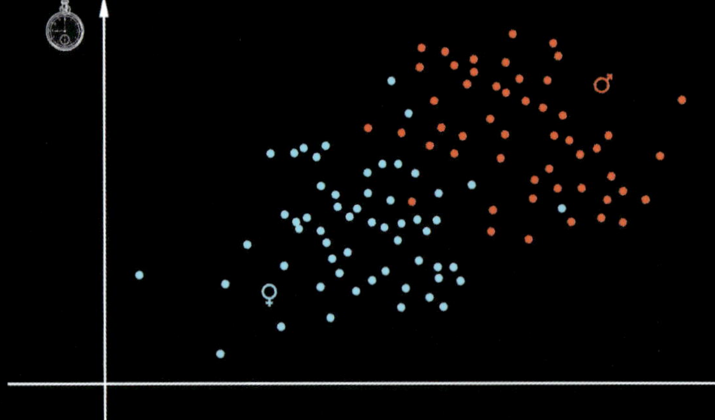

그런데 이들 고등학생을 남학생과 여학생 두 그룹으로 나누어보면 어떨까? 그러면 두 가지 사실을 발견하게 된다. 우선, 남학생들의 성적이 전반적으로 여학생들보다 높다는 것이고, 다른 하나는 남학생들이 여학생들보다 담배를 더 많이 피운다는 사실이다.

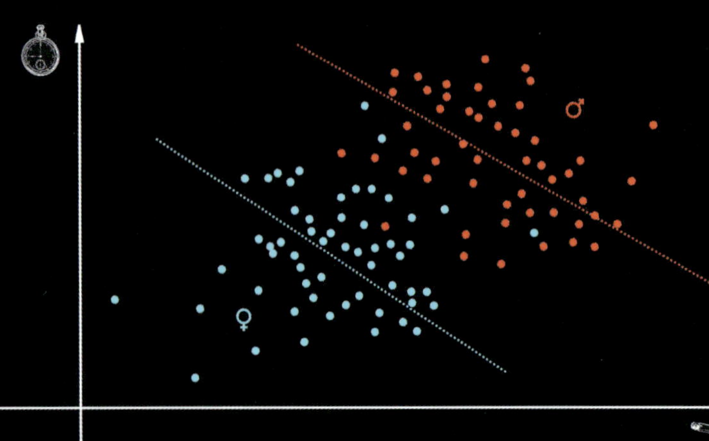

이제 각 그룹 내에서의 평균을 살펴보면, 결과가 정반대로 뒤바뀌는 것을 확연히 알 수 있다. 남학생 그룹에서도, 여학생 그룹에서도 담배를 피우는 것은 100미터 달리기 성적을 떨어뜨린다. 비로소 우리가 알고 있는 상식에 부합하는 결과가 나온 것이다.

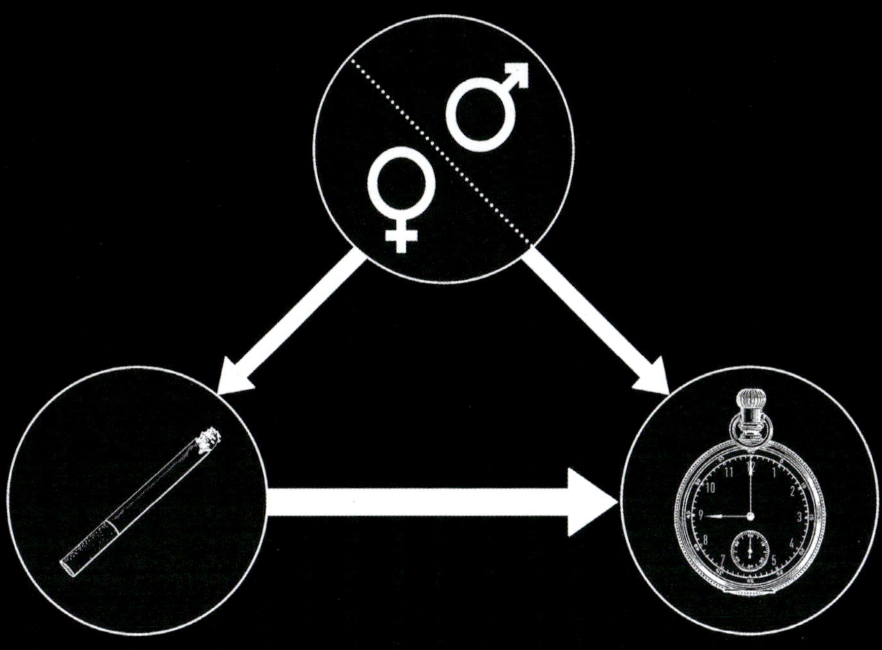

초기 해석의 오류는 이른바 '교란 변수'라고 불리는 요소에서 비롯된다. 학생들의 성별이 우리가 분석하려는 결과(운동 성적)와 평가하려는 원인(흡연량) 모두에 동시에 영향을 미친 것이다. 우리는 흡연이 성적에 미치는 영향만을 연구하고 싶었지만, 제3의 요인인 성별이 방정식의 두 항 모두에 개입하고 있다는 사실을 간과했다. 이것이 바로 교란변수다.

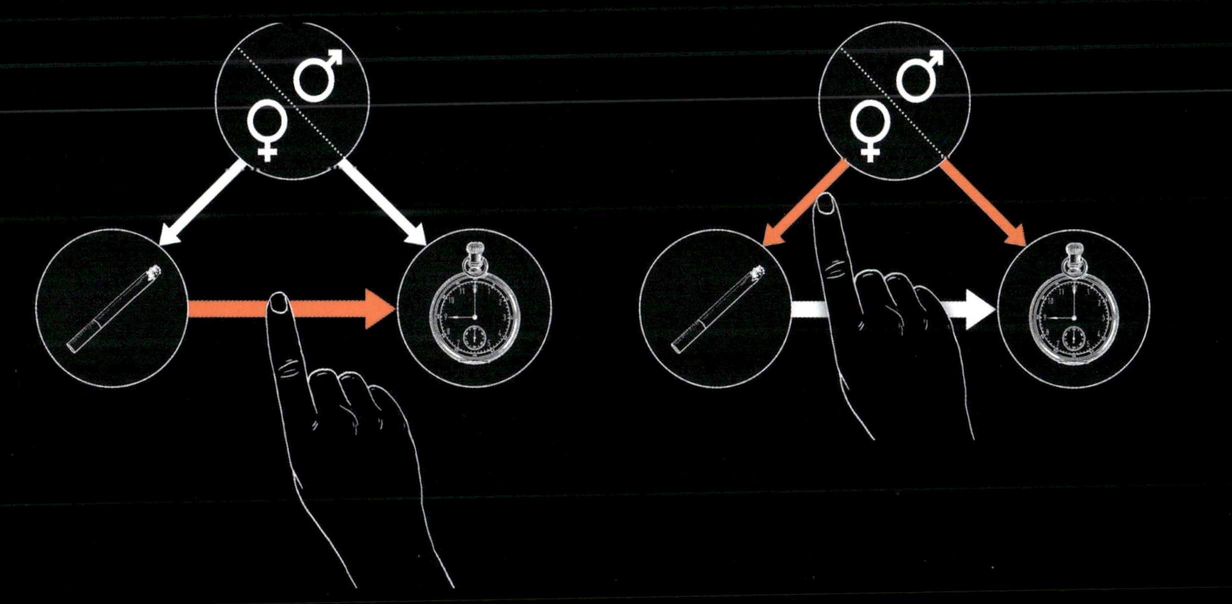

이 역설이 발생하는 근본적인 원인은, 인과관계가 실제로는 '여기(성별과 성적/흡연의 관계)'에 있는데…

…우리가 그것을 '저기(흡연과 성적의 관계)'에 있다고 생각하기 때문이다.

담배를 피운다고 더 빨리 달리게 되는 것이 아니다. 단지 일반적으로 남학생들이 더 빨리 달리고, 동시에 담배도 더 많이 피울 뿐이다!

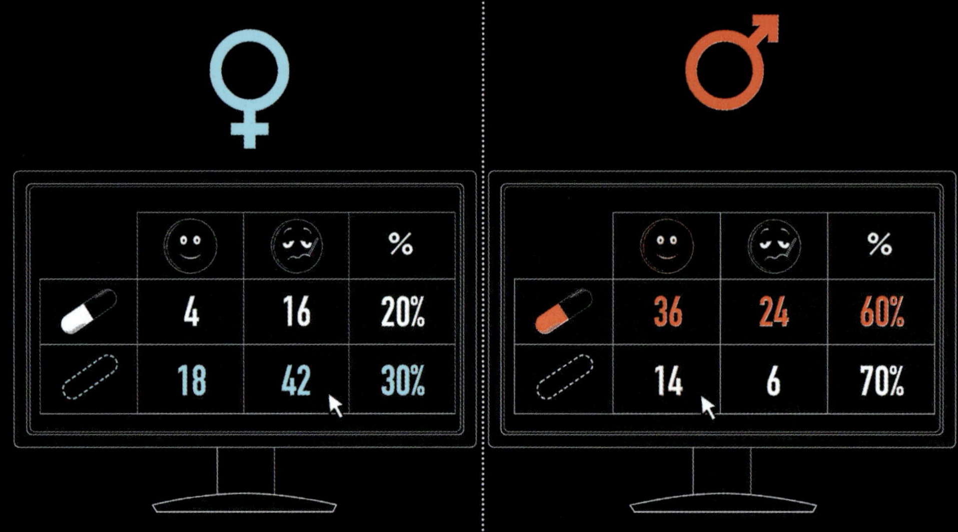

다시 임상 시험 이야기로 돌아가 보자. 표를 자세히 들여다보면 두 가지 사실을 깨닫게 된다. 우선, 어떤 처방을 받았든 상관없이 남성이 여성보다 완치되는 경우가 더 많았다는 점이다. 그리고 남성들은 주로 신약을 투여 받은 반면, 여성들은 주로 가짜 약(플라세보)을 받았다는 점이다.

이처럼 이 데이터 세트에는 성별에 따른 신약과 위약의 불균등한 분배로 인해 발생한 "교란 변수"가 존재한다. 즉, 환자의 성별이 우리가 분석하려는 결과(완치)와 평가하려는 원인(약물 복용) 모두와 상관관계를 맺고 있는 것이다.

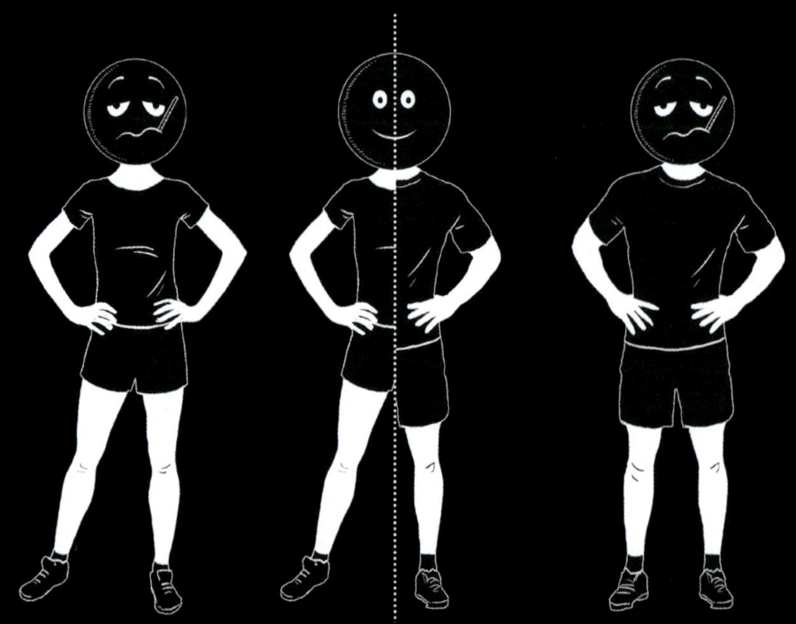

따라서 여성에게도 효과가 없고 남성에게도 효과가 없으면서, 인류 전체를 고칠 수 있는 그런 약은 존재하지 않는다! 임상 시험 수치가 정확히 그런 결과를 보여주는 것 같다는 인상은, 단지 남녀 간에 약물이 불균등하게 분배되어 발생한 착각일 뿐이다.

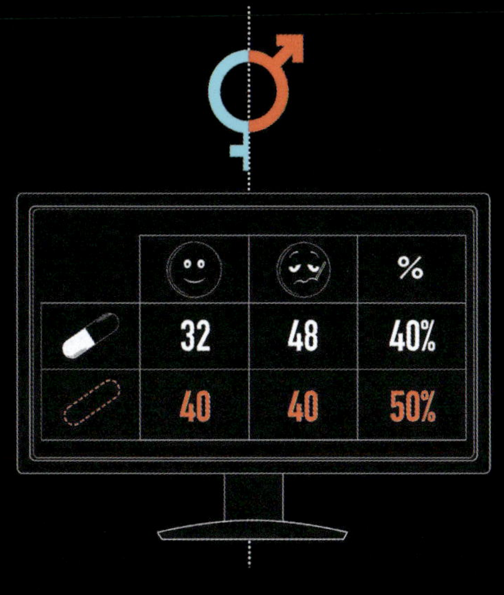

만약 남성과 여성에게 동일한 비율로 위약을 투여했더라면, 신약의 완치율은 단 40%에 불과하며 따라서 결코 처방해서는 안 된다는 사실을 진작 발견했을 것이다! 이런 종류의 오류는 때로는 눈에 잘 띄기도 하지만, 때로는 찾아내기가 무척 어렵기도 하다.

인구학자 에르베 르 브라는 또 다른 통계적 함정의 사례를 들었는데, 바로 가구당 평균 자녀수에 관한 것이다. 유럽연합의 가구당 평균 자녀수는 1.59명으로 알려져 있다. 하지만 아이들에게 직접 "너희 집에 아이가 몇 명이니?"라고 물어본다면, 결과는 훨씬 더 높게 나타날 것이다.

당연한 논리다. 우선 아이가 없는 집의 아이에게는 질문을 할 수조차 없었을 테니까! 또한, 외동아이보다 자녀가 둘인 집의 아이들을 두 배 더 많이 인터뷰하게 되고, 자녀가 셋인 집의 아이들은 세 배 더 많이 인터뷰하게 되는 식이기 때문이다.

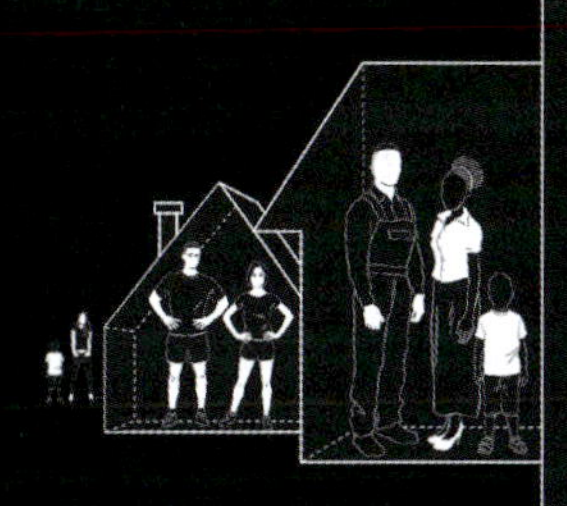

결국 심슨의 역설이 보여주는 것은, 훌륭한 통계 분석을 하는 데 수학만으로는 충분하지 않다는 사실이다. 숫자와 수식(추상적인 세계)에만 매몰되지 말고, 그 숫자가 기원한 현실의 맥락(환자의 상태, 사회적 배경 등)을 놓치지 말아야 한다. 수학자가 의사를 대신할 수 없는 이유도 바로 여기에 있다. 수학은 세상을 이해할 수 있게 해주지만, 거기에는 전제 조건이 하나 붙는다. 수학으로 세상을 이해하고 싶다면, 숫자 너머에 진짜 숨 쉬는 세상이 있다는 사실을 잊지 말아야 한다는 것이다!

CHAPTER XI

비유클리드 기하학

에티엔 기스의 강연,
「만약 피타고라스의 정리가 참이 아니라면?」
(레 에르네스트, 2014) 중에서.

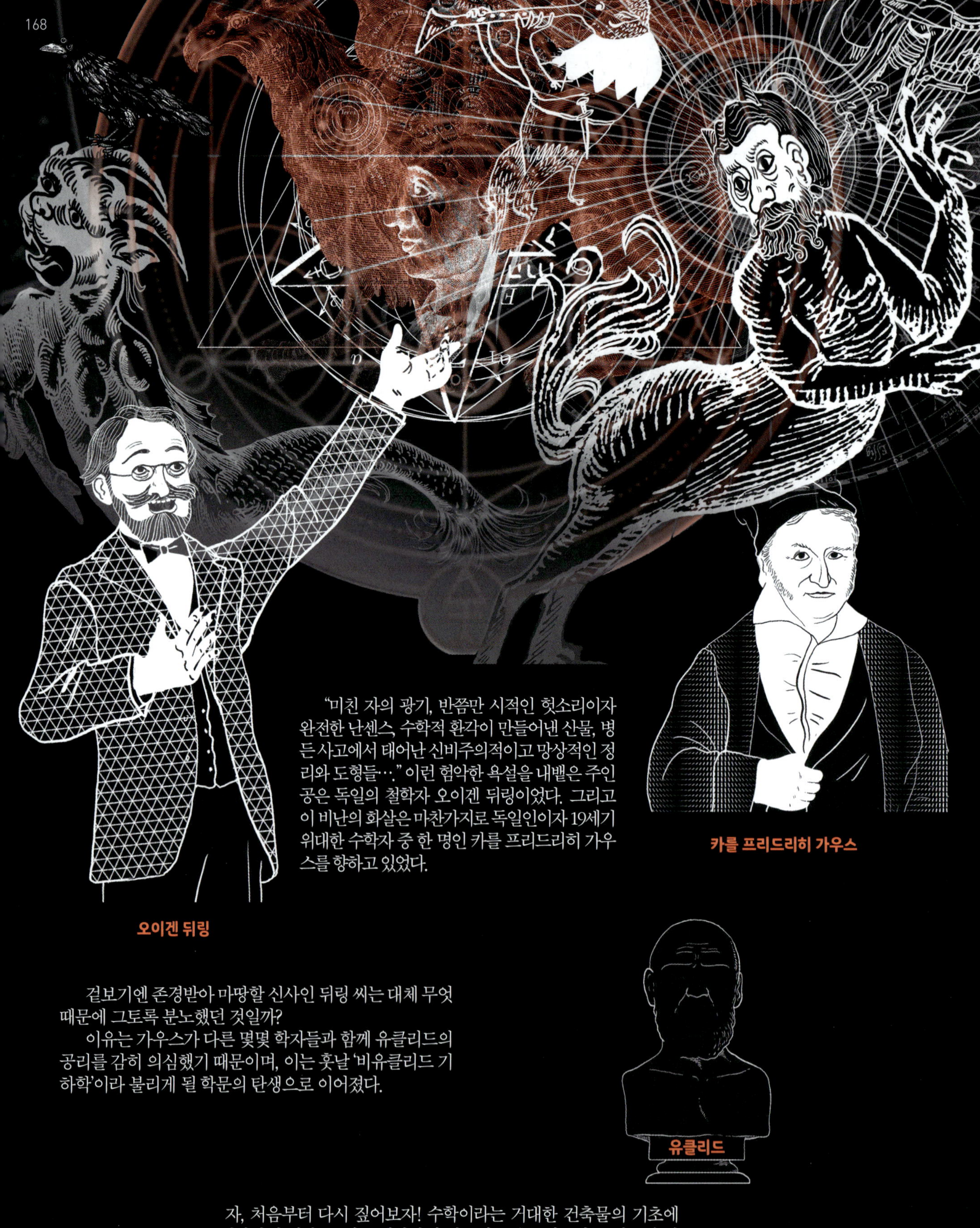

"미친 자의 광기, 반쯤만 시적인 헛소리이자 완전한 난센스, 수학적 환각이 만들어낸 산물, 병든 사고에서 태어난 신비주의적이고 망상적인 정리와 도형들…" 이런 험악한 욕설을 내뱉은 주인공은 독일의 철학자 오이겐 뒤링이었다. 그리고 이 비난의 화살은 마찬가지로 독일인이자 19세기 위대한 수학자 중 한 명인 카를 프리드리히 가우스를 향하고 있었다.

겉보기엔 존경받아 마땅할 신사인 뒤링 씨는 대체 무엇 때문에 그토록 분노했던 것일까?

이유는 가우스가 다른 몇몇 학자들과 함께 유클리드의 공리를 감히 의심했기 때문이며, 이는 훗날 '비유클리드 기하학'이라 불리게 될 학문의 탄생으로 이어졌다.

자, 처음부터 다시 짚어보자! 수학이라는 거대한 건축물의 기초에는 기하학이 있다. 그리고 기하학의 기초에는 유클리드라는 인물이 있다. 기원전 3세기, 그는 너무나 훌륭한 책을 집필하여 이후 2,000년 동안 기하학자들의 성경으로 군림하게 된다.

유클리드가 쓴 책의 혁신 중 하나는 바로 '공리적 방법'
이다. 참이라고 인정되는 아주 적은 수의 원칙들, 즉 '공리'
에서 시작하여

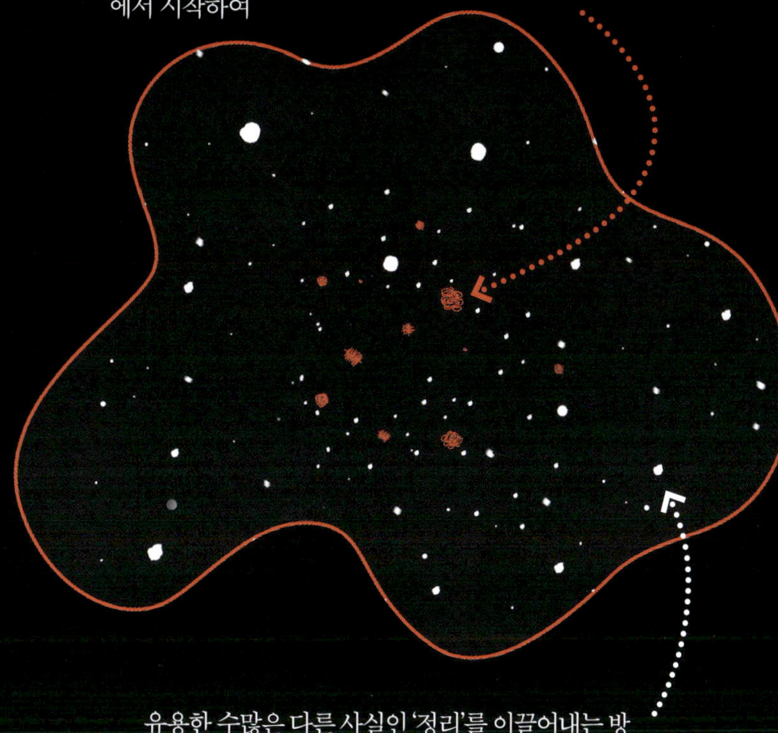

유용한 수많은 다른 사실인 '정리'를 이끌어내는 방
식이다.

공리를 자세히 들여다보면 참으로 당연해 보이는 것들을
마주하게 된다. 예를 들면 이런 것들이다. 어떤 두 양이 같은
세 번째 양과 각각 같다면, 그 두 양은 서로도 같다.

혹은 '임의의 두 점 사이에는 언제나 직선 구간(선분)을
그을 수 있다.'
자명하지 않은가?

이것이 얼마나 당연했는지, 1196년 철학자 마이모니데스는
다음과 같이 썼다. "신께서 비록 전지전능하시고 무한한 자유를
누리실지라도, 아리스토텔레스의 논리나 유클리드의 기하학에
모순되는 그 어떤 것도 창조하실 수는 없었을 것이다."

하지만 유클리드의 기하학 공리 중에는 일종의 '미운 오리 새끼' 같은 녀석이 하나 있다. 바로 제5공리인데, 다른 공리에 비해 그 정당성이 덜 자명해 보이기 때문이다.

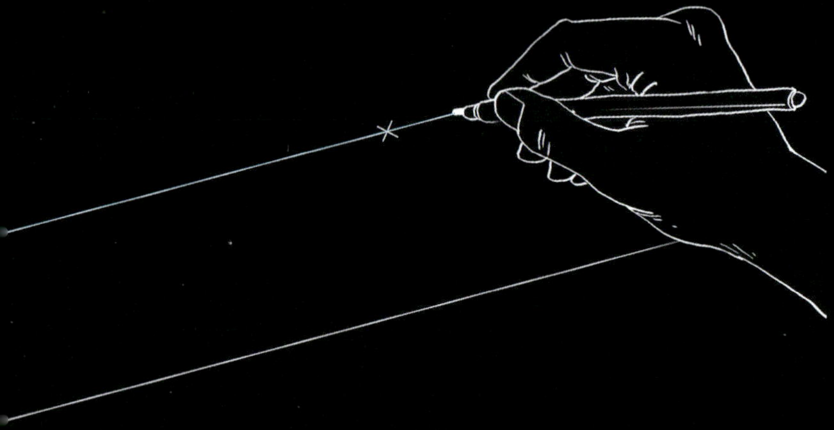

이 공리는 다음과 같이 주장한다. '한 직선과 그 직선 위에 있지 않은 한 점이 있을 때, 그 점을 지나면서 원래의 직선과 평행한 직선은 단 하나만 그을 수 있다.'

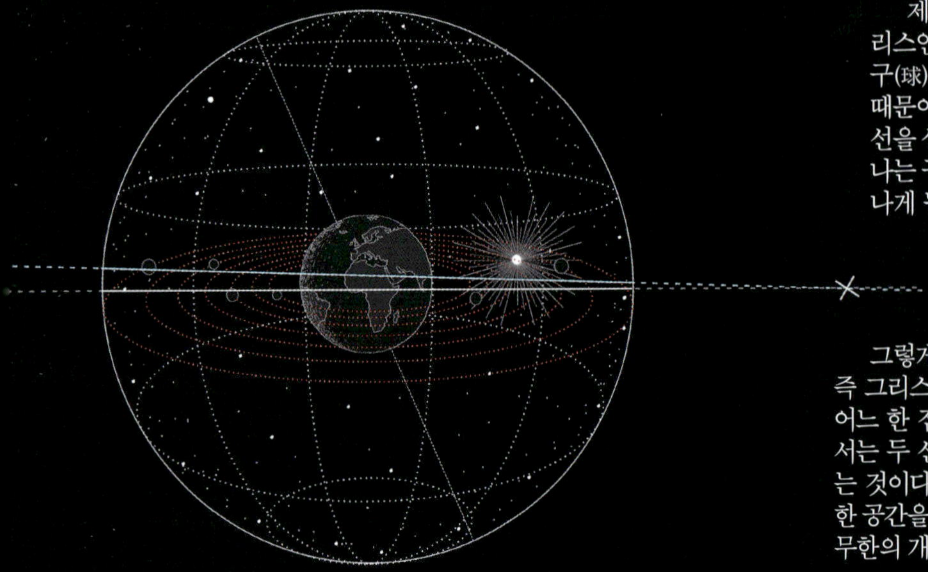

제5공리가 문제가 된 이유는 고대 그리스인들에게 우주란 별들이 박혀 있는 구(球)에 의해 제한된 '유한한 공간'이었기 때문이다. 만약 거의 평행에 가까운 두 직선을 상상해 본다면, 그 선들은 별들이 빛나는 구 너머 아주 먼 곳에서 언젠가는 만나게 될 것이다.

그렇게 되면 두 선은 우주에 속하지 않는, 즉 그리스인들의 관점에서는 존재하지 않는 어느 한 점에서 교차하게 된다! 어떤 의미에서는 두 선이 교차하지 않는다고도 볼 수 있는 것이다. 결국 '평행선'이라는 개념은 무한한 공간을 전제로 하는데, 당시로서는 이러한 무한의 개념이 결코 당연한 것이 아니었다.

결국 제5공리는 골칫거리가 되었고, 유클리드 이후 수학자들의 거대한 과제 중 하나는 다른 공리를 이용해 이 제5공리를 증명해 내는 것, 즉 공리가 아닌 '정리'로 변환시키는 것이 되었다. 하지만 결과는 어떠했는가. 유클리드 사후 22세기가 지날 때까지, 그 누구도 증명에 성공하지 못했다.

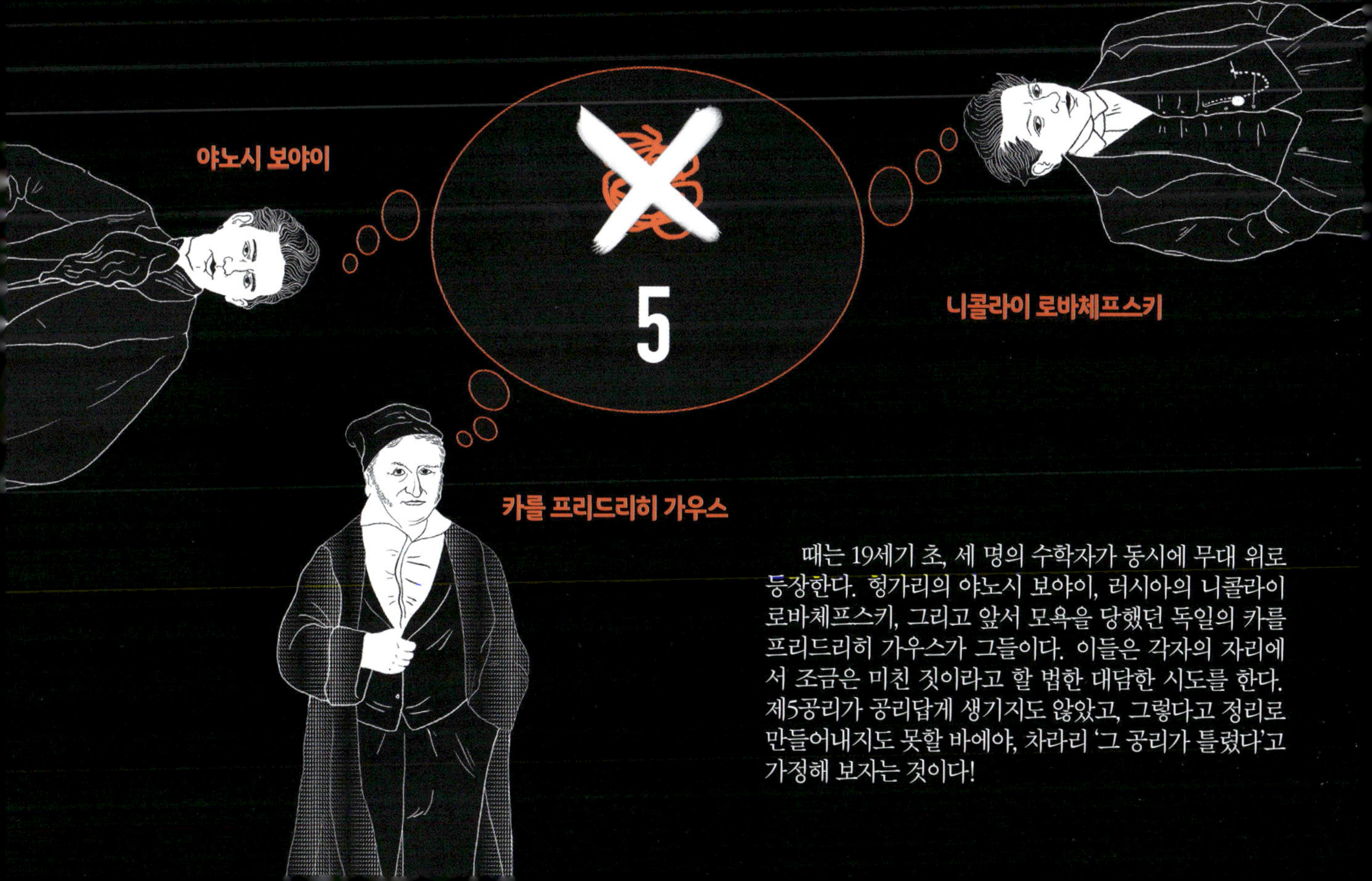

때는 19세기 초, 세 명의 수학자가 동시에 무대 위로 등장한다. 헝가리의 야노시 보야이, 러시아의 니콜라이 로바체프스키, 그리고 앞서 모욕을 당했던 독일의 카를 프리드리히 가우스가 그들이다. 이들은 각자의 자리에서 조금은 미친 짓이라고 할 법한 대담한 시도를 한다. 제5공리가 공리답게 생기지도 않았고, 그렇다고 정리로 만들어내지도 못할 바에야, 차라리 '그 공리가 틀렸다'고 가정해 보자는 것이다!

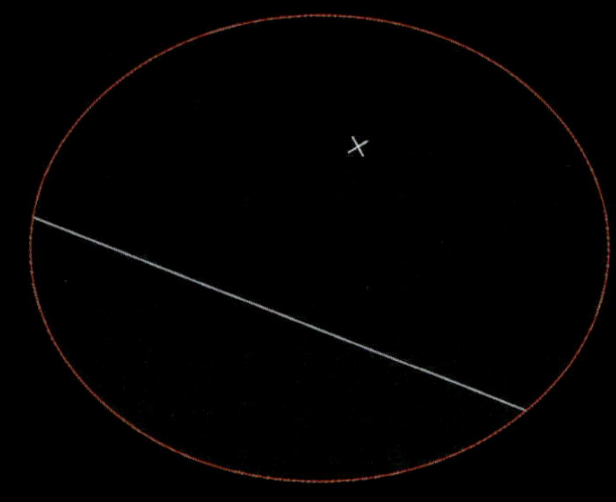

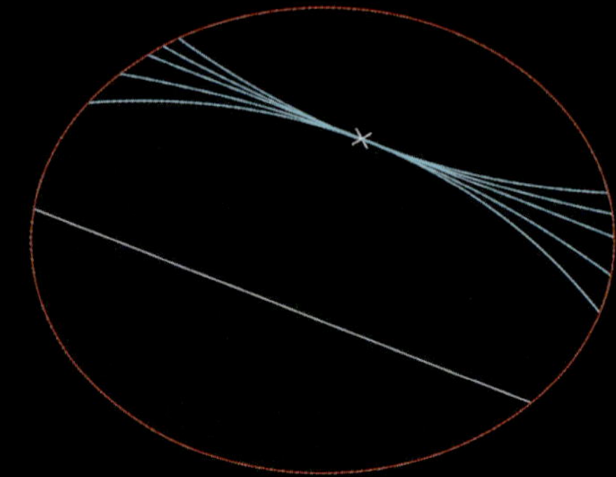

직선 밖의 한 점을 지나면서 원래의 직선과 평행한 직선이 단 하나도 없다고 가정해 보자…

아니면, 그런 평행선이 무수히 많다고 가정해 보는 건 어떨까?

황당하다고? 그럴지도 모른다.

가우스 본인조차 자신의 생각이 얼마나 혁명적인지 잘 알고 있었기에, 이를 발표하기까지 수년을 망설였다. 유클리드를 의심한다는 것은 수학의 모든 건축물과 철학, 요컨대 '세상의 모든 것'을 뒤흔드는 일이었기 때문이다. 이런 일을 감행하려면 그야말로 엄청난 자만심이 있어야만 가능하다고 말할 수 있을 정도였다!

야노시 보야이는 자신의 아버지에게 이렇게 썼다. '저는 무(無)로부터 새로운 세계를 창조했습니다!'

하지만 가우스, 보야이, 로바체프스키와 동시대를 살았던 사람들이 모두 이들이 상상한 새로운 세계를 방문하고 싶어 했던 것은 아니다. 대부분은 유클리드라는 아늑한 슬리퍼를 신은 채 따뜻한 안방에 머무는 쪽을 택했다.

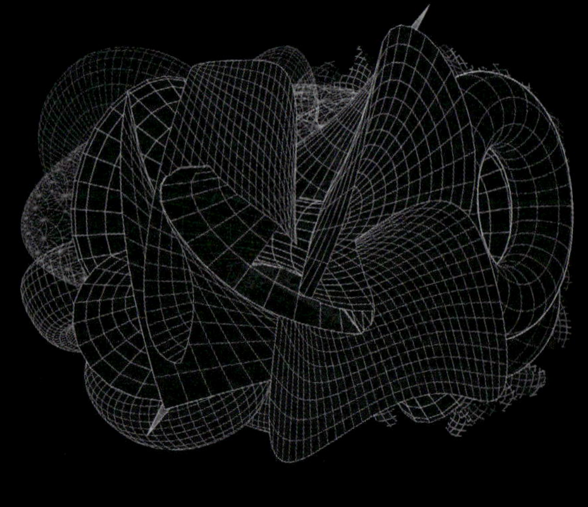

대체 이 새로운 세계는 어떤 모습일까? 사실 여러 가지 버전이 존재한다. 가우스의 버전, 보야이의 버전, 로바체프스키의 버전이 있지만, 가우스의 제자였던 베른하르트 리만이 묘사한 또 다른 버전이 가장 상상하기 쉽다.

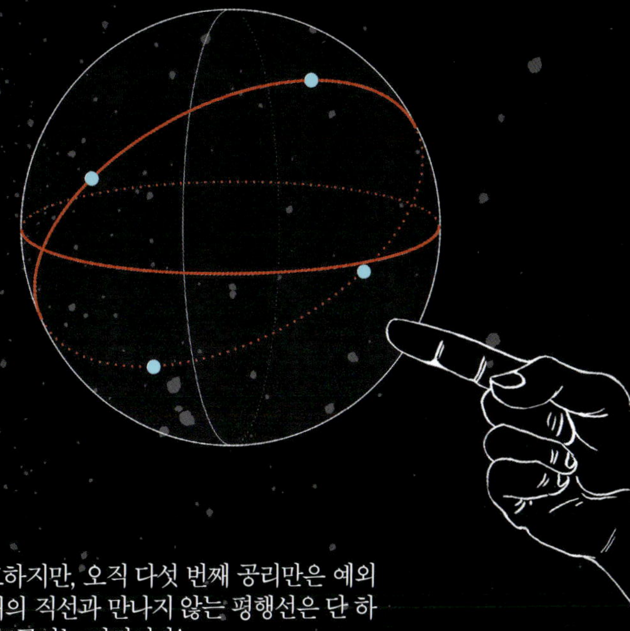

이 세계에서는 유클리드의 평면을 '구(球)'로 대체한다. 유클리드 공간의 '점' 역할은 구 위에서 서로 정반대 편에 위치한 '대척점 한 쌍'이 대신하고, '직선'의 역할은 구의 중심과 같은 중심을 갖는 가장 큰 원인 '대원'이 맡는다.

이 구의 표면에 사는 생명체들은 자신들이 거의 유클리드적인 세상에 살고 있다고 느낄 것이다. 그들의 세계에서도 두 개의 '점'을 지나는 '직선'은 단 하나뿐이기 때문이다.

유클리드 기하학의 모든 공리는 이 세계에서도 유효하지만, 오직 다섯 번째 공리만은 예외다. 직선 밖의 한 점을 잡았을 때, 그 점을 지나면서 원래의 직선과 만나지 않는 평행선은 단 하나도 그을 수 없기 때문이다. 이 세계에서 유클리드의 제5공리는 거짓이다!
신조차 해낼 수 없다던 일을… 19세기의 기하학자들이 마침내 해내고야 만 것이다!

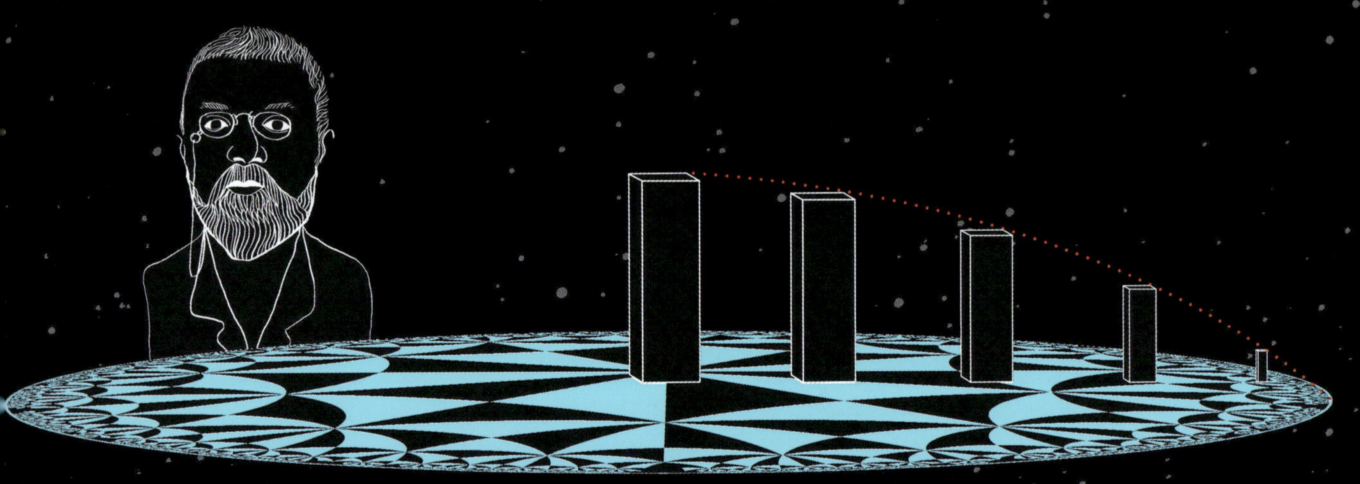

1881년, 프랑스의 위대한 수학자 앙리 푸앵카레는 또 다른 비유클리드 우주를 묘사했다. 거대한 원 안에 갇힌 평평한 세계를 상상해 보자. 그리고 이 세계가 다음과 같은 법칙의 지배를 받는다고 가정해 보는 것이다. 이곳에서는 물체의 크기가 변한다. 원판의 중심에서 가장 크고, 가장자리로 멀어질수록 점점 작아지다가 경계선에 다다르면 마침내 크기가 0이 된다.

외부에서 보기에 이 세계는 한정되어 있다. 하지만 그곳에 사는 거주자들의 관점에서는 무한한 세계다. 경계선인 원에 가까워질수록 그들 자신이 점점 더 작아지기 때문이다. 보폭 또한 점점 더 짧아지므로, 그들은 결코 세상의 끝(가장자리)에 도달할 수 없다. 또한 그들은 자신들이 작아지고 있다는 사실조차 깨닫지 못한다. 그들이 사용하는 측정 도구(자) 역시 그들과 함께 작아지기 때문이다!

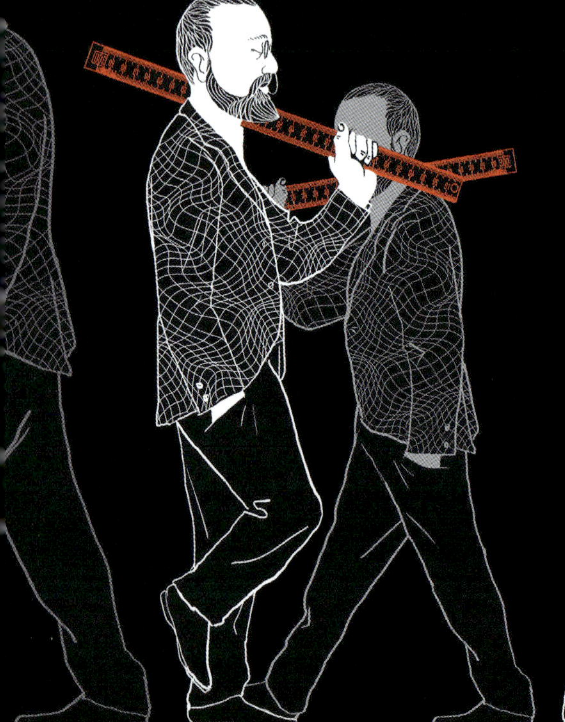

이 상상 속의 기하학에서 두 점 사이를 잇는 최단 거리는 중심 쪽으로 굽어
지는 원호가 된다. 중심에 가까워질수록 보폭이 더 길어지기 때문이다. 외부
인의 시선으로 보면 그들의 '직선'은 우리가 아는 원의 일부분과 같다.

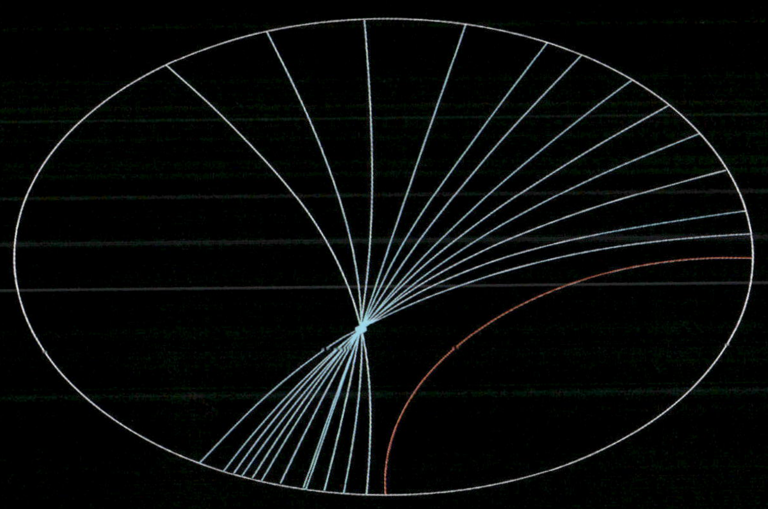

이 세계에서는 유클리드의 모든 공리가 충족되지만, 다섯 번째 공리만은 예외다. 직선 밖
의 한 점을 잡았을 때, 원래의 직선과 만나지 않는(즉, 평행한) 또 다른 직선을 무수히 많이 그
을 수 있기 때문이다. 그곳에 사는 거주자들의 관점에서 보면, 이 세계는 제5공리를 제외하고
는 완벽하게 유클리드적인 세계와 다를 바가 없다.

이 이야기의 교훈은, 저마다의 기하학과 논리를 지닌 지극히 합리적인 세계를 얼마든지 상상해 볼 수 있다는 것이다. 아마 여러분은 이 모든 것이 그저 상상 속의 세계일뿐이라고 말할지도 모른다. 실제로 비유클리드 기하학이 처음 등장했을 때, 사람들은 그것을 '상상의 기하학'이라는 꼬리표를 붙여 분류하기도 했으니 말이다.

그러던 어느 날, 알베르트 아인슈타인이라는 인물이 나타나 거대 우주를 설명하기 위해 이 기하학을 사용했다. 물리학자들이 말하는 그 유명한 '시공간 연속체'는 바로 유클리드 기하학이 아닌 다른 기하학으로 설명된다.

이것이 지난 두 세기 동안 수학자들이 깨달은 가장 중요한 사실 중 하나일 것이다. 즉, 세상의 모든 현상을 아우르는 단 하나의 기하학이란 존재하지 않으며, 서로 다른 세계관을 담고 있는 여러 기하학이 존재한다는 사실 말이다.

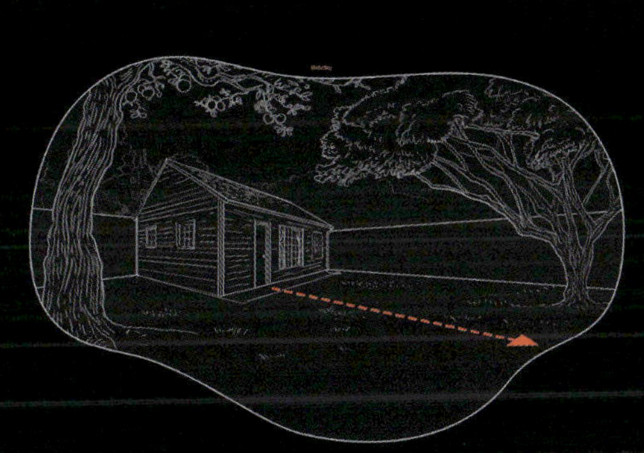

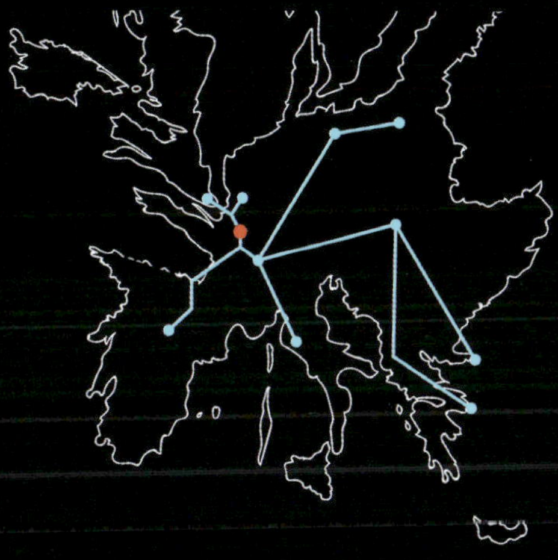

내 정원 안에서 움직임을 설명할 때는 유클리드 기하학이 완벽하다.

하지만 기차 여행을 설명할 때는 이미 다른 기하학의 영역으로 들어서게 된다. 그곳에서 최단 거리는 더 이상 직선이 아니기 때문이다.

그리고 인터넷상에서의 이동에 관해서라면… 그건 또 완전히 다른 이야기다! 연구하는 현상에 따라 어떤 기하학은 다른 기하학보다 더 유용할 뿐이다. 절대적으로 참이거나 거짓인 기하학은 없다. 다만 어떤 상황에서 다른 것보다 더 효율적인 기하학이 존재할 뿐이다.

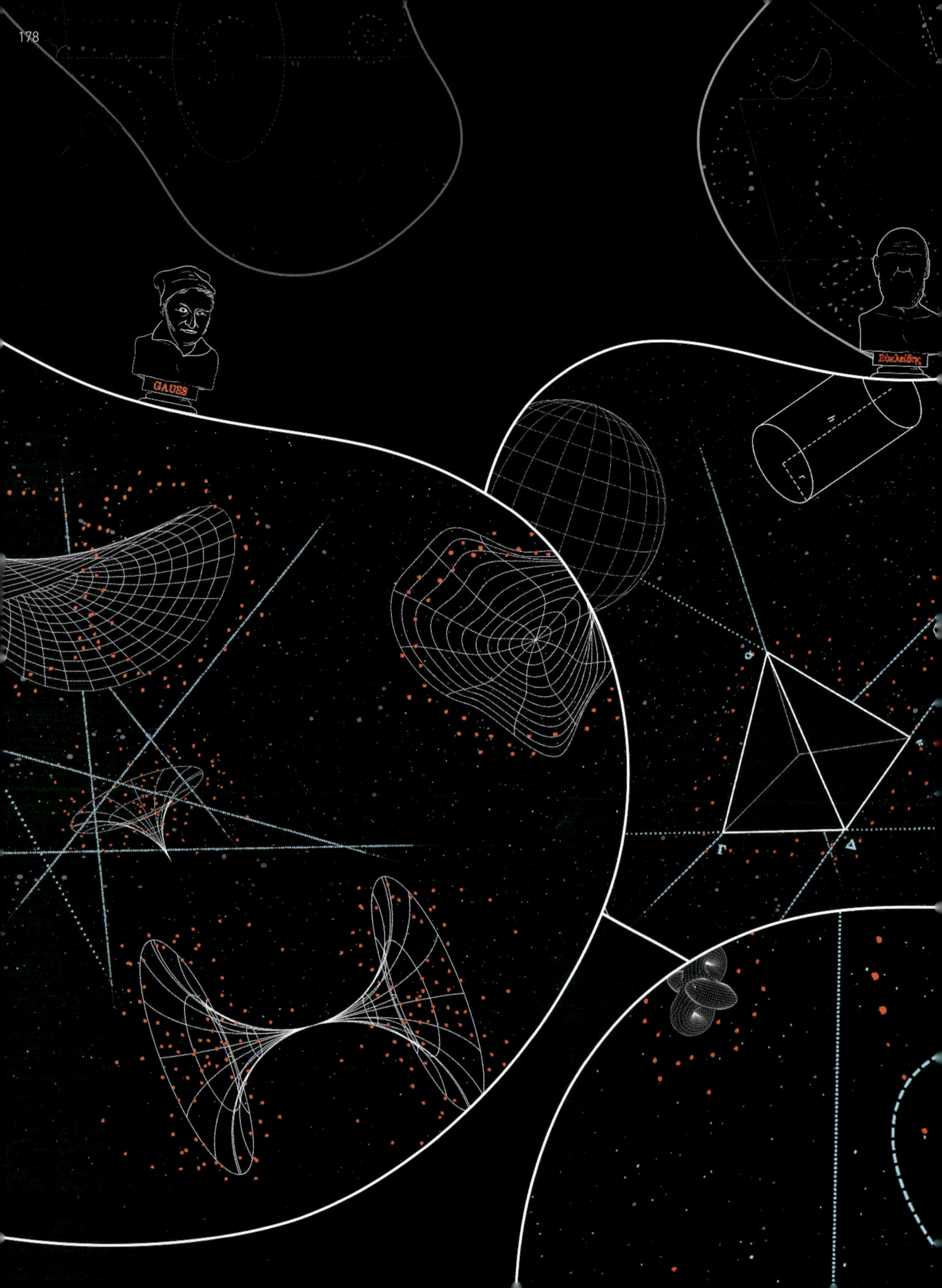
GAUSS
Εὐκλείδης

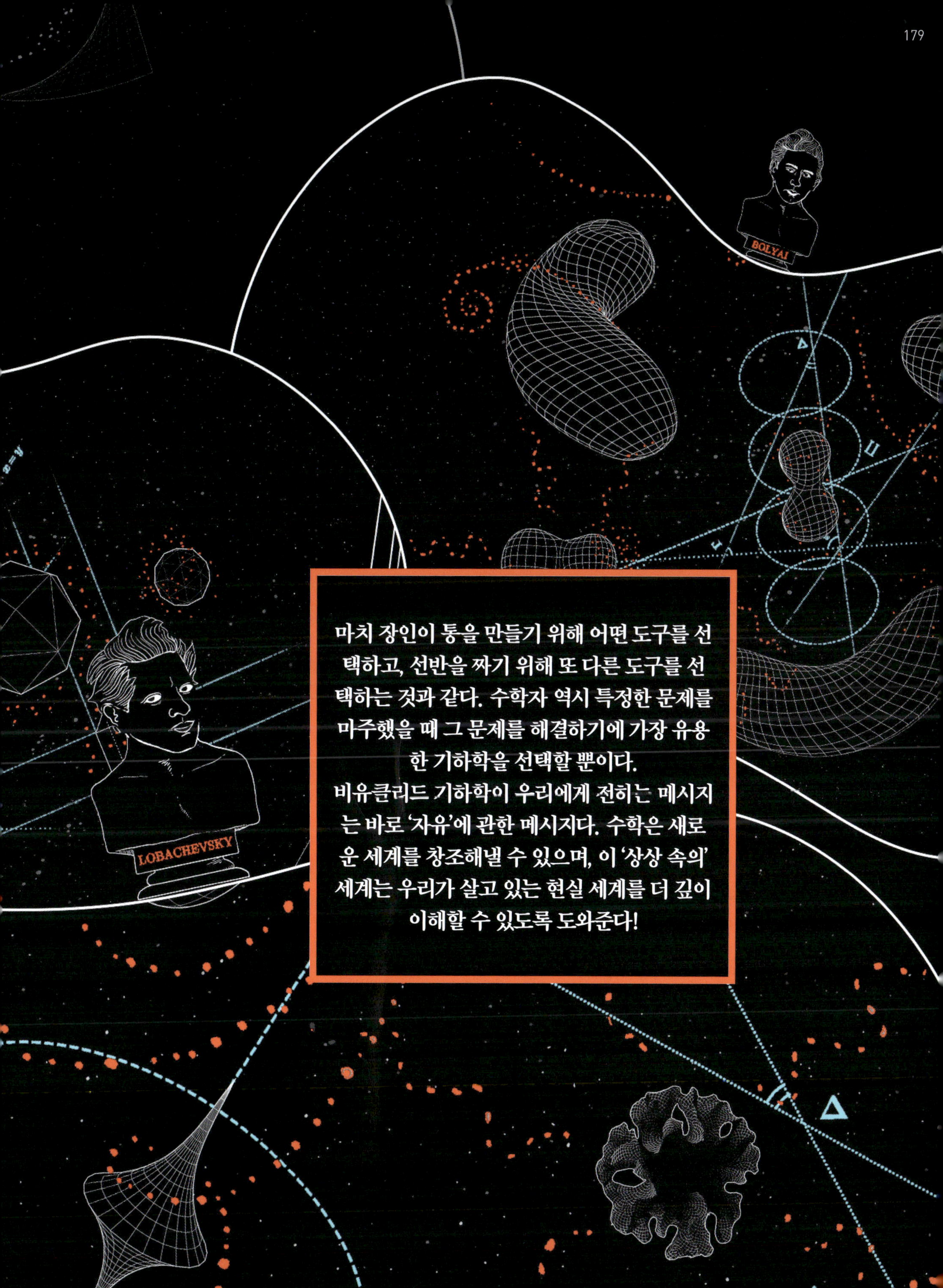

마치 장인이 통을 만들기 위해 어떤 도구를 선택하고, 선반을 짜기 위해 또 다른 도구를 선택하는 것과 같다. 수학자 역시 특정한 문제를 마주했을 때 그 문제를 해결하기에 가장 유용한 기하학을 선택할 뿐이다.

비유클리드 기하학이 우리에게 전히는 메시지는 바로 '자유'에 관한 메시지다. 수학은 새로운 세계를 창조해낼 수 있으며, 이 '상상 속의' 세계는 우리가 살고 있는 현실 세계를 더 깊이 이해할 수 있도록 도와준다!

CHAPTER XII

평면 채우기

제롬 코탕소 공저

어느 화창한 봄날 아침, 당신은 드디어 오래된 욕실 타일을 새로 바꾸기로 마음먹었다.

곧장 근처 철물점으로 향했지만, 이곳은 '수학의 나라' 답게 타일 판매원부터가 예사롭지 않았다. 당신은 욕실 벽면에 붙일 만한 근사한 타일을 찾고 있다고 그에게 설명했다.

그러자 판매원이 대답했다. "아, 제대로 찾아오셨네요. 저희 매장에는 온갖 종류의 평면 타일링이 준비되어 있거든요."

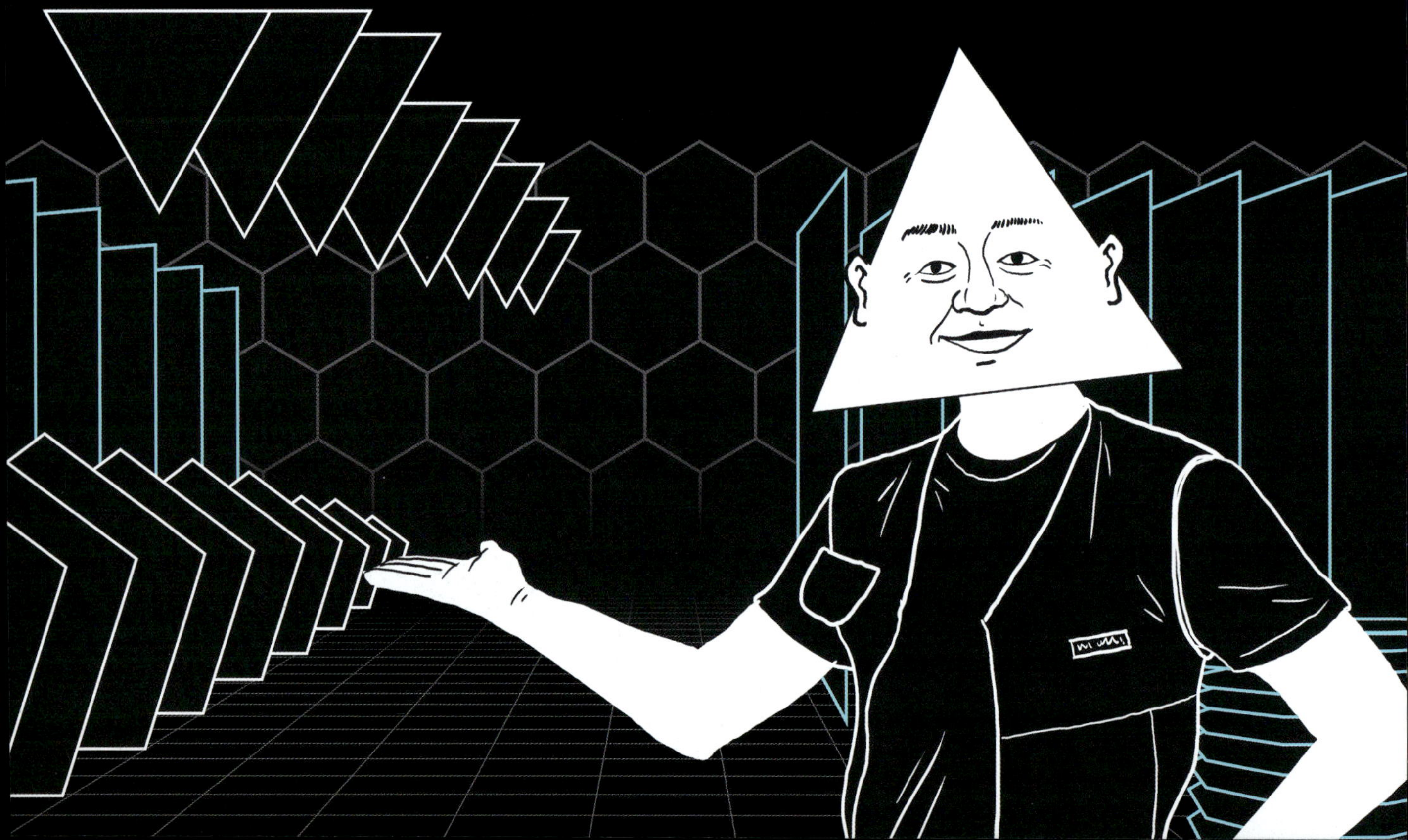

당황해서 멍하니 서 있는 당신
의 표정을 본 판매원이 곧장 말을 덧
붙였다.

"평면 타일링이라는 건 말이죠,
다각형을 서로 겹치지 않게 빈틈없
이 붙여서 평면 전체를 덮는 걸 말
합니다."

"그중에서도 '정타일링'은 사용되
는 다각형이 전부 똑같은 정다각형
일 때를 말해요. 다시 말해, 변의 길
이와 각의 크기가 모두 같은 도형으
로만 이루어진 타일링이죠."

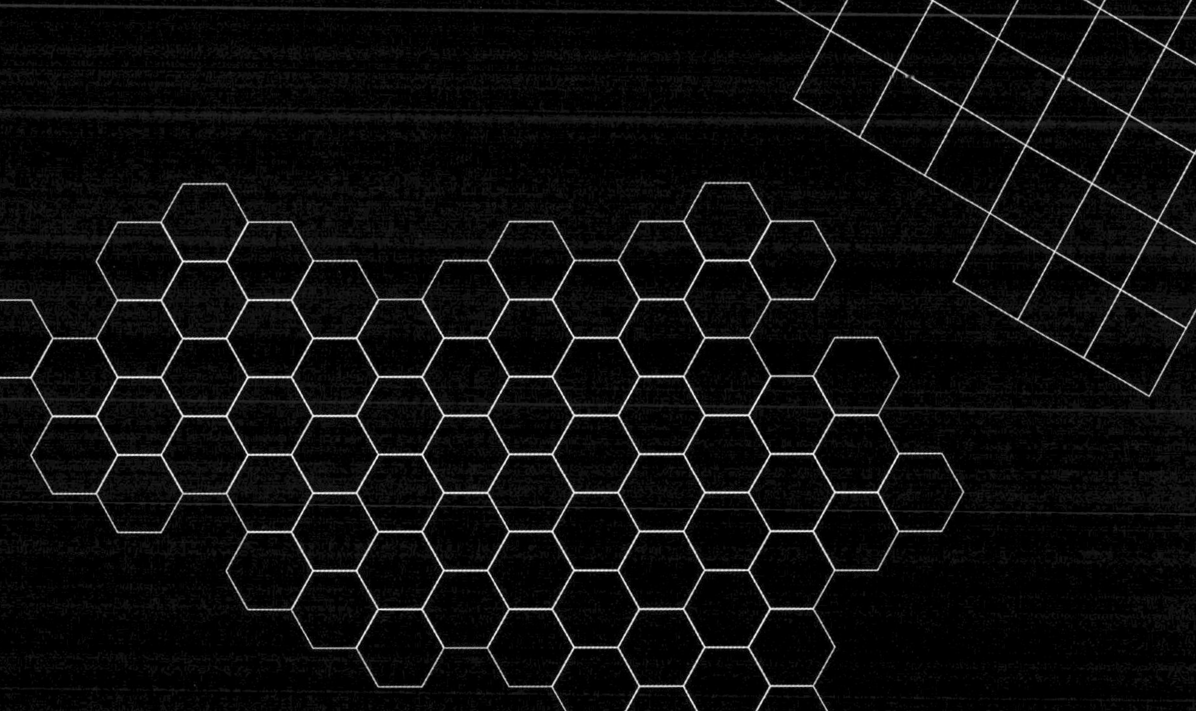

그 말대로라면 선택지가 너무 많아 고민일 법도 하다.
정다각형의 종류는 무한하기 때문이다.

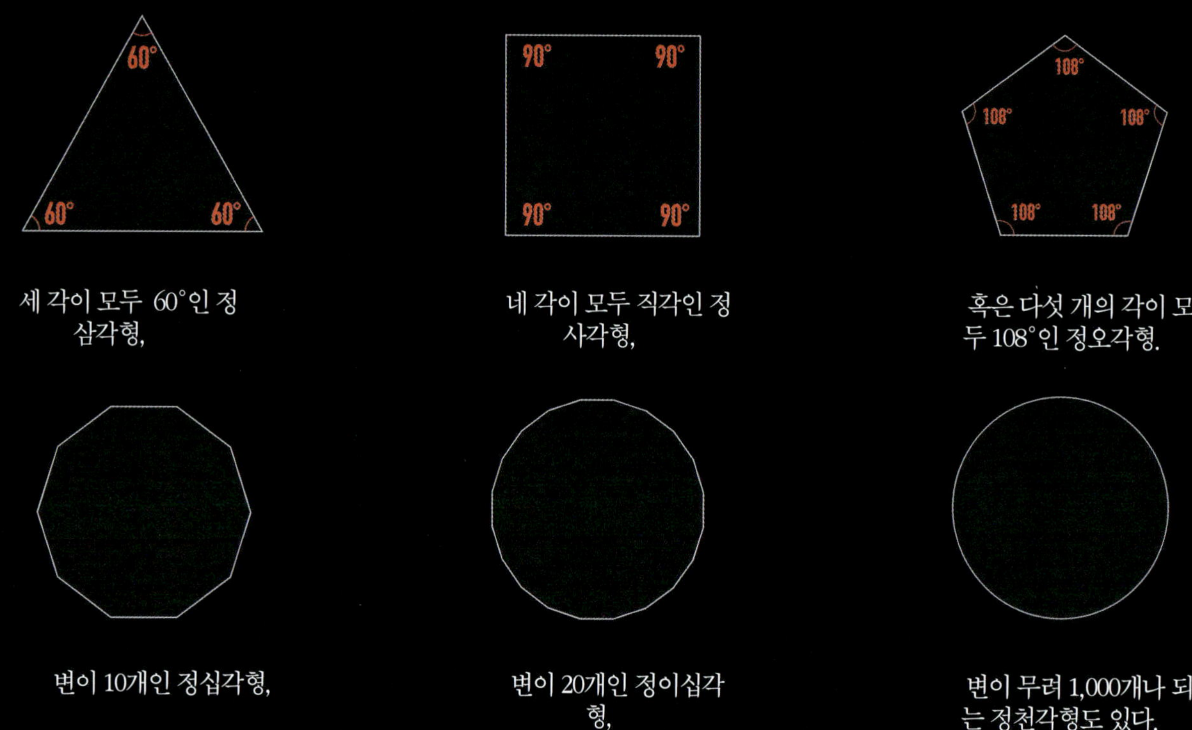

세 각이 모두 60°인 정
삼각형,

네 각이 모두 직각인 정
사각형,

혹은 다섯 개의 각이 모
두 108°인 정오각형.

변이 10개인 정십각형,

변이 20개인 정이십각
형,

변이 무려 1,000개나 되
는 정천각형도 있다.

당신은 슬쩍 말을 꺼내 보려 한다.
"음, 정사각형 정도면 충분할 것 같은…"
하지만 판매원은 당신의 말을 즉시 가로채며 설명을 이어갔다.
"안타깝게도, 그런 다각형 중 대부분은 규칙적인 방식으로 평면을 채울 수 없답니다."

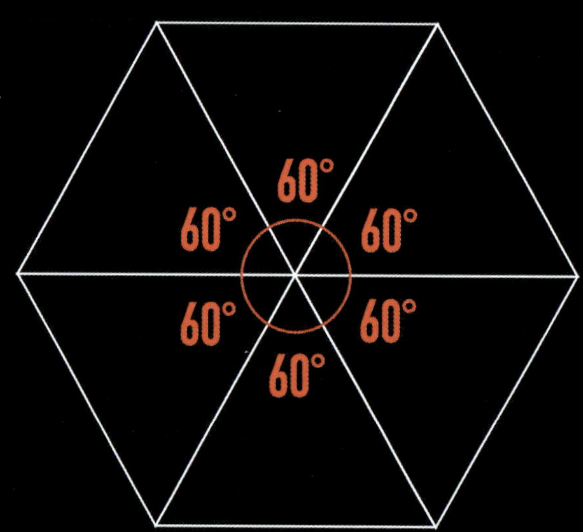

각 꼭짓점에서 만나는 각들의 합은 반드시 360도가 되
어야 해요. 정삼각형 여섯 개를 한 점에 모으면 이는 충족됩
니다.

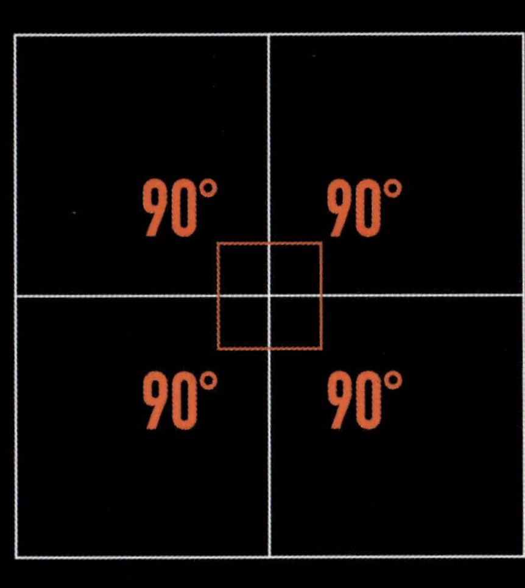

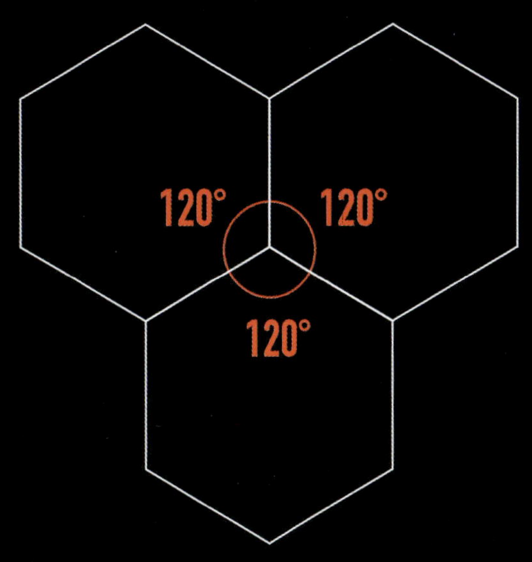

"정사각형 4개를 모으면 딱 맞아떨어집니다.
정육각형 3개도 마찬가지죠."

"하지만 예를 들어 정오각형을 쓰면, 틈이 생기거나 타일이 겹치지 않고서는 평면을 채우는 게 아예 불가능합니다."

"마찬가지 방법으로 정칠각형이나 정팔각형, 아니 그 어떤 'n각형'을 가져와도 타일링은 불가능하다는 걸 증명할 수 있죠."

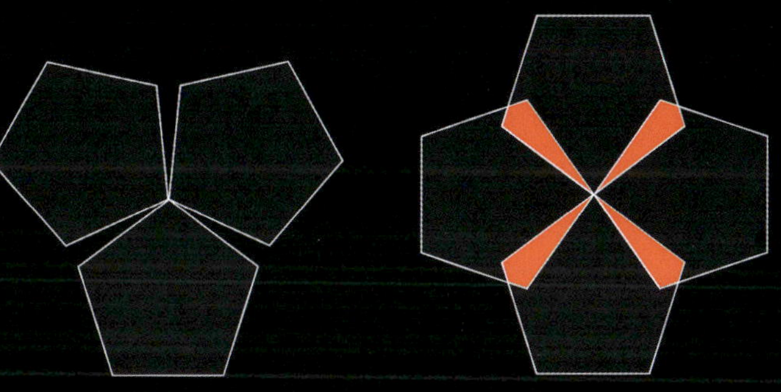

"결국 정삼각형, 정사각형, 정육각형 타일링만이 세상에 존재하는
유일한 정타일링인 셈입니다… 참 슬픈 일이죠!"

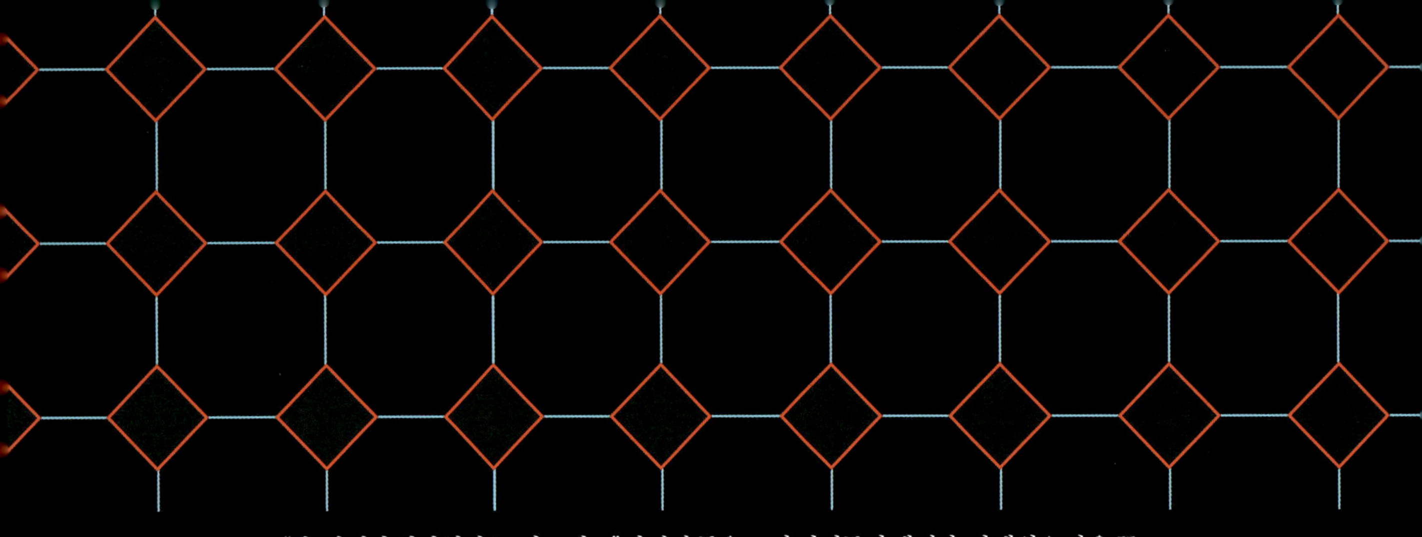

"아, 하지만 상관없어요. 전 그냥…" 당신이 틈을 노려 끼어들려 했지만, 판매원은 말을 끝내게 두지 않고 벌써 당신을 다른 전시실로 끌고 갔다.
"다행히 여러 종류의 정다각형을 섞어서 만드는 반정규 타일링도 있답니다. 예를 들어 정팔각형과 정사각형을 섞으면 '깎은 정사각형 타일링'이 되죠."

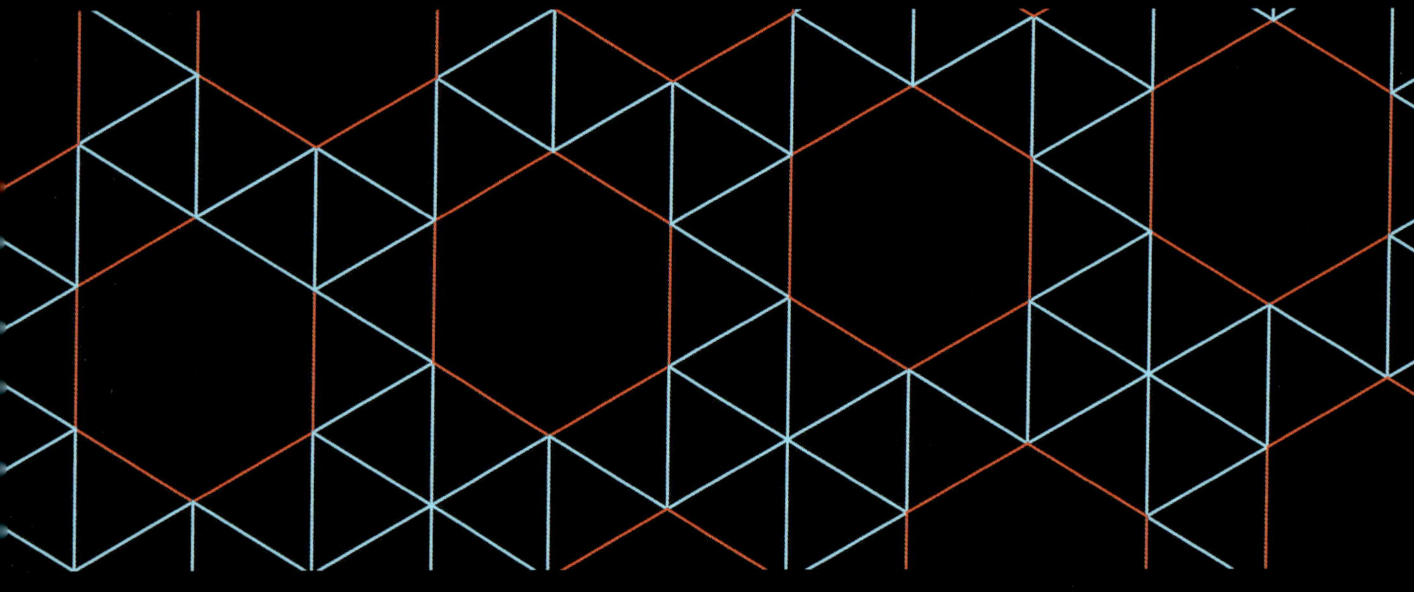

"정육각형과 정삼각형을 조합하면 '다듬은 정육각형 타일링'이 되고요."

"정십이각형과 정삼각형을 쓰면 '깎은 정육각형 타일링'이 됩니다…."

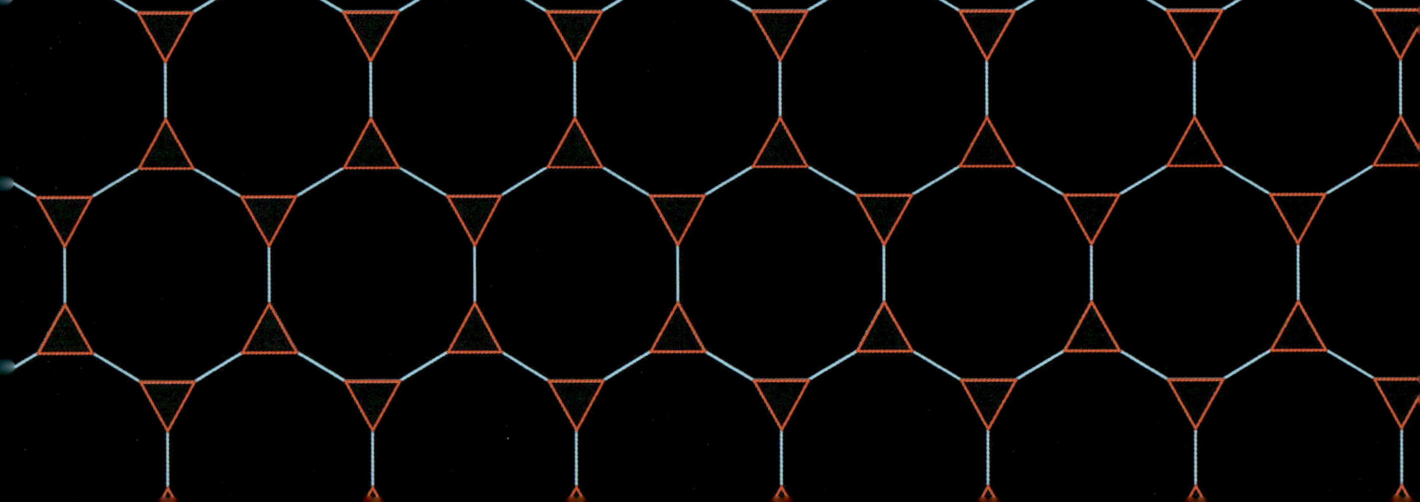

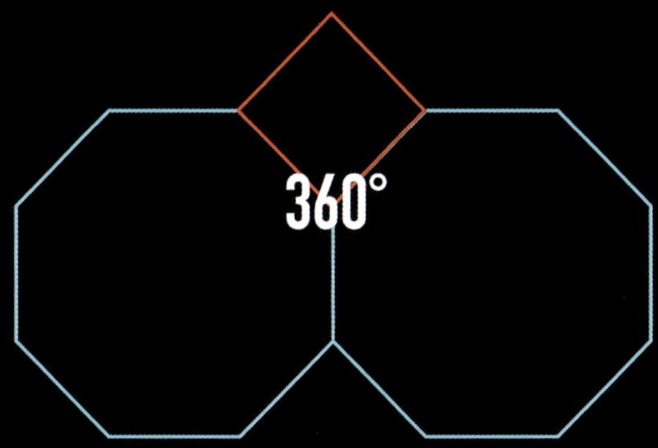

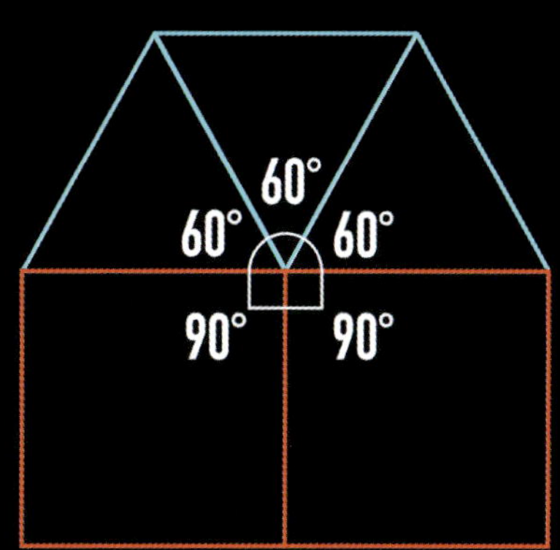

"반정규 타일링이란 정다각형이 언제나 똑같은 방식으로 만나는 구조를 말합니다. 예를 들어 '깎은 정사각형 타일링'은 모든 꼭짓점에서 정팔각형 두 개와 정사각형 하나가 만나요. 직각(90°) 하나에 135° 두 개를 더하면… 딱 맞아떨어지죠? 360°니까요!"

"정삼각형 세 개와 정사각형 두 개를 조합해도 360°를 만들 수 있는데, 이러면 '늘어난 삼각형 타일링' 같은 게 나옵니다."

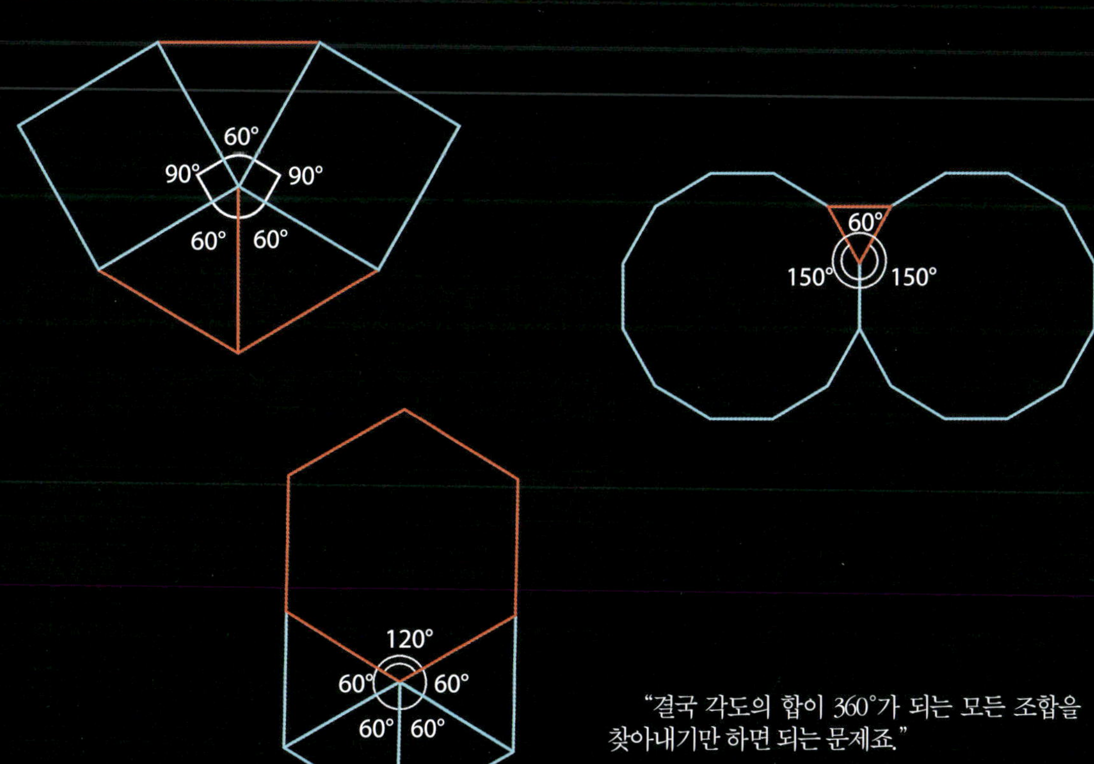

"결국 각도의 합이 360°가 되는 모든 조합을 찾아내기만 하면 되는 문제죠."

새롭고도 어딘가 기괴한 인테리어의 세계가
시야 끝자락에 산더미처럼 쌓여가는 동안,
당신은 온몸이 나른해지며 정신이 멍해지는
것을 느낀다….

“하지만 조심하세요!” 판매원이 끼어들었다. “이 타일들은 한정판이거든요.
딱 8종류밖에 없어요. 더도 말고 덜도 말고 딱 8개요! 네, 저도 압니다. 정타일링
3개에 반정규 8개를 합쳐봤자 고작 11개뿐이라니, 너무 적긴 하죠….”

당신이 그 정도면 아주 충분하다고 항의하기도 전에 판매원이 말을 이었다.
“다행히 우리에겐 불규칙 다각형도 있으니까요!”
그러더니 그는 방대한 종류의 사각형 타일들을 보여주었다. 정사각형, 직사
각형, 마름모, 사다리꼴 등등. 변이 네 개인 다각형이라면 그 어떤 모양이든 평면
을 가득 채울 수 있다는 설명과 함께.

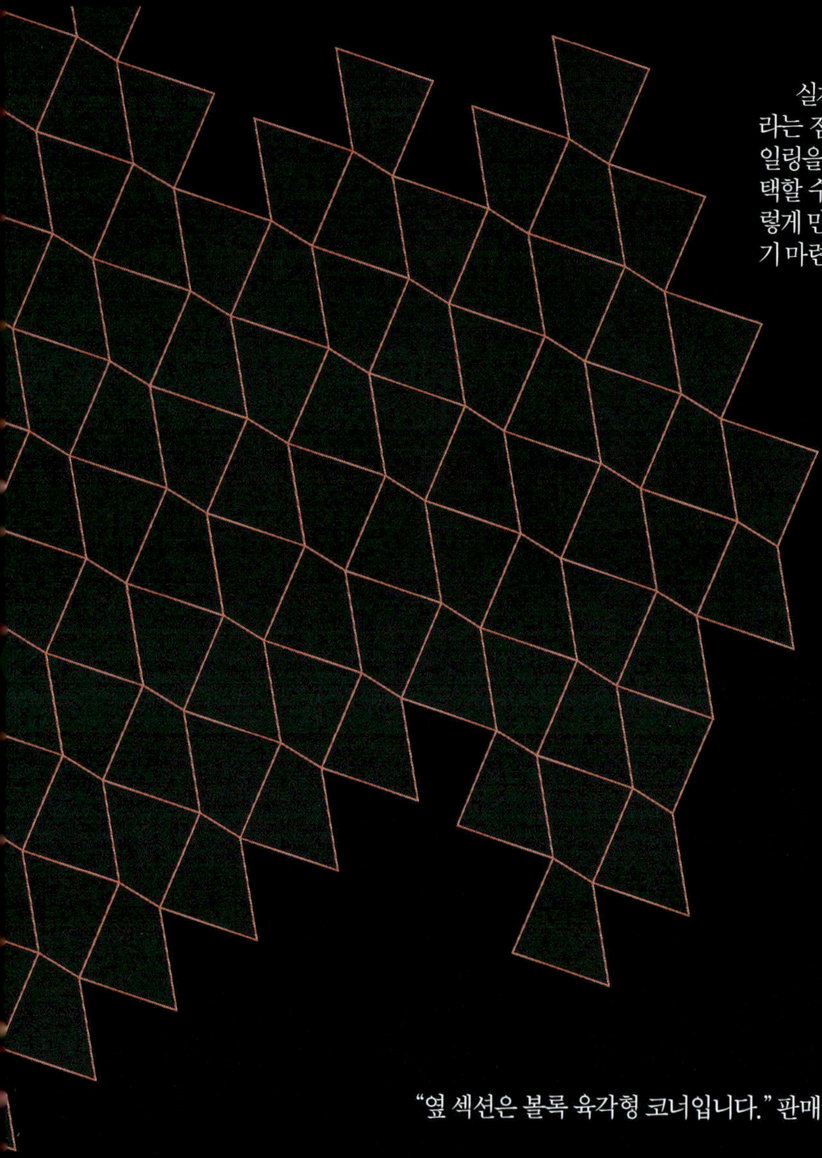

실제로 어떤 사각형이든 네 각의 합이 언제나 360°
라는 점을 이용하면, 그 어떤 모양의 사각형으로도 타
일링을 만들 수 있다는 사실을 증명할 수 있다. 즉, 선
택할 수 있는 타일의 종류가 무한하다는 뜻이지만, 그
렇게 만들어진 문양들은 어딘가 다들 비슷비슷해 보이
기 마련이다.

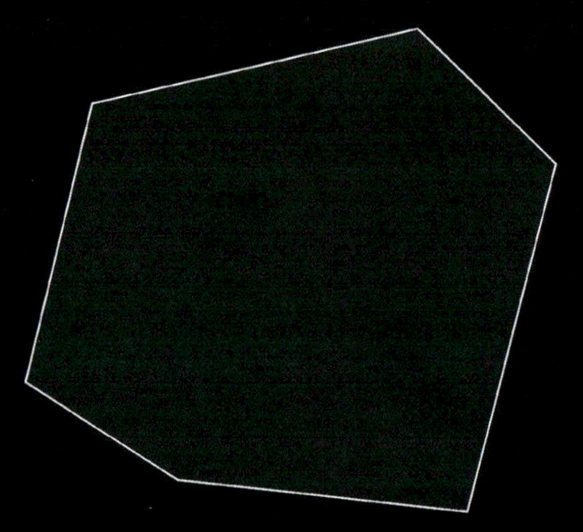

"옆 섹션은 볼록 육각형 코너입니다." 판매원이 말했다.

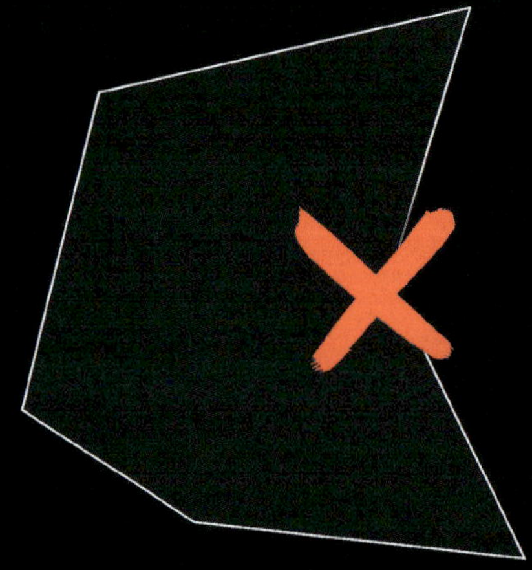

"여기가 훨씬 더 흥미로울 거예요. 볼록 육각형—그러니
까 오목하게 파인 곳이 없는 육각형—으로 평면을 채우려면
아주 정밀한 조건들을 만족해야 하거든요. 딱 세 가지 경우
가 존재하죠."

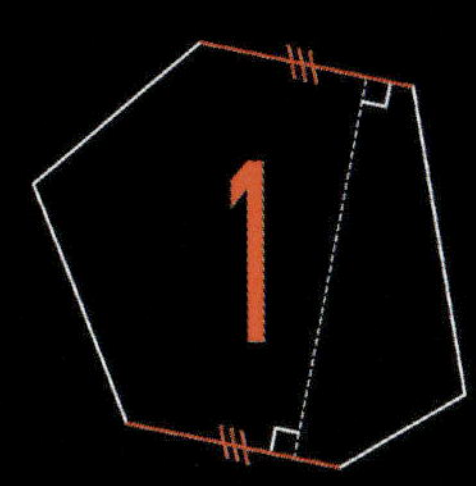

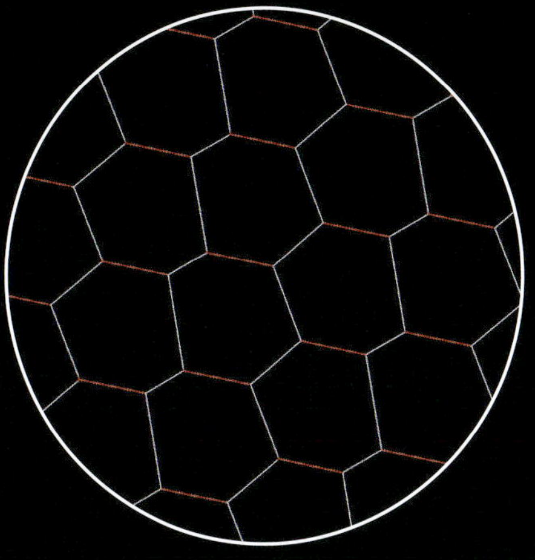

첫 번째 경우는 육각형의 서로 마주 보는 두 변이 평행하면서 길이도 같은 경우입니다. 이 똑같은 변들을 따라 타일을 착착 붙여 나가면 첫 번째 유형의 타일링을 만들 수 있죠.

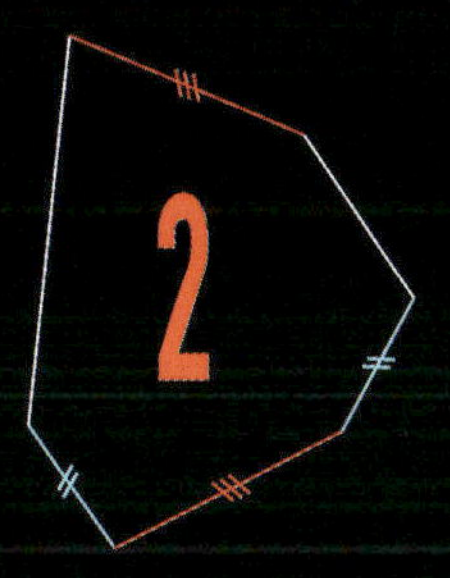

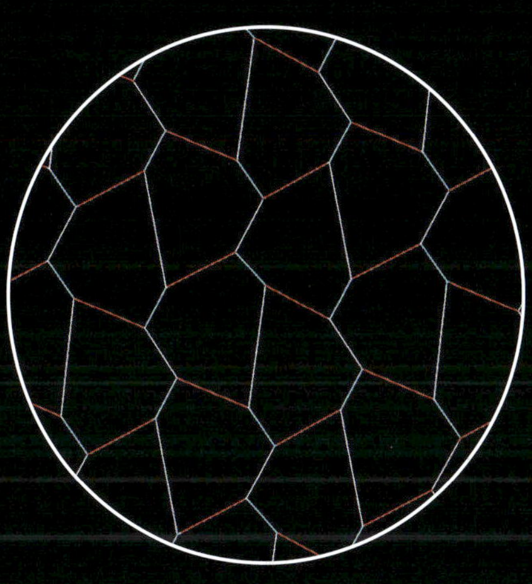

두 번째 경우는 육각형의 마주 보는 두 변의 길이는 같은데, 그중 한 변이 자신과 길이가 같은 또 다른 변들에 둘러싸인 형태입니다.

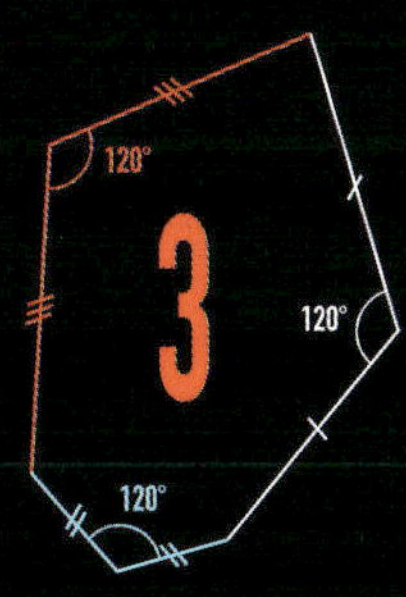

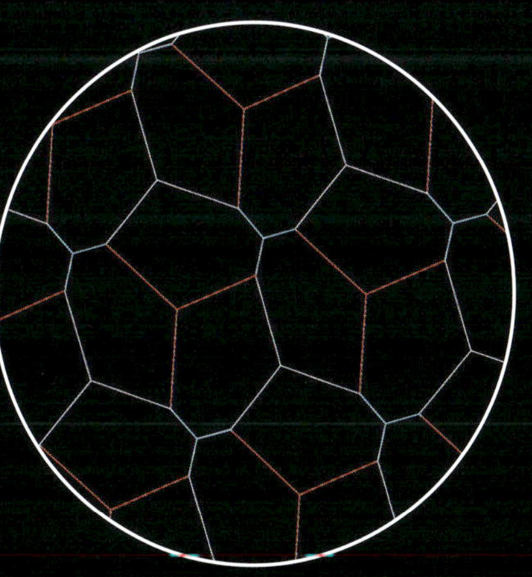

마지막 세 번째는 길이가 같은 변 세 쌍이 각각 120°의 각을 이루고 있는 육각형입니다. 이 타일들을 세 개씩 모아 붙이면 새로운 방식의 테셀레이션이 완성되죠.

결국 육각형 타일 코너에는 세 가지 큰 틀이 있고, 그 안에서 무한히 변형된 모양이 준비되어 있는 셈입니다.

"오, 그런데 손님 눈길이 오각형 타일 쪽으로 쏠려 있네요!" 당신은 그저 비상구 위치를 찾고 있었을 뿐인데, 판매원이 대뜸 외쳤다. "여기는 아주 역사가 깊은 코너랍니다."

1918

1918년, 독일의 수학자 카를 라인하르트는 자신의 박사 학위 논문에서 평면을 채울 수 있는 오각형의 모든 유형을 서술했다.

이미 확인했듯이 정오각형은 여기 포함되지 않지만, 라인하르트는 정다각형이 아닌 다섯 가지 유형의 오각형이 타일링을 만들어낼 수 있다는 사실을 증명해 냈다.

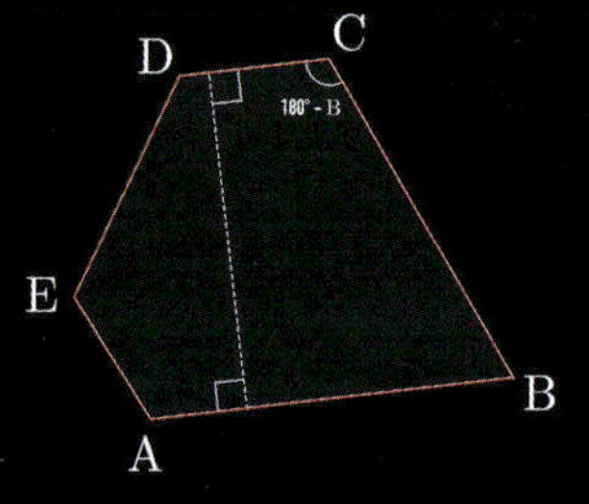

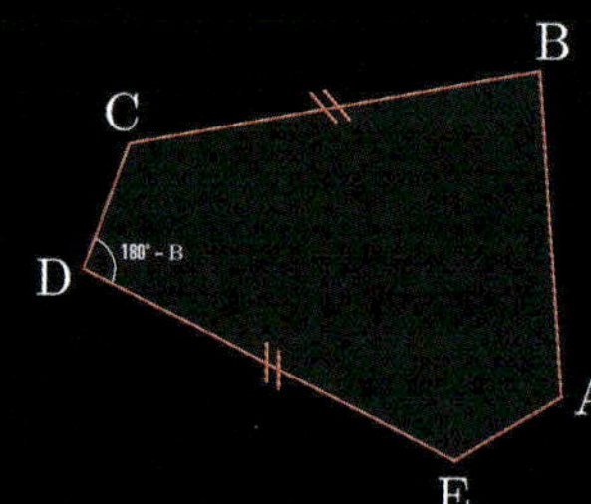

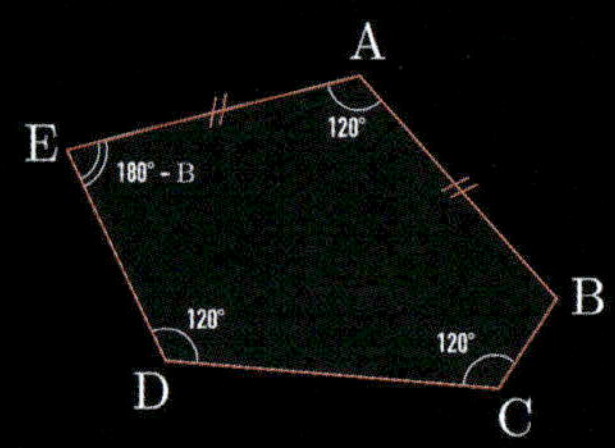

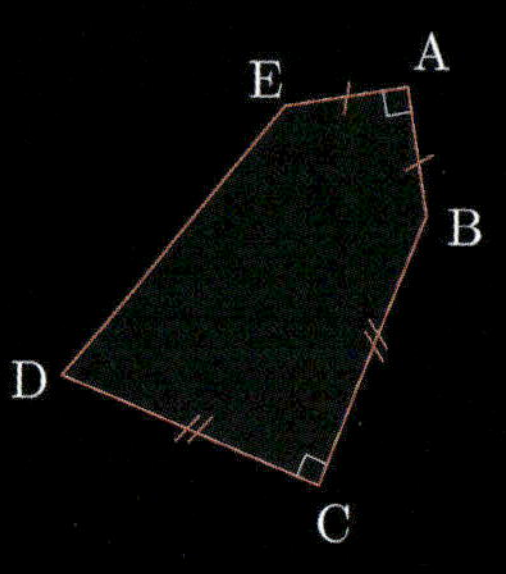

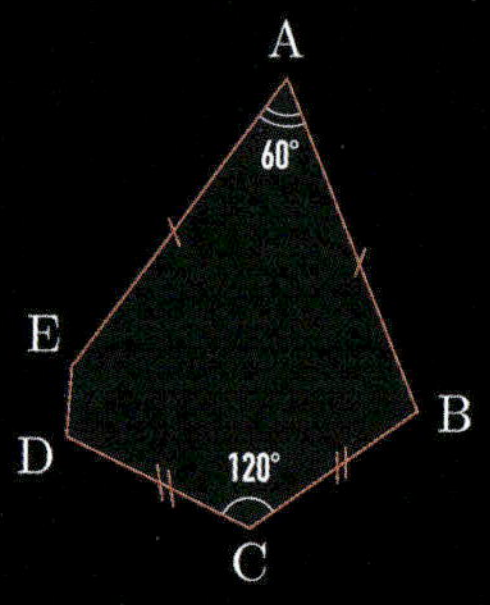

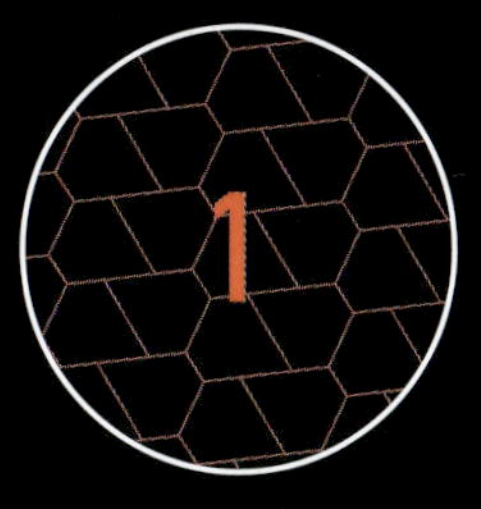  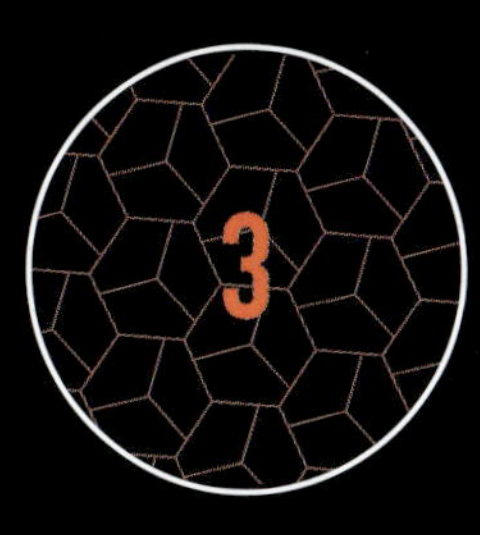 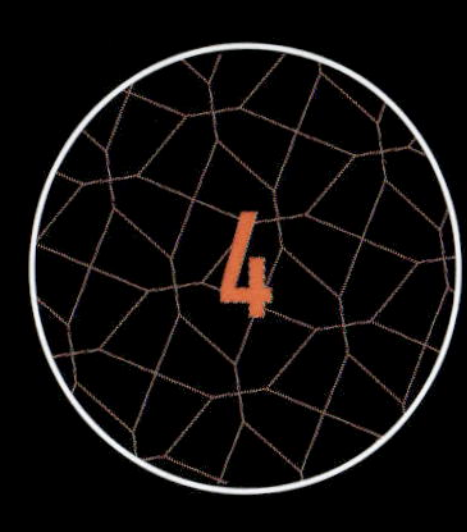 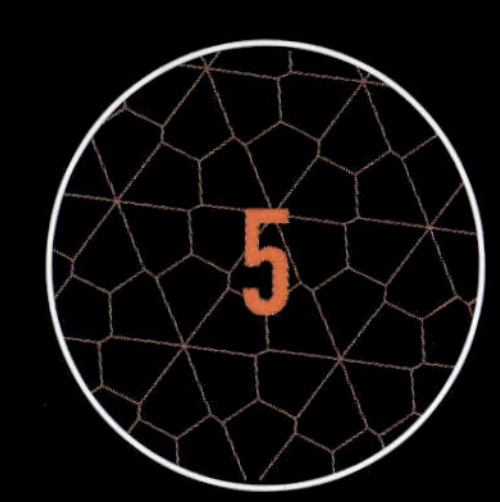

그렇게 다섯 종류의 오각형 타일링이 확정되었고,
그 상태로 50년이라는 세월이 흘렀다.
그러던 1968년, 미국의 리처드 커슈너가 세 가지 새
로운 오각형 유형을 추가로 발견했다.

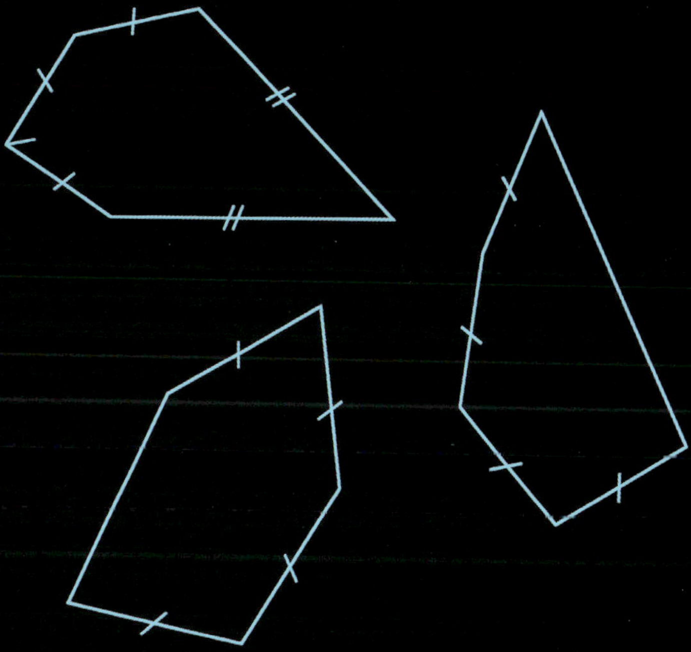

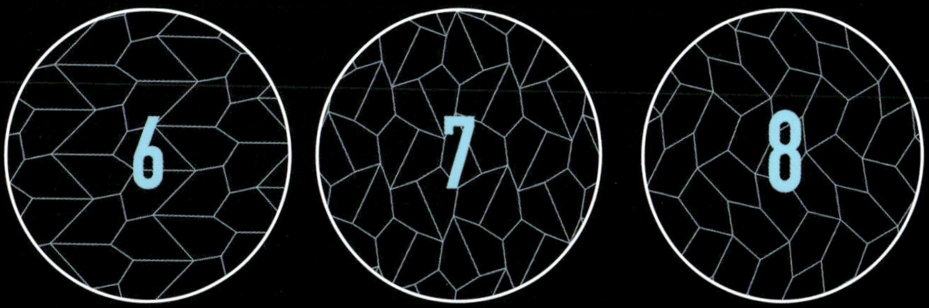

그는 이제 정말로 상황이 종료되었다고 단언했다. 증명 전체를 싣기에는 지면이
부족하지만, 오각형 타일링은 딱 8종류뿐이며 더는 존재하지 않으니 자신을 믿어도 좋
다고 말이다.

의미심장한 침묵이 흐른 뒤, 판매원이 다시 말을 이어갔다.
"하지만 이야기는 여기서 끝이 아닙니다! 1975년, 유명한 과학 저널리스트인 마틴 가드너가 커슈너의 발견에 관한 기사를 썼거든요. 오각형 타일링 문제가 학계의 담장을 넘어 대중들에게 알려진 거죠. 가드너는 곧 리처드 제임스라는 인물로부터 편지 한 통을 받게 됩니다. 자기가 새로운 타일을 발견한 것 같다는 내용이었죠…."

"결국 마틴 가드너는 아홉 번째 오각형 타일링의 발견을 알리는 새로운 기사를 쓰게 됩니다."

판매원은 신이 나서 말을 내뱉었다. "정말 믿기지 않는 일이죠? 하지만 이게 전부가 아니에요! 아들이 보던 잡지를 훑어보던 마조리 라이스라는 여성은—수학 교육을 전혀 받은 적이 없었는데도—이 기묘한 오각형 조합에 폭 빠졌고, 결국 네 종류의 타일링을 추가로 더 찾아냈습니다. 리처드 커슈너의 그 길고 길었던 증명이… 완전히 틀렸던 셈이죠!"

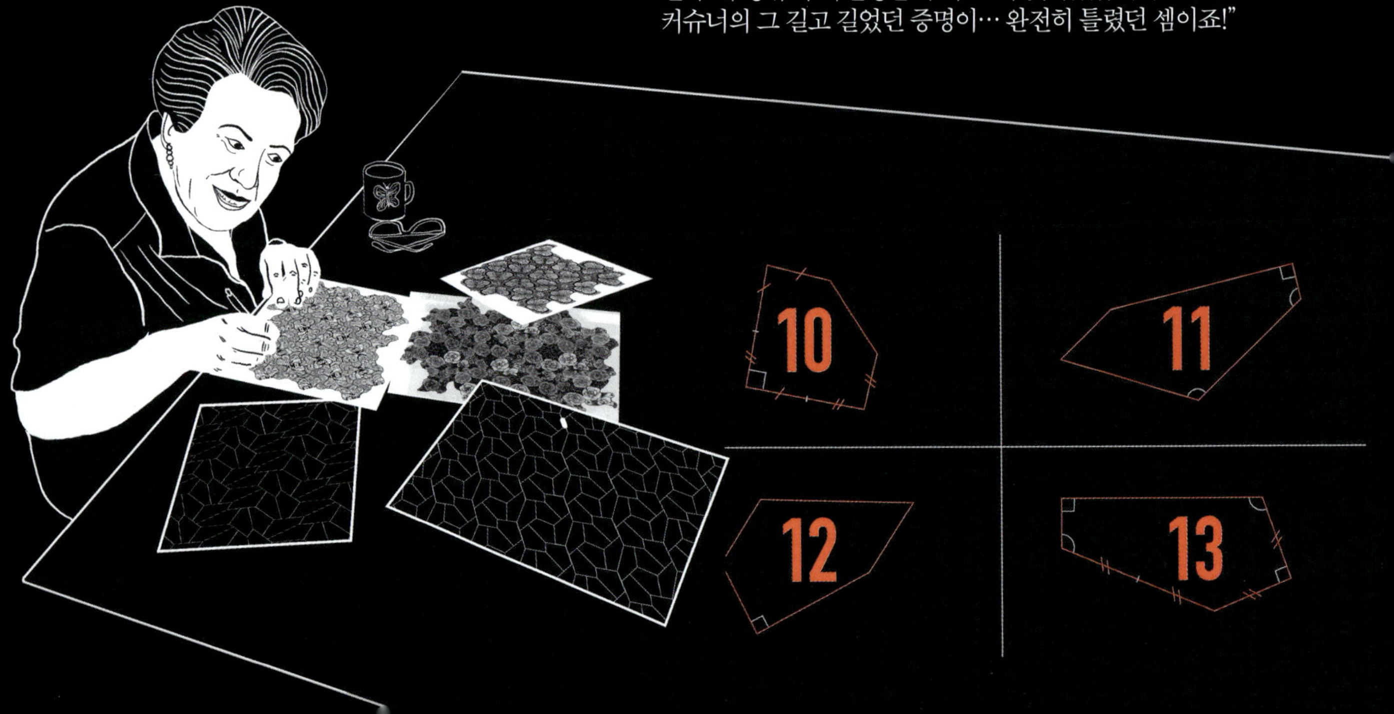

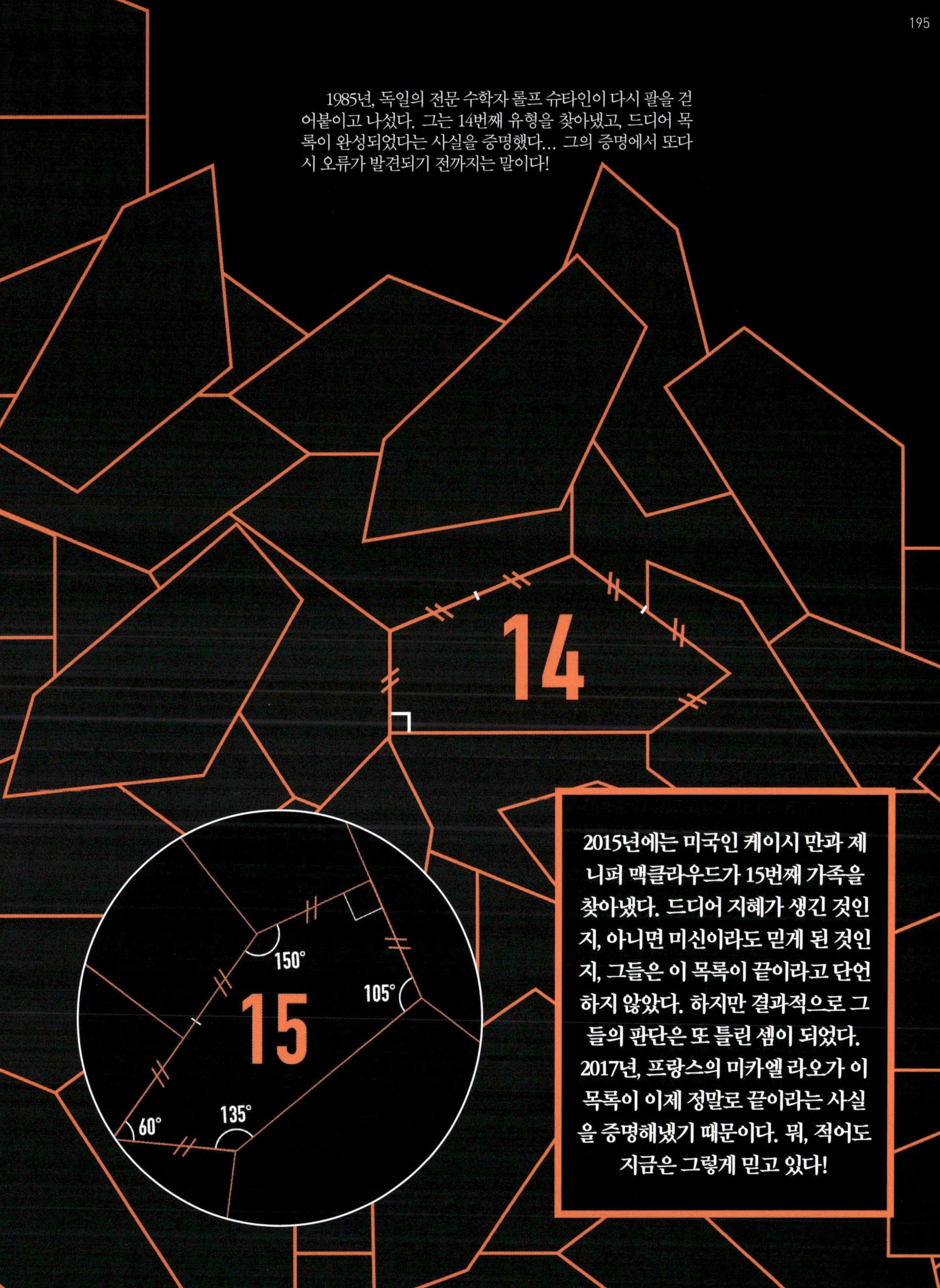
1985년, 독일의 전문 수학자 롤프 슈타인이 다시 팔을 걷
어붙이고 나섰다. 그는 14번째 유형을 찾아냈고, 드디어 목
록이 완성되었다는 사실을 증명했다... 그의 증명에서 또다
시 오류가 발견되기 전까지는 말이다!
14
150°
105°
15
60°
135°
2015년에는 미국인 케이시 만과 제
니퍼 맥클라우드가 15번째 가족을
찾아냈다. 드디어 지혜가 생긴 것인
지, 아니면 미신이라도 믿게 된 것인
지, 그들은 이 목록이 끝이라고 단언
하지 않았다. 하지만 결과적으로 그
들의 판단은 또 틀린 셈이 되었다.
2017년, 프랑스의 미카엘 라오가 이
목록이 이제 정말로 끝이라는 사실
을 증명해냈기 때문이다. 뭐, 적어도
지금은 그렇게 믿고 있다!

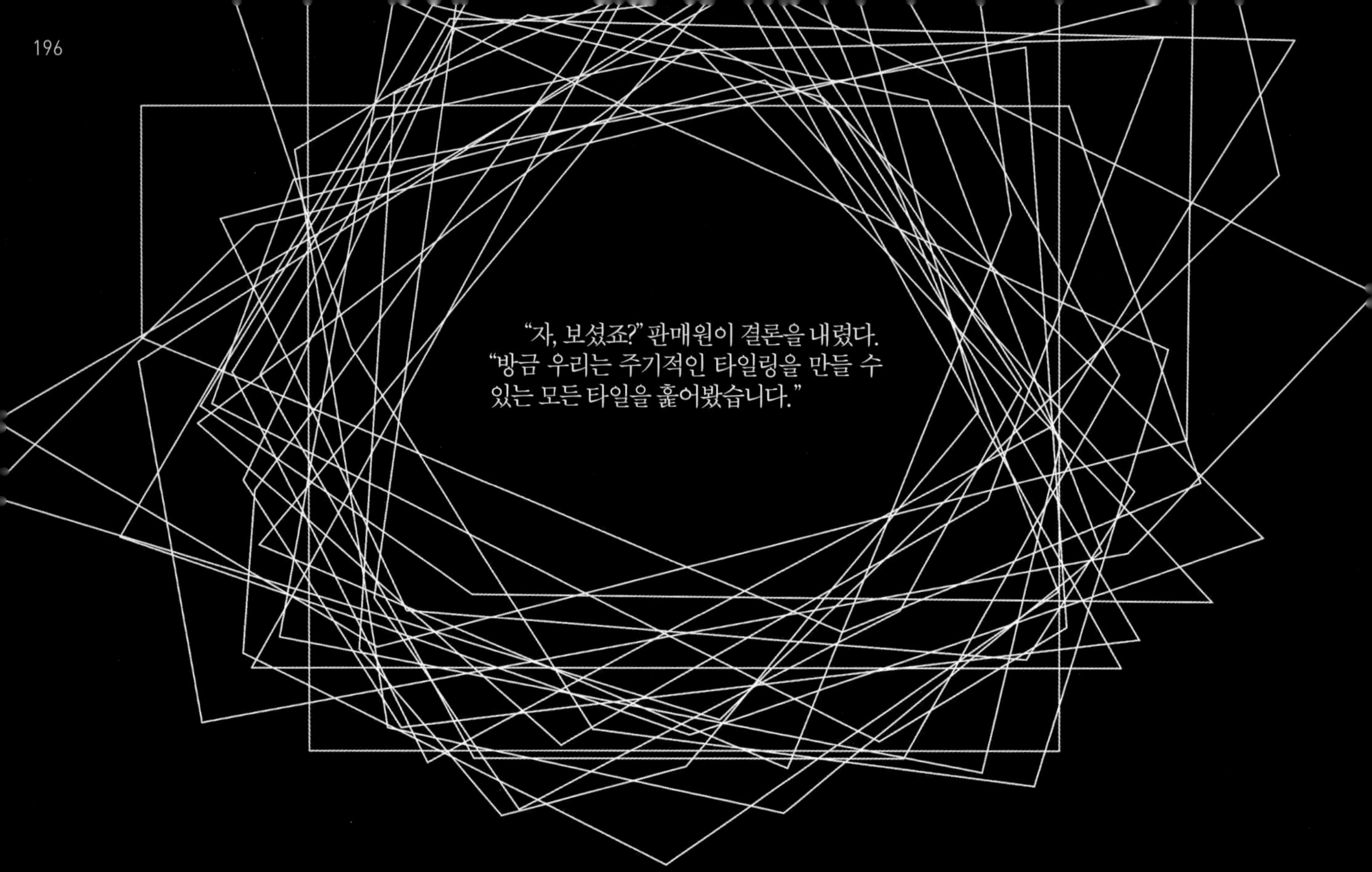

"자, 보셨죠?" 판매원이 결론을 내렸다.
"방금 우리는 주기적인 타일링을 만들 수
있는 모든 타일을 훑어봤습니다."

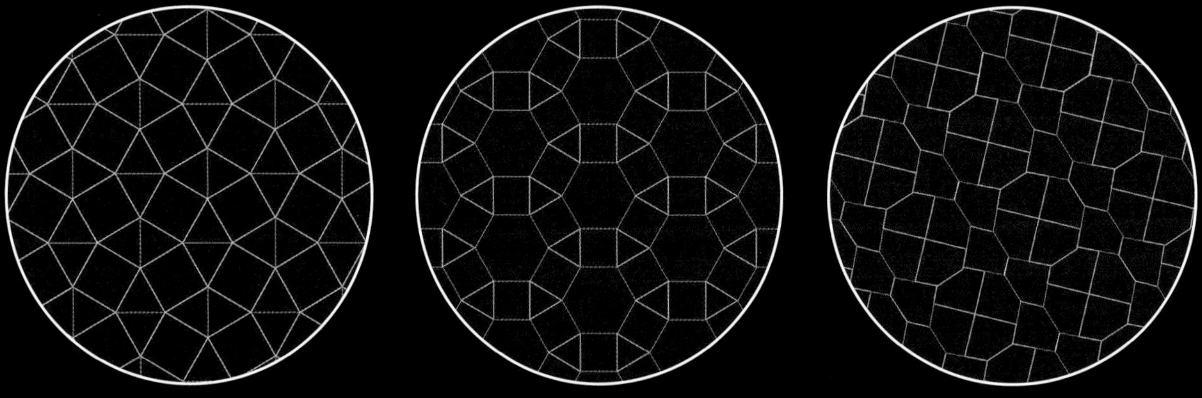

자, 그럼 뭐로 드릴까요? 반주기적
타일로 해드릴까요?

아니면 앙증맞은 마름모 육각형
조합은 어떠신지?

그것도 아니면… 마조리 라이스의
오각형 타일에 도전해 보시겠어요?

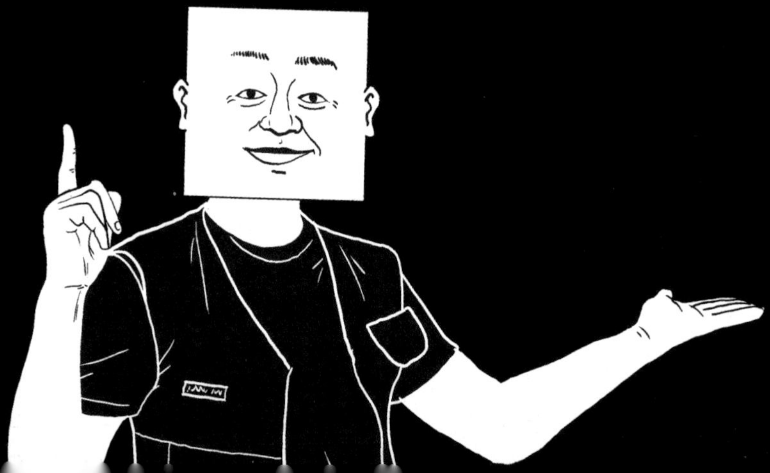

방금 머리 위로 쏟아진 15가지 무한한 오각형 타일 라인업에 정신이 아득해진 당신은, 아주 단순한 정사각형 타일 같은 걸 말해보려 입술을 달싹인다… 하지만 판매원은 당신의 그 멍한 표정을 완전히 오해하고 말았다.
"아! 알겠습니다. 좀 더 이국적인 걸 찾고 계시는군요!"
그러더니 그는 당신이 있는 줄도 몰랐던 어느 문으로 당신을 이끌었다. 그 문 너머에는 거대한 창고가 끝도 없이 펼쳐져 있었다…

"제가 지금까지 주기적 타일링, 그러니까 패턴을 평행 이동했을 때 똑같이 겹쳐지는 것들만 말씀드렸다는 걸 눈치 채셨나요?"

"하지만 비주기적 타일링이라는 것도 있답니다."

"예를 들어 저걸 보세요. 정사각형의 바다 한가운데에 직사각형 하나가 툭 놓여 있죠. 저건 아무리 평행 이동을 해도 원래 모습과 똑같이 겹칠 수가 없어요…."

당신의 처참한 표정을 본 판매원이 황급히 말을 덧붙였다.
"…물론, 그렇다고 저게 특별히 더 흥미롭다는 뜻은 아닙니다. 진짜 짜릿한 건 말이죠,"

진짜 흥미로운 것은 "타일이 무한히 뻗어 나가는데도 그 안에서 규칙적인 패턴을 전혀 찾을 수 없을 때랍니다. 그걸 바로 '비주기적 타일링'이라고 부르죠. 예를 들어 5회전 대칭성을 가진 '펜로즈 비주기 타일링' 같은 건… 정말 끝내주거든요!"

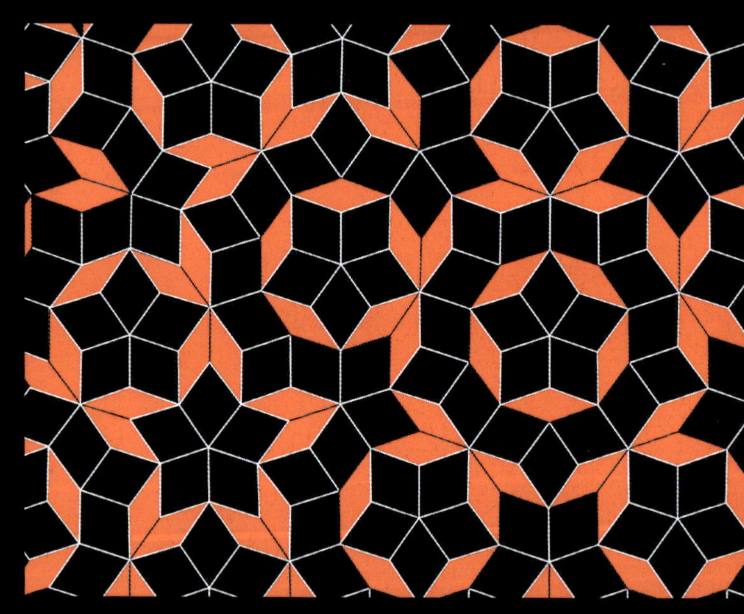

"아, 그리고 이런 것도 있어요. 기본 타일 하나가 무한히 많은 서로 다른 방향으로 배치되는 비주기적 타일링 말이에요…."

"아, 쌍곡 평면 타일링은 아직 꺼내지도 않았네요! 푸 앵카레 원반 같은 비유클리드 2차원 공간 말이에요, 기억 나시죠?"

"그런 공간에서는 그 어떤 정다각형으로도 평면을 채 울 수 있고, 심지어 변의 개수가 무한대인 다각형으로도 가능하답니다…."

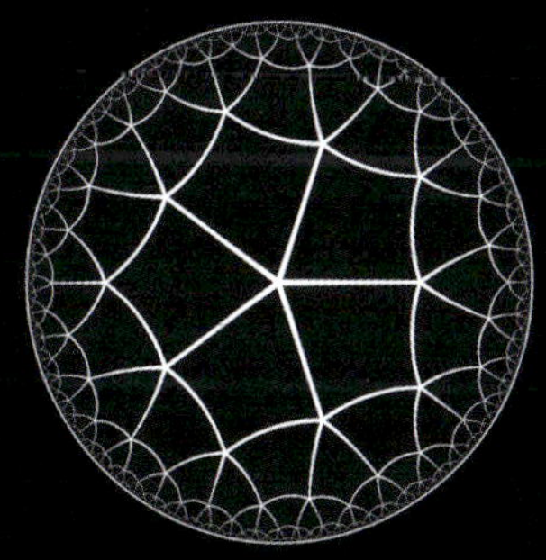
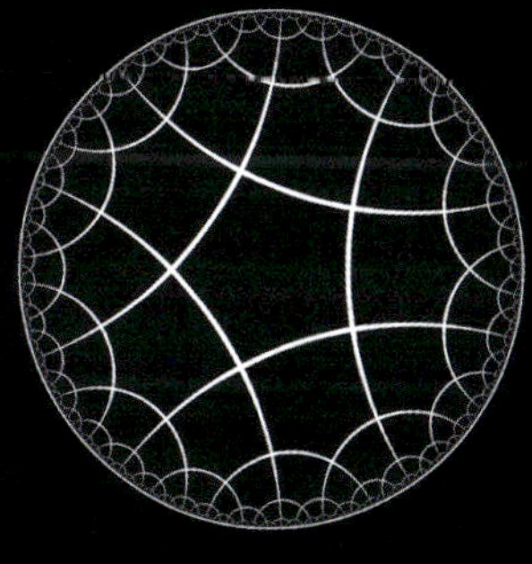
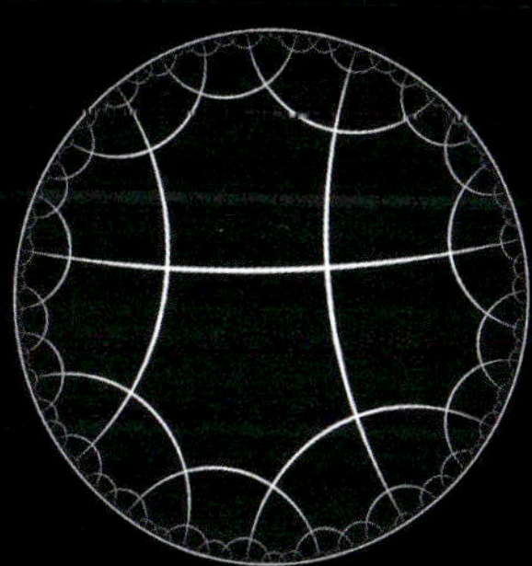

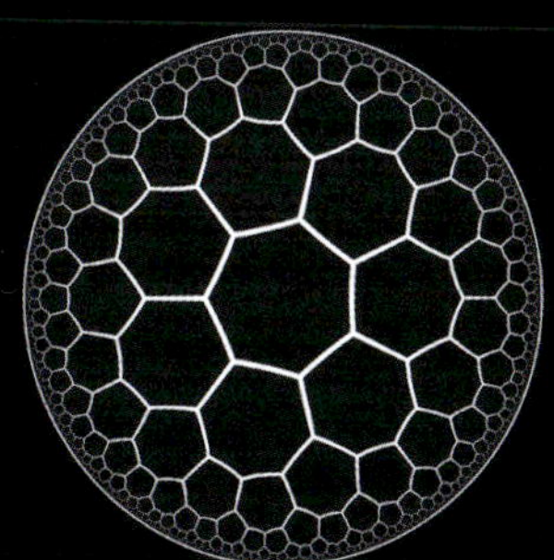
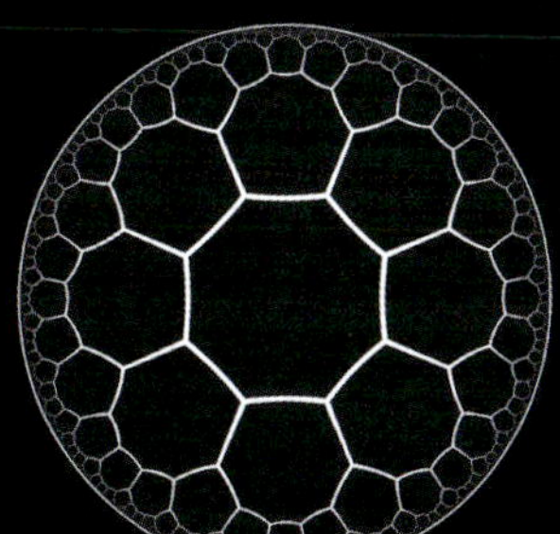
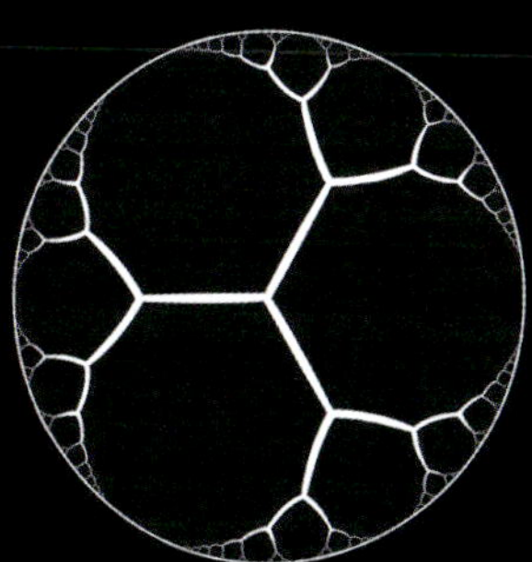

그 상상에 잠긴 판매원이 잠시 꿈꾸듯 멍해진
틈을 타, 당신은 마침내 말을 가로채며
속사포처럼 내뱉었다.
"그냥 체크무늬로 할게요. 검은색이랑 흰색으
로요. 아, 타일 본드도 한 통 주시고요!"

CHAPTER XIII

확장 그래프

니콜라 베르주롱 공저

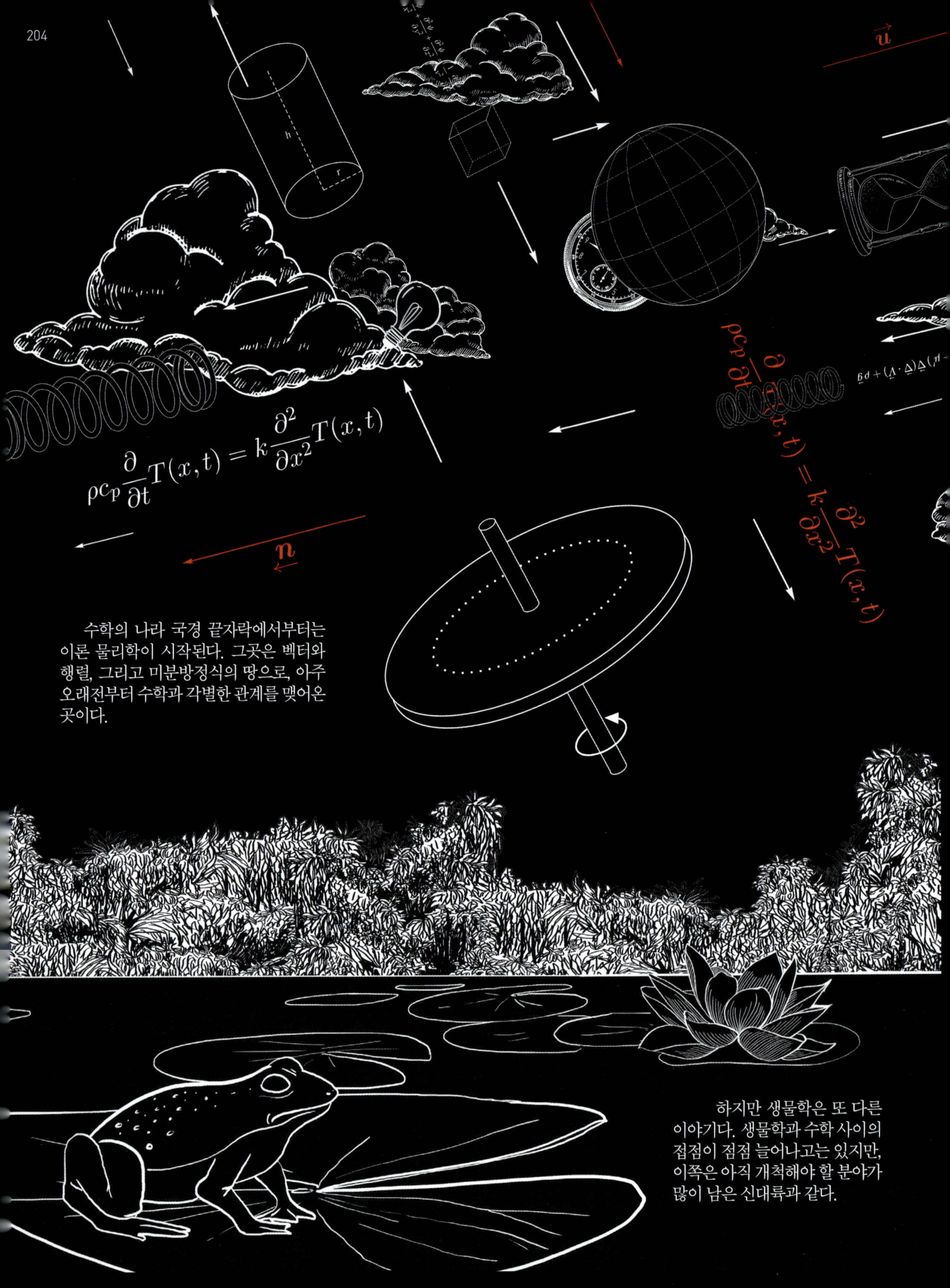

수학의 나라 국경 끝자락에서부터는 이론 물리학이 시작된다. 그곳은 벡터와 행렬, 그리고 미분방정식의 땅으로, 아주 오래전부터 수학과 각별한 관계를 맺어온 곳이다.

하지만 생물학은 또 다른 이야기다. 생물학과 수학 사이의 접점이 점점 늘어나고는 있지만, 이쪽은 아직 개척해야 할 분야가 많이 남은 신대륙과 같다.

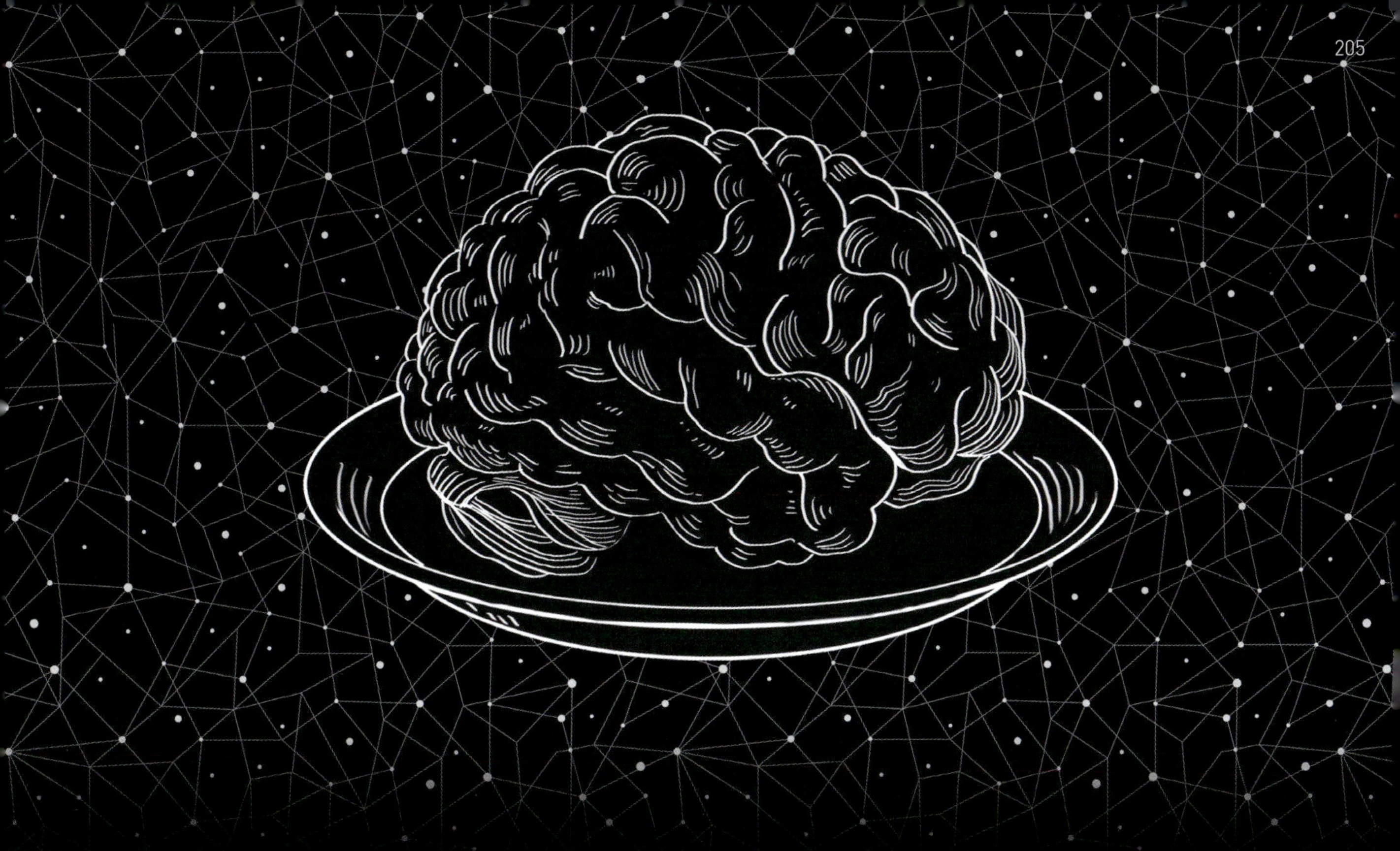

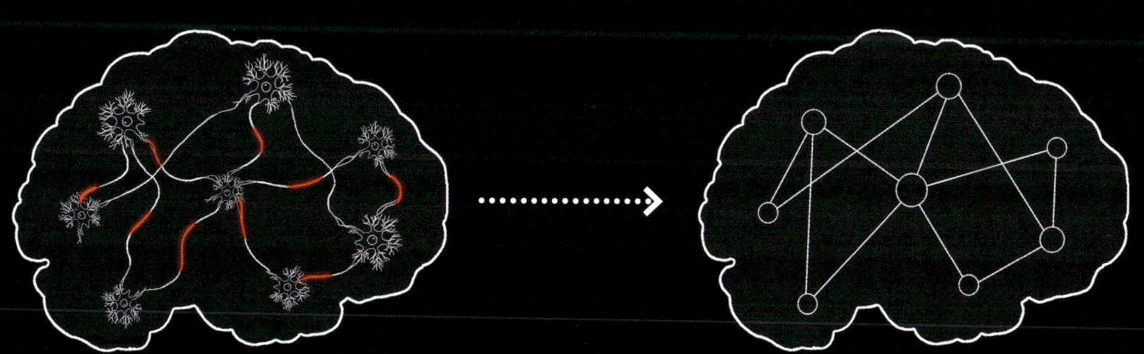

뇌를 예로 들어보자. 사람들은 딱딱한 학문인 기초 과학, 특히 수학이 이 말랑말랑한 물체에 대해 할 말이 별로 없을 거라고 생각할지도 모른다. 하지만 그건 착각이다!

수학자들은 단순한 대상을 다루는 데 익숙하니까, 그들이 길을 잃지 않도록 상황을 좀 단순화해 보자. 요컨대 뇌는 뉴런과 시냅스로 이루어져 있다. 뉴런은 신호를 받아 반응하며 또 다른 신호를 내보내고, 시냅스는 ―마침 잘됐는데― 뉴런에서 뉴런으로 신호를 전달하는 역할을 한다.

수학적인 사고방식을 가진 사람들에게, 이건 그냥 '그래프'라고 불리는 존재일 뿐이다.

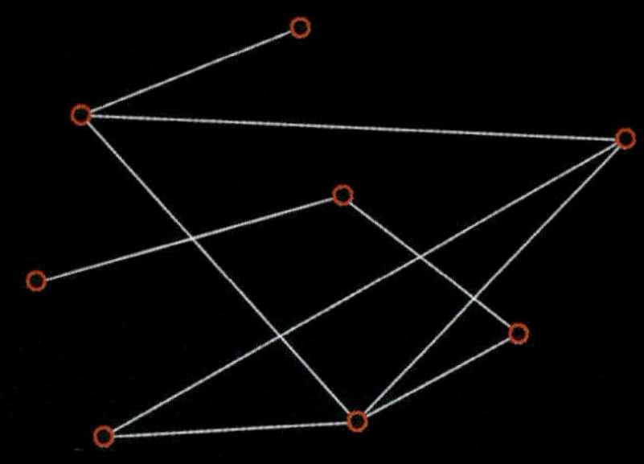

그래프란 여러 개의 꼭짓점이 선으로 연결된 집합을 말한다.

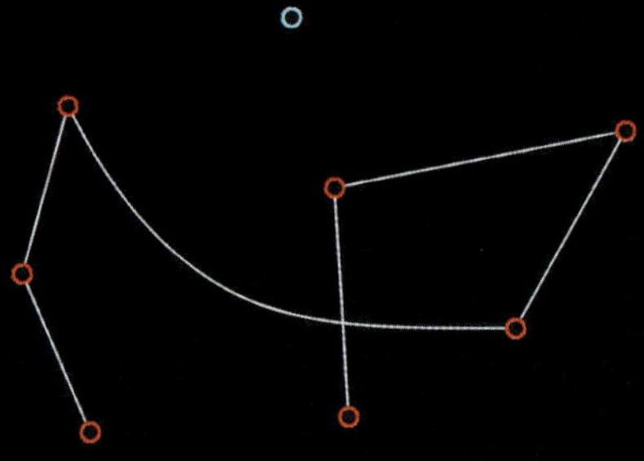

어떤 꼭짓점은 서로 전혀 연결되어 있지 않을 수도 있고…

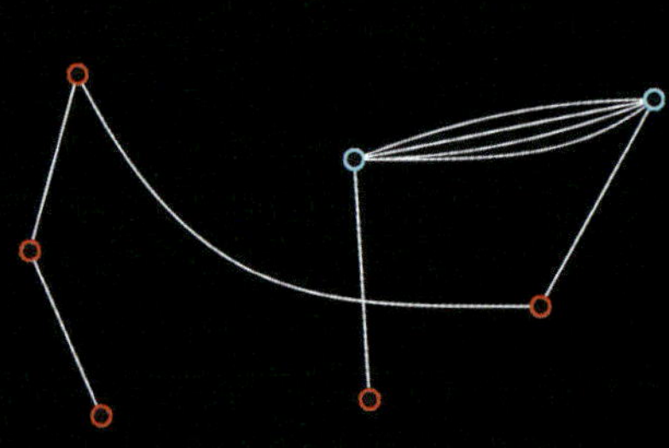

어떤 꼭짓점 쌍은 여러 개의 선으로 중복해서 연결될 수도 있다…

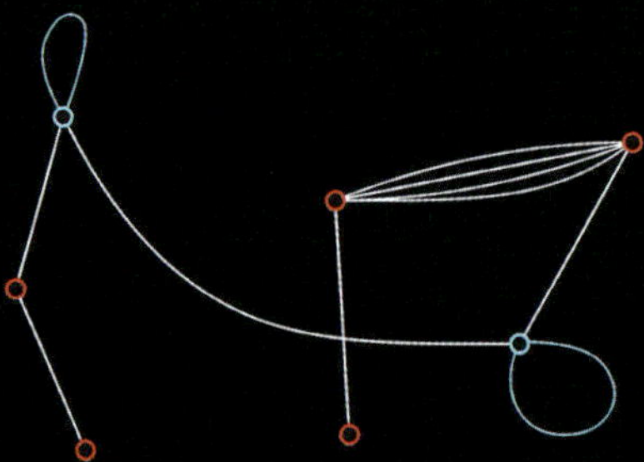

심지어 자기 자신으로 다시 돌아오는 선인 '루프'도 허용된다!

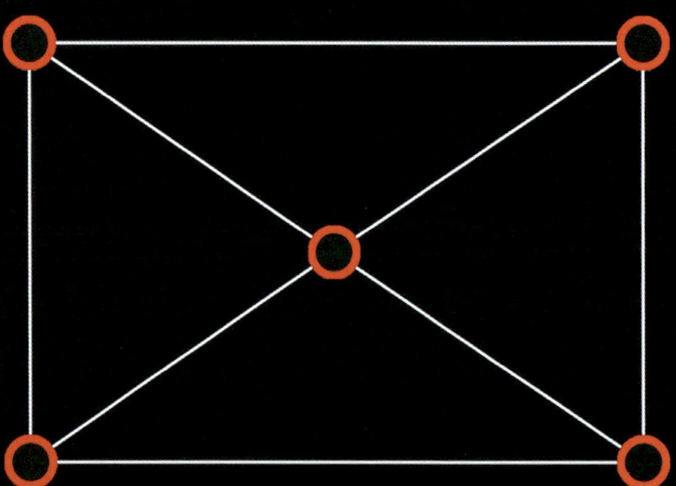

그래프는 철저히 추상적인 대상이다. 공간상에서
꼭짓점과 선이 어디에 위치하는지는 중요하지 않다.
오직 그들이 어떻게 연결되어 있는지만이 핵심이다.

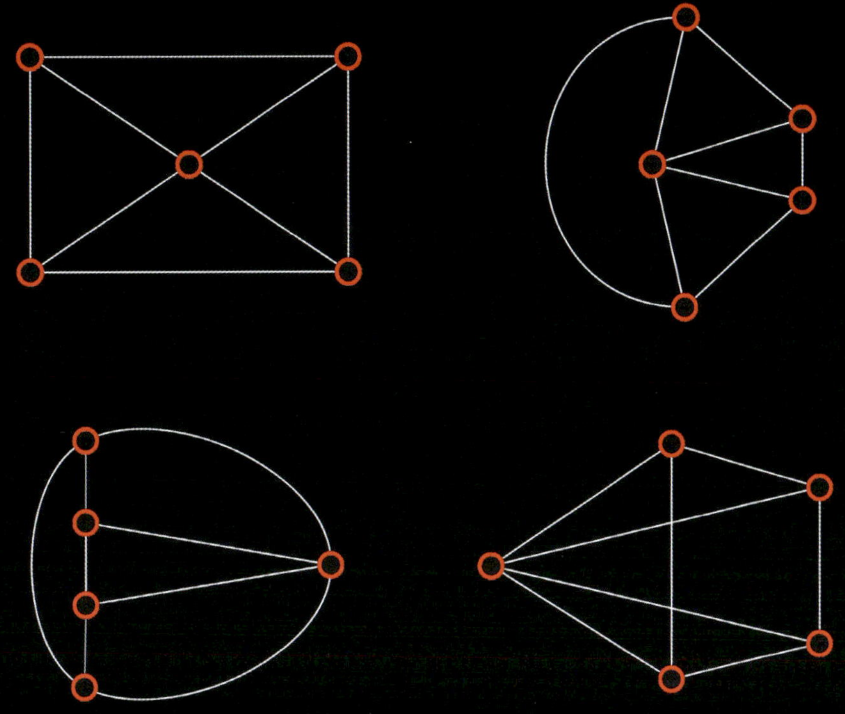

따라서 이 서로 다른 그림은 (연결 상태가 같다면)
수학적으로 완벽히 동일한 그래프다.

그래프가 속해 있는 수학의 영역은 바로 조합론이다. 사실 조합론은 하나의 독립된 지역이라기보다 여러 방법론의 집합체에 가깝다.

조합론은 어디에나 존재한다. 확률론, 기하학, 대수기하학, 군론, 해석학… 심지어 우리가 타는 지하철 안에도 말이다.

지하철 노선도 역시 일종의 뇌라고 볼 수 있다. 뉴런 대신 역을 두고, 시냅스 대신 선로를 놓는 식이다. 수학적으로 보면 둘 다 그래프에 불과하다.

더 거대한 그래프를 상상해 볼 수도 있다. 예를 들어 모든 인간을 꼭짓점으로 삼고, 서로 만난 적이 있는 사람들끼리 선으로 연결하는 그래프 말이다. 1929년의 한 단편 소설은 모든 인간이 단 다섯 명만 거치면 그 누구와도 연결될 수 있다는 가설을 제시하기도 했다.

그래프는 사회관계망(SNS), 질병의 확산,
컴퓨터 네트워크, 심지어 DNA 염기 서열을
연구하는 데에도 없어서는 안 될
필수적인 도구다.

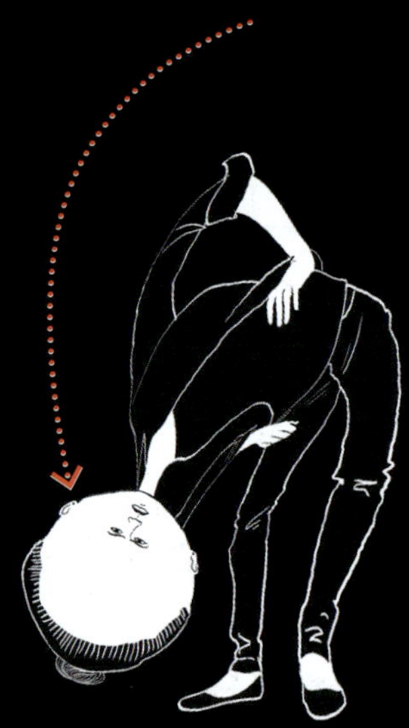

다시 뇌 이야기로 돌아가 보자.

여기에 한 가지 딜레마가 있다. 한편으로는 아주 똑똑해지고 싶고, 그러려면 잘 연결된 수많은 뉴런이 필요하다.

하지만 다른 한편으로는 아주 빨리 달리고 싶기도 한데, 그러려면 머리가 가벼워야(들고 다닐 만해야) 한다!

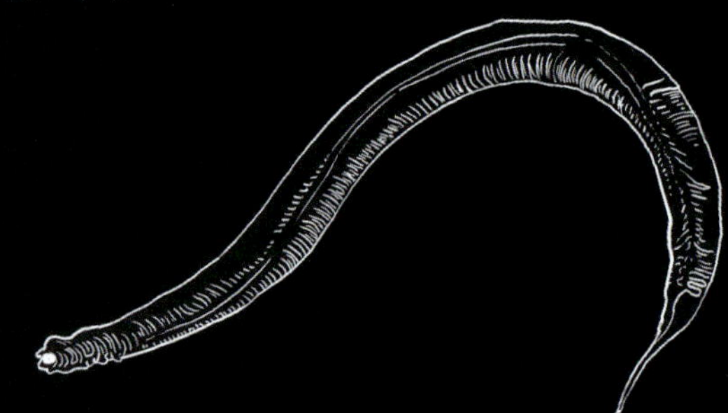

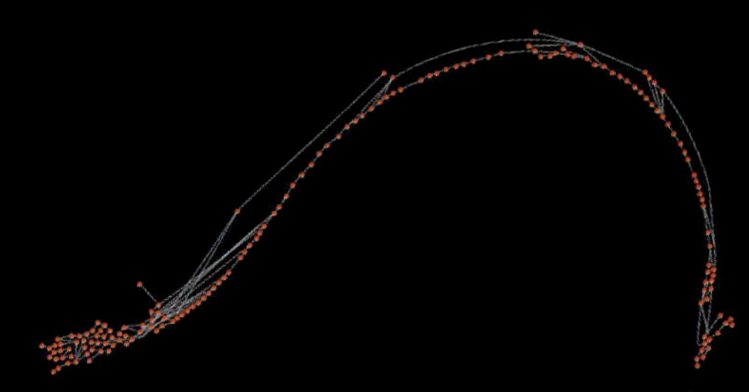

예를 들어 '예쁜꼬마선충'을 살펴보자. 몸길이 1mm의 이 벌레는 신경망 그래프가 완전히 밝혀진 유일한 동물이다. 뉴런은 302개, 시냅스는 약 8,000개 정도다. 하지만 솔직히 말해서, 이 녀석과 심도 있는 대화를 나누기엔 한계가 좀 있다.

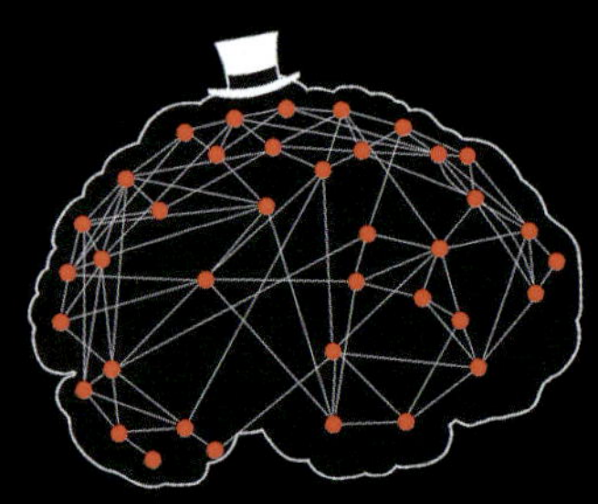

반면 인간의 뇌는 무려 1,000억 개에 달하는 뉴런을 가지고 있다. 이 방대한 양을 어떻게 모자(머리) 안에 다 집어넣을 수 있었을까? 바로 이 질문을 1960년대 말, 러시아의 수학자 안드레이 콜모고로프와 그의 동료 야니스 바르진이 연구하기 시작했다.

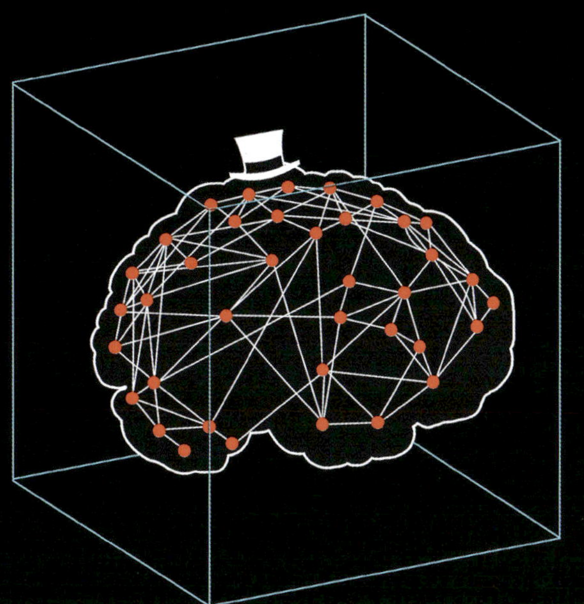

물론 그래프가 뇌를 모델링하기엔 다소 지나치게 단순한 도구일 수도 있다. 하지만 콜모고로프의 문제의식은 철저히 수학적이었다. '꼭짓점의 개수가 n개인 그래프를 담을 수 있는 정육면체의 최소 크기는 얼마인가?'

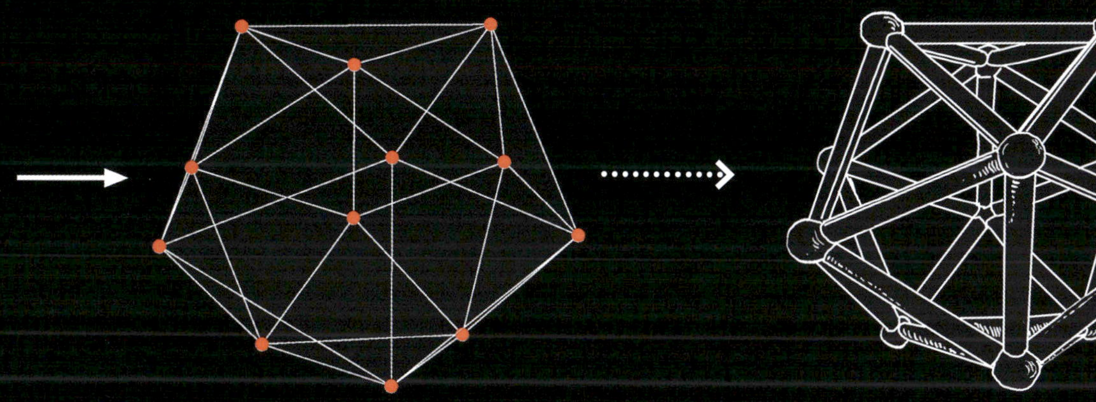

즉, 수학자의 머릿속에만 있던 추상적인 그래프를 3차원 공간상의 구체적인 물체로 구현해 보자는 제안이다.

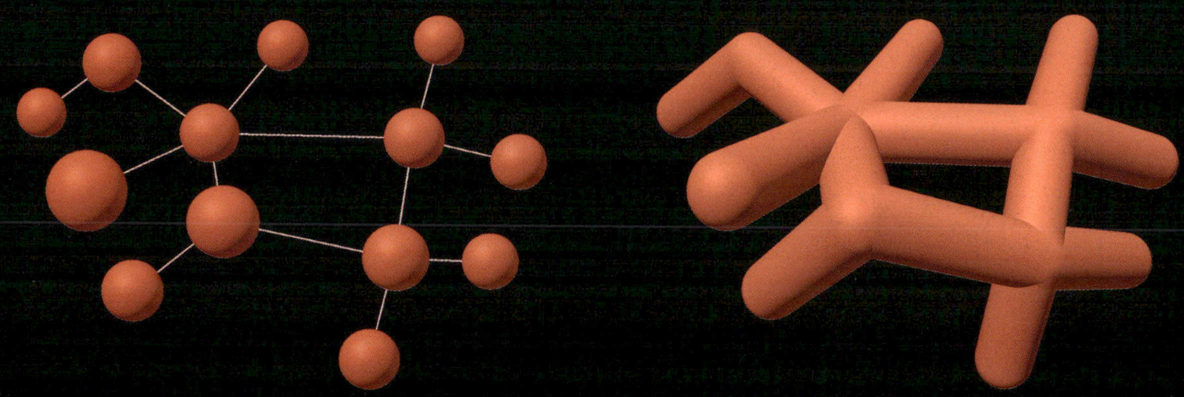

이 변환을 위해 우리는 한 가지 모델을 가정한다. 이제 꼭짓점은 단순한 점이 아니라 지름이 1인 작은 구슬이고, 선은 꼭짓점과 같은 반지름을 가진 늘어나고 휘어지는 튜브라고 상상하는 것이다.

연습 삼아 우선 선형 그래프부터 시작해 보자. 모든 꼭짓점이 직선을 따라 차례대로 하나씩 연결된 그래프 말이다.

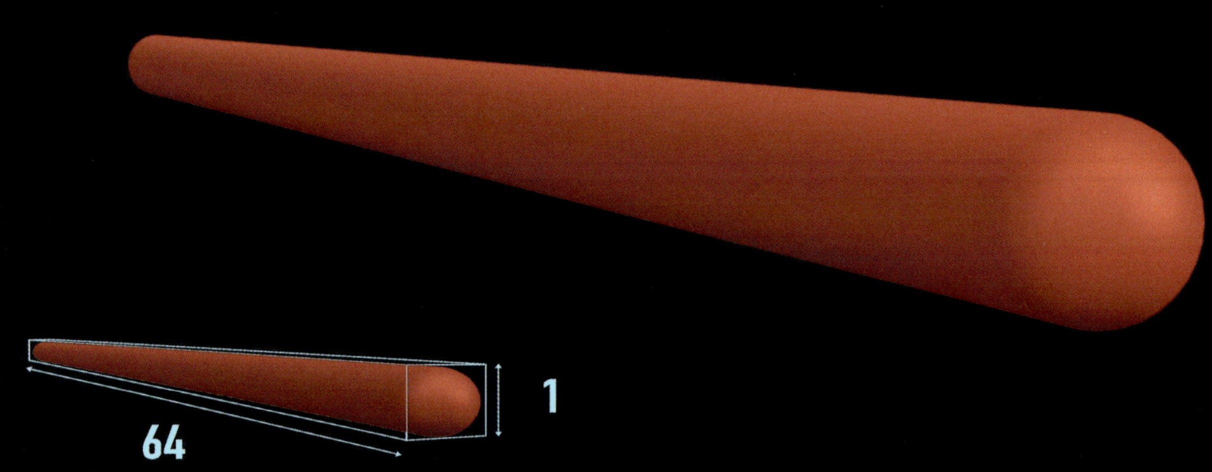

이제 이것을 입체로 옮겨보자.

두께가 1이고 꼭짓점이 64개인 그래프를 정렬하려면, 길이가 64인 긴 직사각형 상자가 필요하다.

하지만 그래프를 이리저리 잘 접으면, 한 변의 길이가 4인 정육면체 상자 안에도 집어 넣을 수 있다 (4 × 4 × 4 = 64니까). 이를 일 반화하면, 꼭짓점이 n개인 선형 그래프는 한 변의 길이가 $\sqrt[3]{n}$(n의 세제곱근)인 상자에 담 을 수 있다.

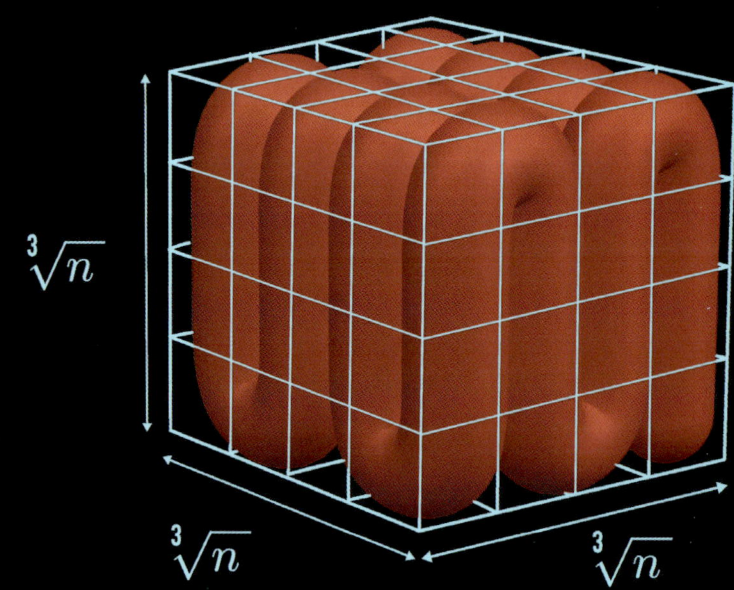

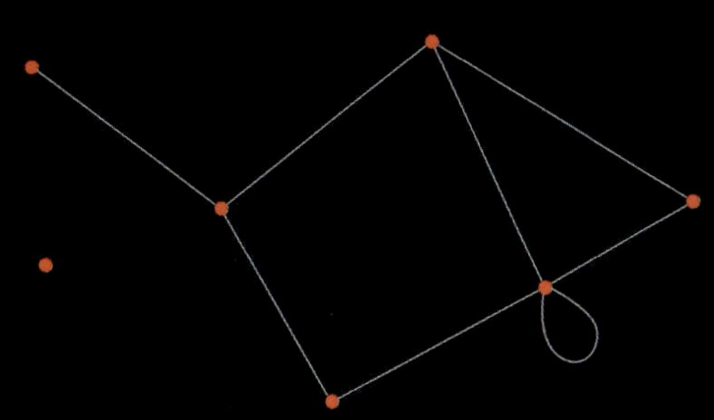

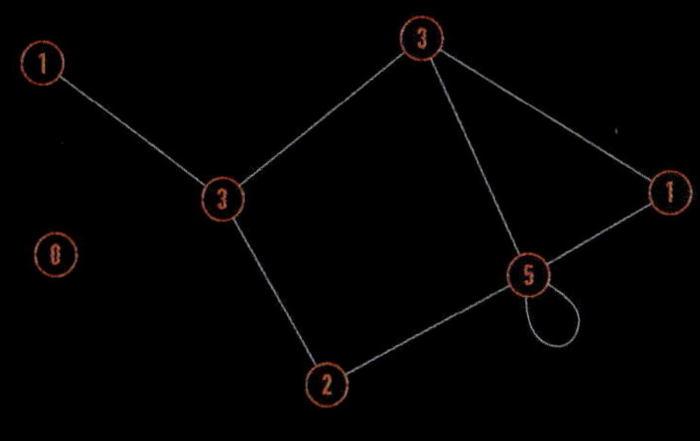

하지만 현실에서 마주하는 그래프는 선형이 아니다. 수많은 연결을 가지고 있으며, 수학자들은 이 연결의 수를 그래프의 '차수'라고 부른다.

한 꼭짓점에서의 차수란 그 점에 붙어 있는 선의 개수를 의미한다. 각 꼭짓점의 차수가 작으면 그래프가 '덜 삐죽삐죽하다'고 말하고…

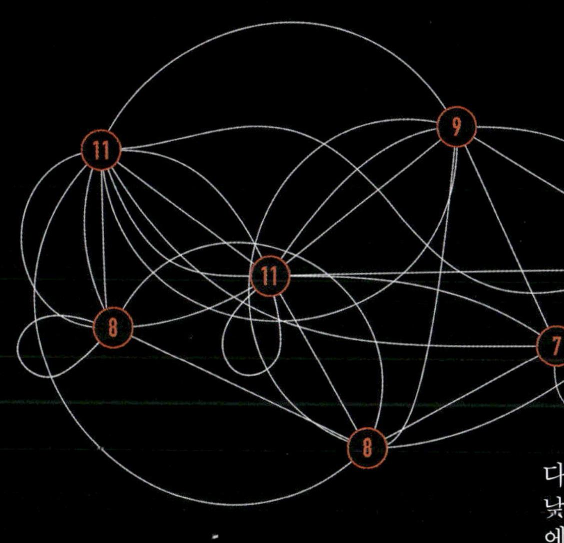

반대로 연결이 아주 많으면 '삐죽삐죽하다'고 표현한다.

이 개념을 장착했으니, 이제 콜모고로프의 질문을 다시 정의해 보자. "그다지 삐죽삐죽하지 않은(차수가 낮은) 유한한 그래프가 주어졌을 때, 이를 3차원 공간에 물리적으로 구현할 수 있는 가장 조밀한 방법은 무엇인가?"

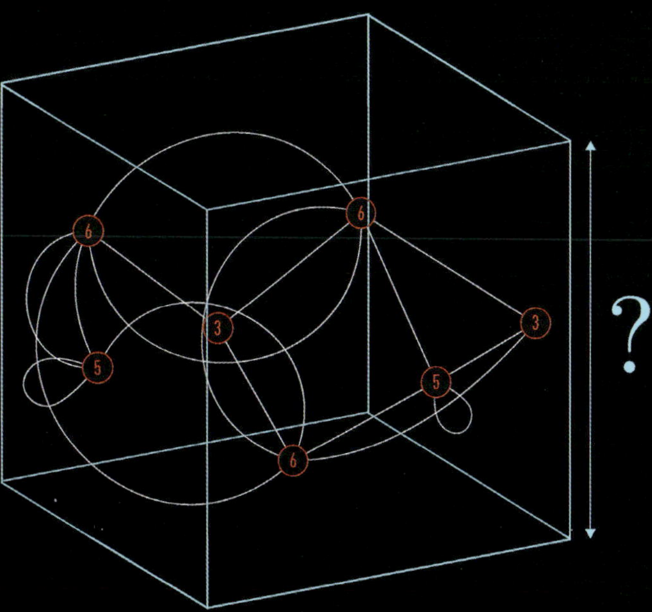

예를 들어, 꼭짓점이 100개이고 차수가 6 이하(각 점에
연결된 선이 6개 이하)인 유한 그래프를 생각해보자.

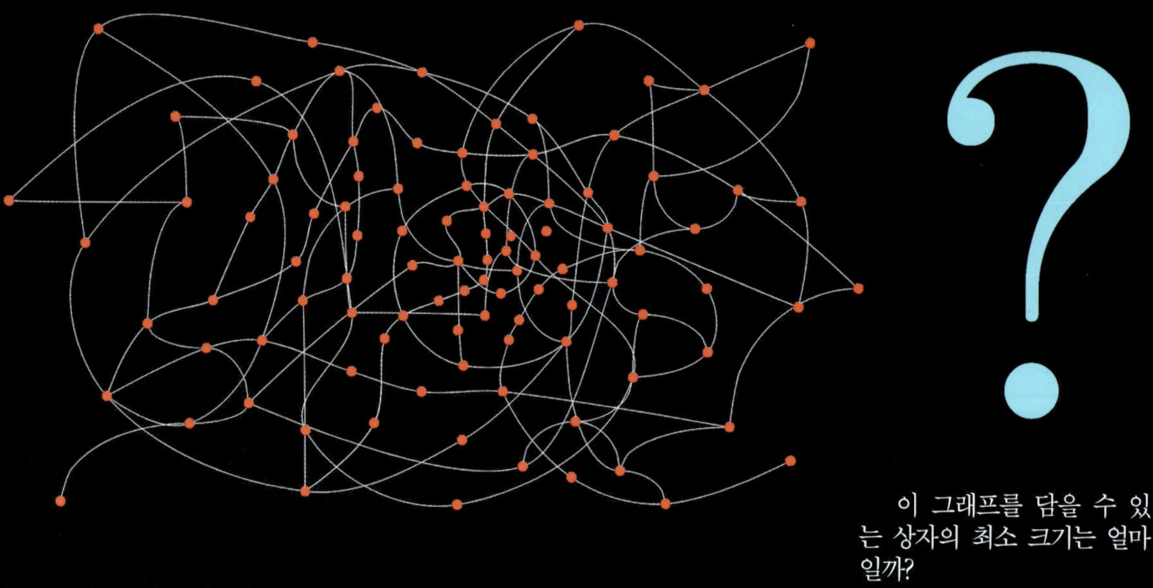

이 그래프를 담을 수 있
는 상자의 최소 크기는 얼마
일까?

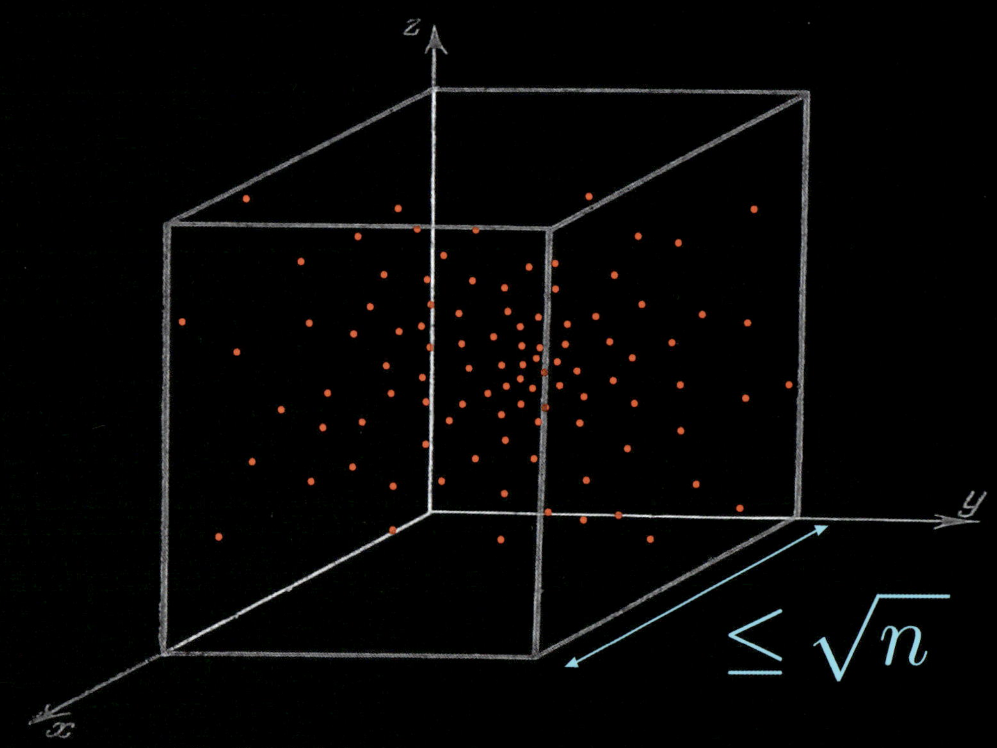

이 문제는 확실히 앞서 본 선형 그래프보다 복잡하다. 하지만 콜모고로프와 바르진은
다음과 같은 핵심적인 결론을 보여주었다. 차수가 6 이하인 꼭짓점 n개를 가진 모든 유한
그래프는—대략적으로—한 변의 길이가 $\sqrt{n}$(n의 제곱근)인 상자 안에 집어넣을 수 있다는
사실을 말이다.

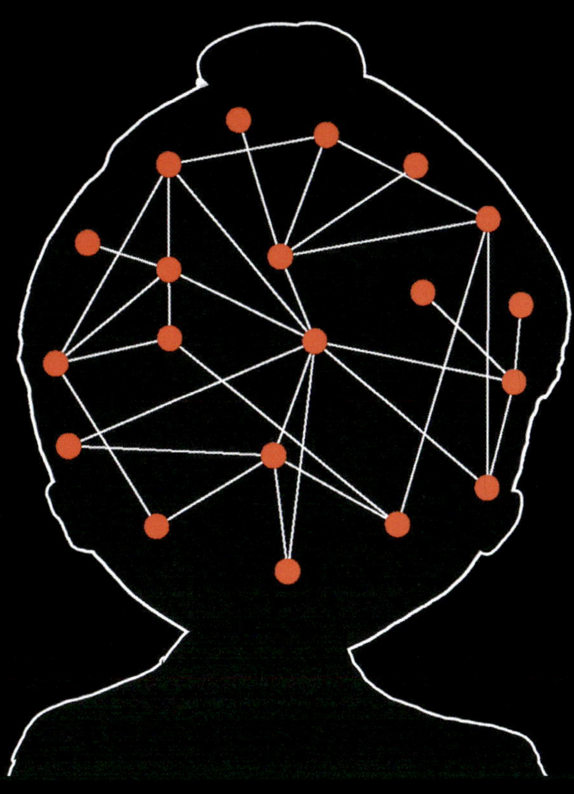

뉴런이 많다는 건 물론 좋은 일이다. 하지만 뇌에 있어서 크기만이 전부는 아니다. 제 기능을 발휘하려면 내 그래프―아니, 내 뇌―는 '훌륭한 확장 그래프'여야 한다.
그게 무슨 뜻일까?

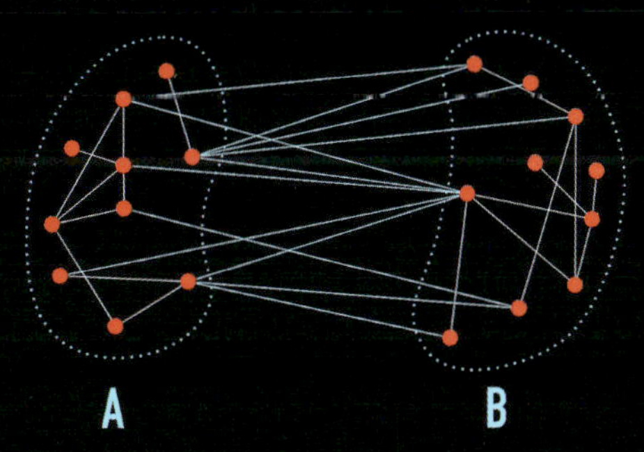

어떤 유한 그래프가 '훌륭한 확장 그래프'라는 것은, 꼭짓점을 비슷한 크기의 두 집단으로 나누었을 때 그 두 집단을 잇는 변의 개수가 아주 많다는 의미다. 전체 꼭짓점 수 대비 이 연결선의 비율이 높을수록 확장 그래프로서의 성능이 더 뛰어나다고 할 수 있다.

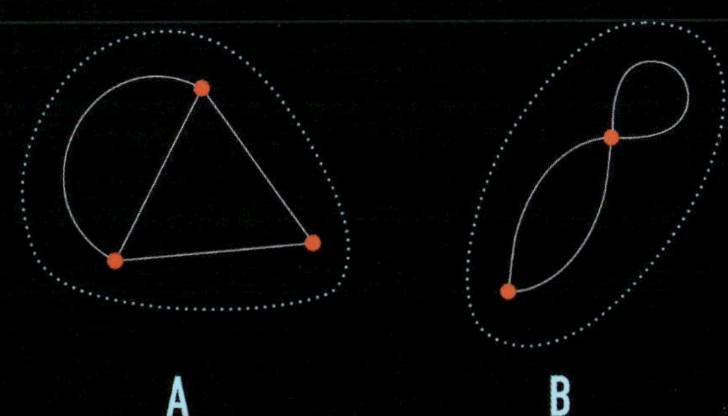

예를 들어, 완전히 두 덩어리로 뚝 떨어져 있는 그래프는 전혀 확장 그래프가 아니다. 이런 경우를 '0-확장 그래프'라고 부른다.

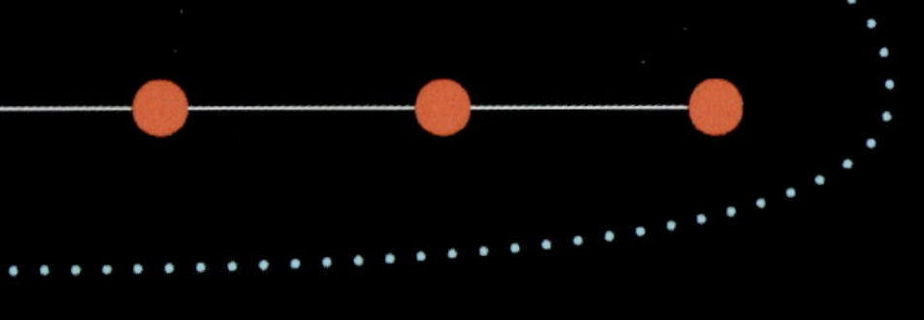

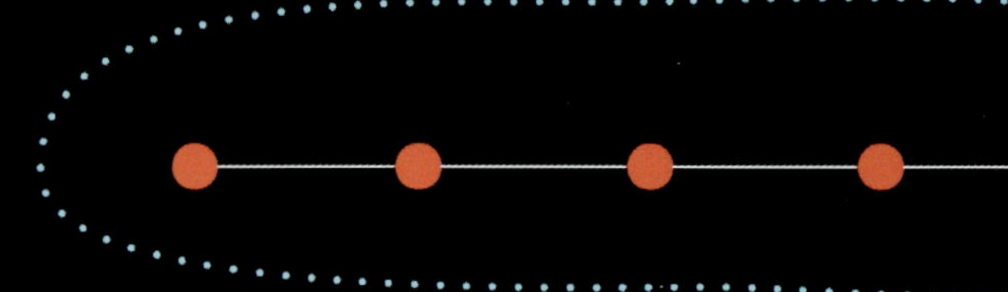

앞서 보았던 선형 그래프 역시 아주 형편없는 확장 그래프다. 선 하나만 툭 끊어도 그래프가 두 그룹으로 완전히 분리되어 버리기 때문이다.

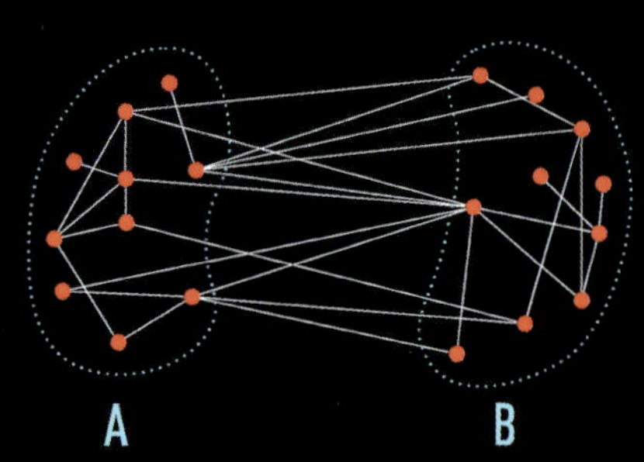

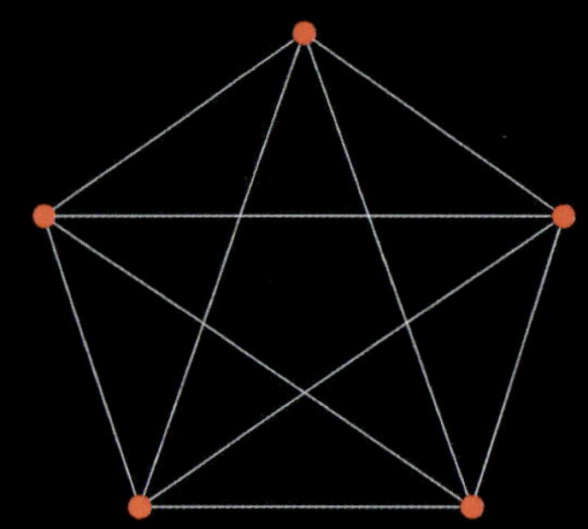

홀륭한 확장 그래프는 그 반대다. 어떤 방식으로 두 집단을 나누더라도, 두 그룹을 연결하는 선이 여전히 많이 남아 있어야 한다. 즉, 확장 그래프는 '견고한' 네트워크를 의미한다. 사고로 선 몇 개가 부서지더라도 네트워크가 두 동강 나지 않기 때문이다.

가장 완벽한 확장 그래프는 모든 꼭짓점이 서로 연결된 완전 그래프다.

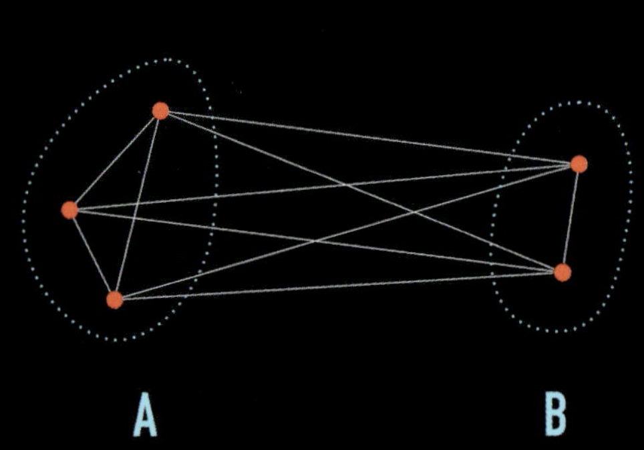

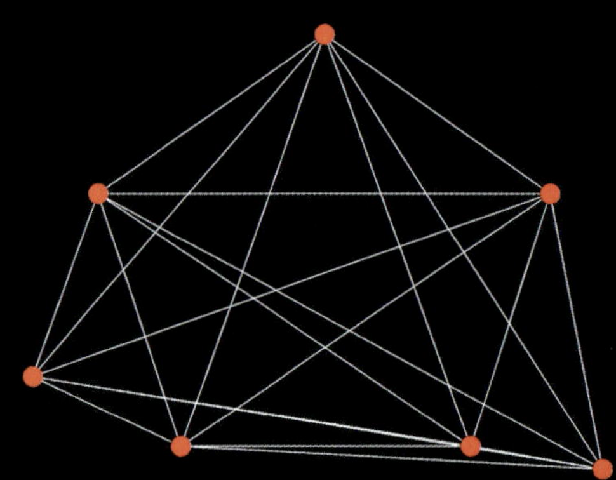

이 완전 그래프를 비슷한 크기의 A와 B 두 덩어리로 나누면, 두 그룹 사이에는 필연적으로 엄청나게 많은 선이 존재하게 된다.

하지만 완전 그래프는 실용적이지 않다. 꼭짓점을 하나 추가할 때마다 그래프의 차수가 1씩 계속 늘어나기 때문이다…

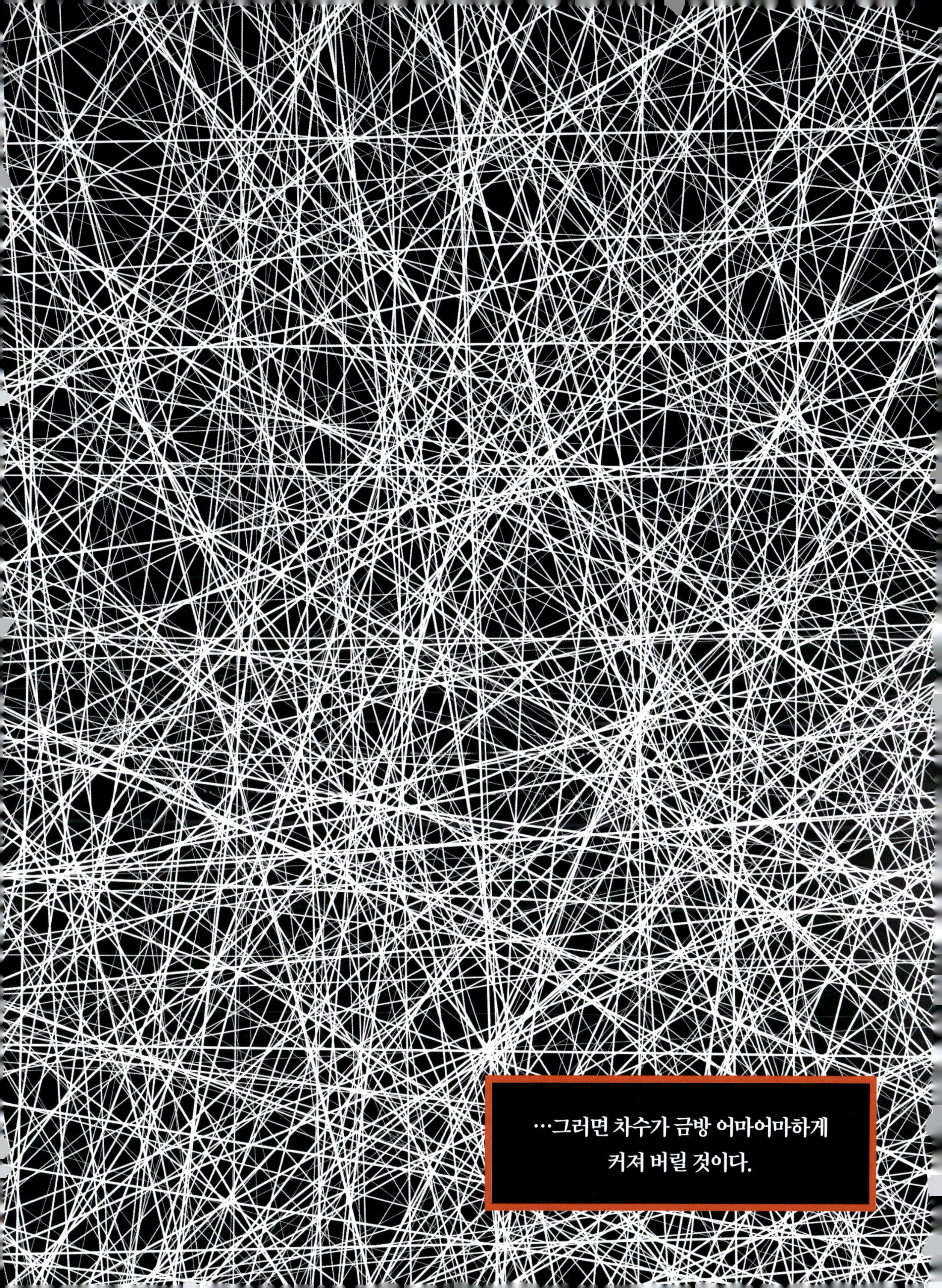
…그러면 차수가 금방 어마어마하게
커져 버릴 것이다.

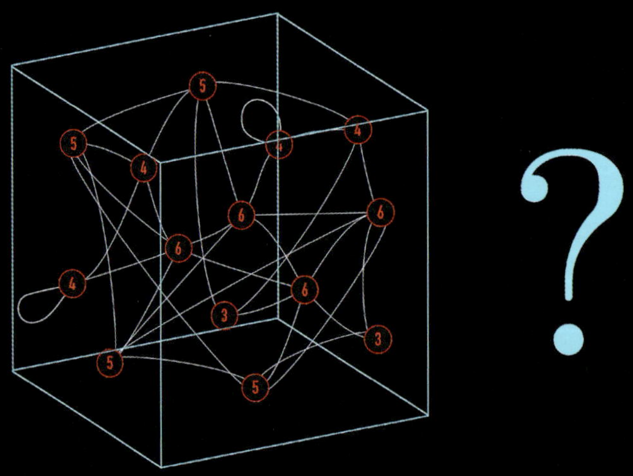

꼭짓점의 개수가 많아지면 완전 그래프를 물리적으로 구현하는 것은 거의 불가능에 가깝다. 모든 가정이 서로 개별 케이블로 연결된 전화망을 상상해 보라… 그야말로 상상조차 할 수 없는 일이다!

따라서 우리는 네트워크를 위한 더 나은 조직화 방법을 찾아야만 한다. 여기서 다음과 같은 질문이 던져진다. "차수가 너무 커지지 않으면서도, 적당한 부피 안에 들어가는 확장 그래프를 만들 수 있을까?" 대답은 "네, 하지만…,"이다.

우선, 이런 종류의 그래프는 만들기가 결코 쉽지 않다. 게다가 바르진과 콜모고로프의 연구에 따르면, 확장 그래프는 역설적으로 가장 큰 부피를 차지하는 그래프들이다. 우리는 이 결과를 직관적으로 이해해 볼 수 있다.

구 모양 안에 입체적으로 구현된

확장 그래프를 상상해 보자

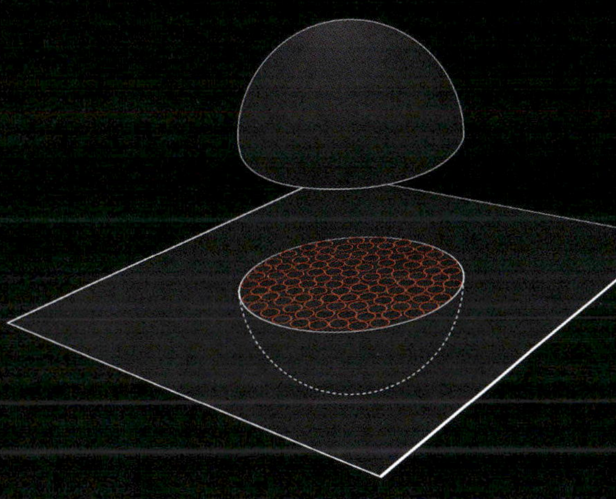

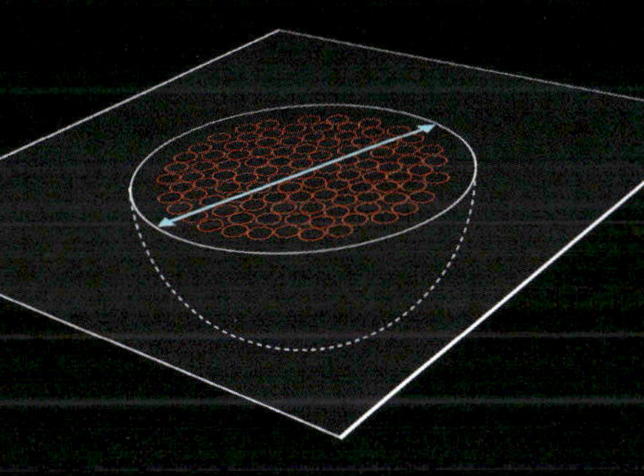

이제 이 구를 평면으로 잘라 똑같은 크기의 두 부분으로 나눈다.

이 그래프가 훌륭한 확장 그래프이기 때문에, 자른 단면에는 두 그룹을 잇는 수많은 선(튜브)이 지나가야만 한다. 그런데 각 선은 일정한 두께를 가지고 있으므로, 구의 지름이 마냥 작을 수는 없다. (선들이 통과할 충분한 면적이 필요하기 때문이다.) 사실 잘린 선의 수와 전체 꼭 짓점 수 사이의 비율이 바로 그 확장 그래프의 성능을 측정하는 척도가 된다.

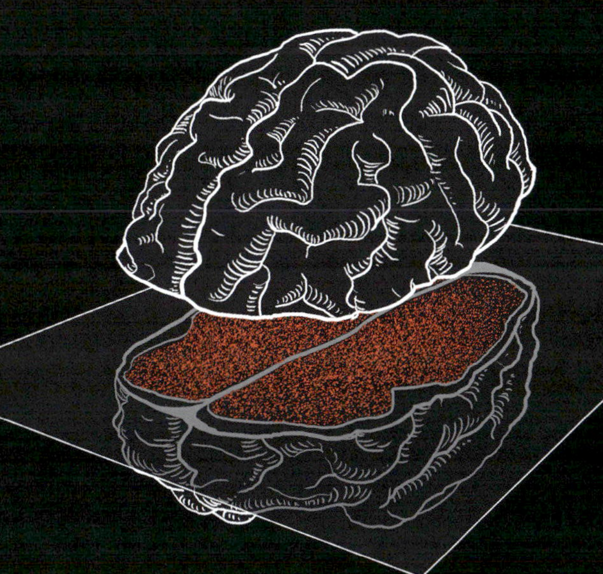

약 1,000억 개의 뉴런을 가진 인간의 뇌에서도, 임의의 절단면은 엄청난 수의 시냅스와 마주치게 된다. 이것이 바로 뇌를 무한정 작게 만드는 것(소형화)을 가로막는 물리적 한계인 셈이다!

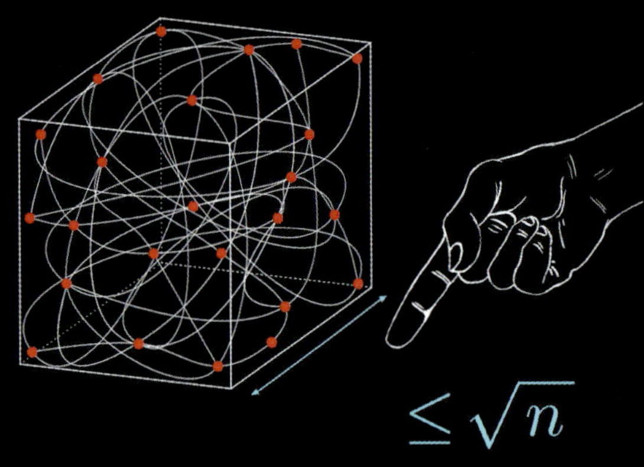

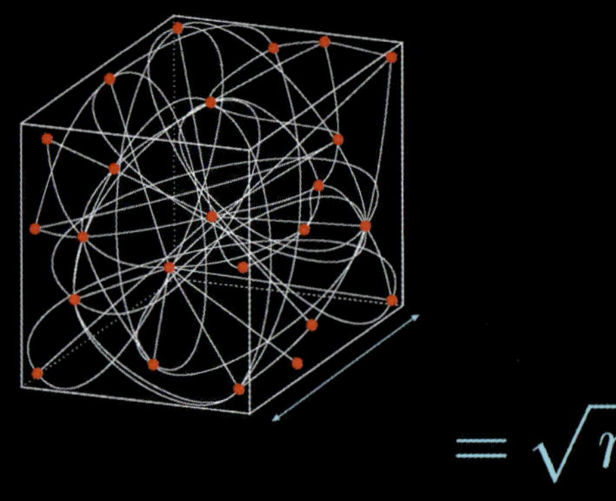

우리는 꼭짓점이 n개이고 차수가 6 이하인 그래프는 언제나 한 변의 길이가 √n인 정육면체 안에 들어갈 수 있다는 것을 보았다.

확장 그래프의 경우에도, 이 값은 대략적으로 말해 그래프를 담기 위해 필요한 최소 부피를 나타낸다.

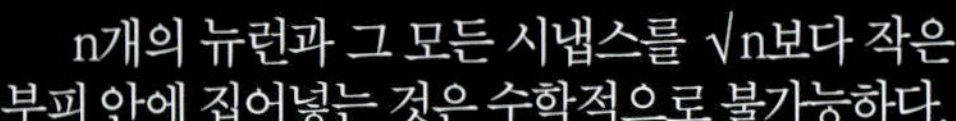

시냅스의 두께가 1이라고 가정할 때,

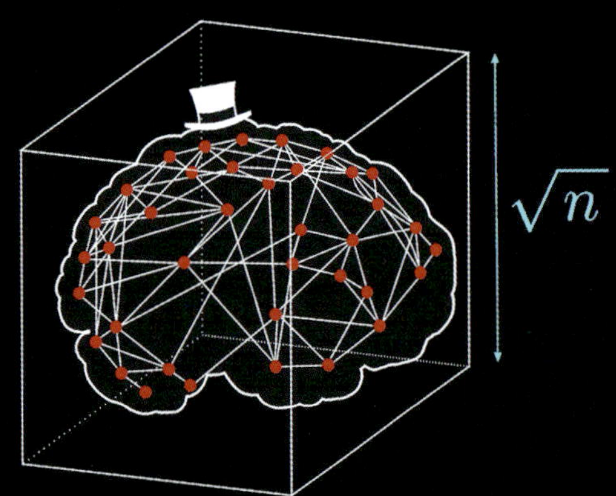

n개의 뉴런과 그 모든 시냅스를 √n보다 작은 부피 안에 집어넣는 것은 수학적으로 불가능하다.

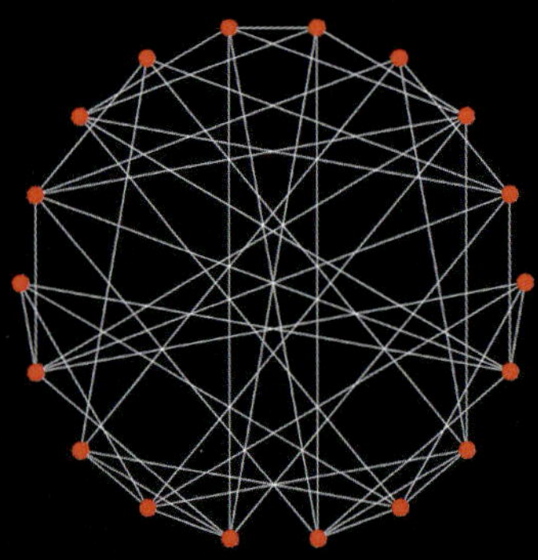

바르진과 콜모고로프는 이러한 물리적 한계를 규명했을 뿐만 아니라, 그 한계치에 가장 근접할 수 있는 최적화 구조를 제시했다. 그래프가 차지하는 공간을 최소화하기 위해서는 꼭짓점을 상자의 외벽 근처에 배치해야 한다는 결론이다.

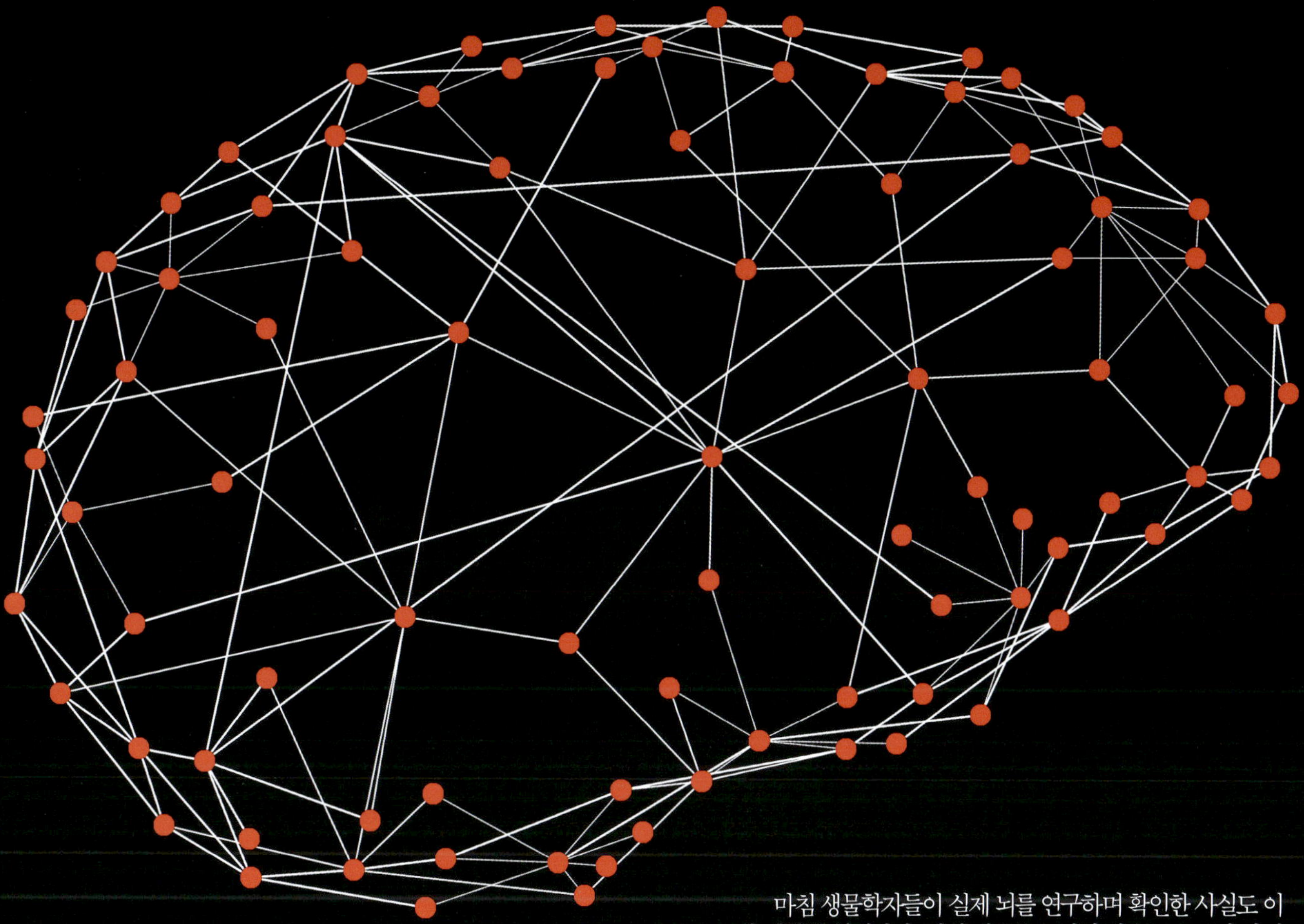

마침 생물학자들이 실제 뇌를 연구하며 확인한 사실도 이
와 정확히 일치한다. 뇌의 대부분은 신경 섬유(시냅스)가 차지
하고 있으며, 뉴런은 표면 근처에 배치되어 있다는 점이다.

하지만 자연이 우리의 두개골 안에서 아무런 노력 없
이 해내는 일이, 어떤 엔지니어가 하나의 네트워크 설계
도를 명시적으로 그리려 할 때에는 놀라울 만큼 어렵다는
게 드러났다.

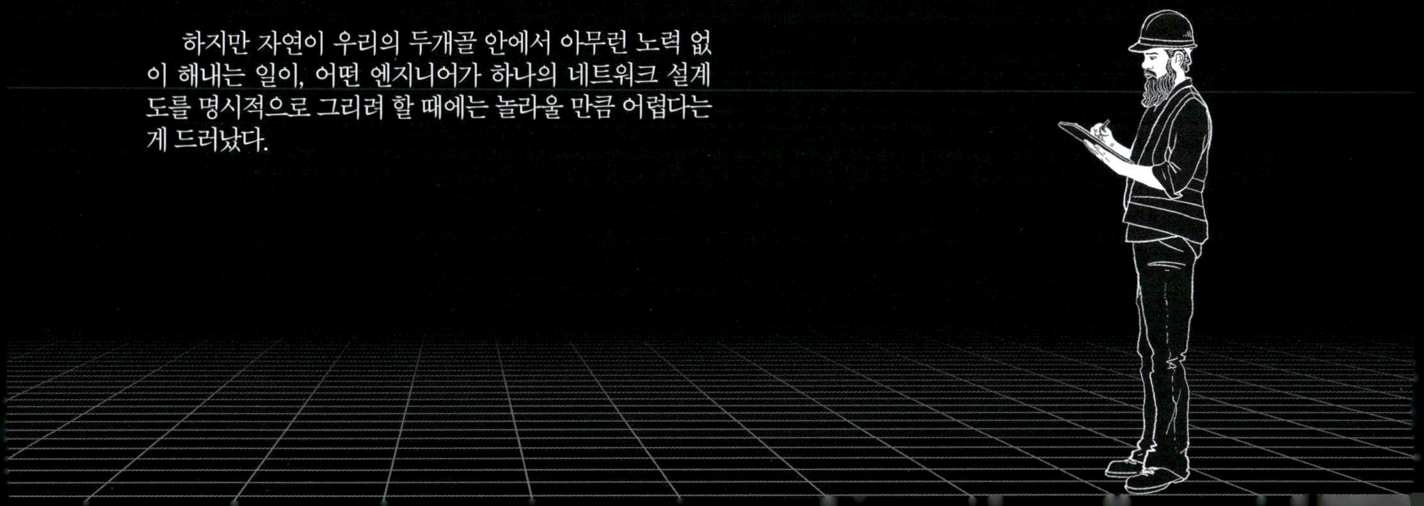

첫 번째 해결책은 정수론(자연수와 정수의 성질·구조를 연구하는 수학 분야)에서 나왔다. 2000년대에 위니 리, 알렉스 루보츠키, 베스 새뮤얼스, 그리고 우지 비슈네는 다차원 확장 그래프를 고안해 내며 이 분야의 한계를 크게 확장했다.

처음에는 오직 수학자들만을 위한 매우 추상적인 아이디어처럼 보였으나, 이후 오류 정정 부호(데이터 전송 중 발생하는 잡음을 걸러내고 손상된 정보를 복구하는 기술)와 양자 컴퓨팅 분야에서 수많은 응용 사례를 찾아내게 되었다.

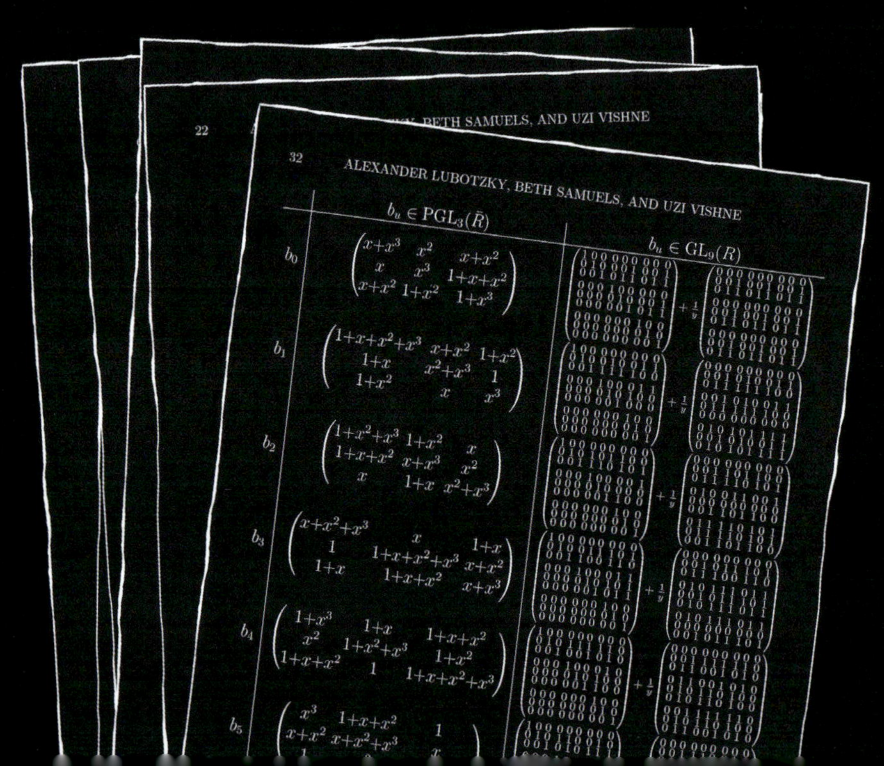

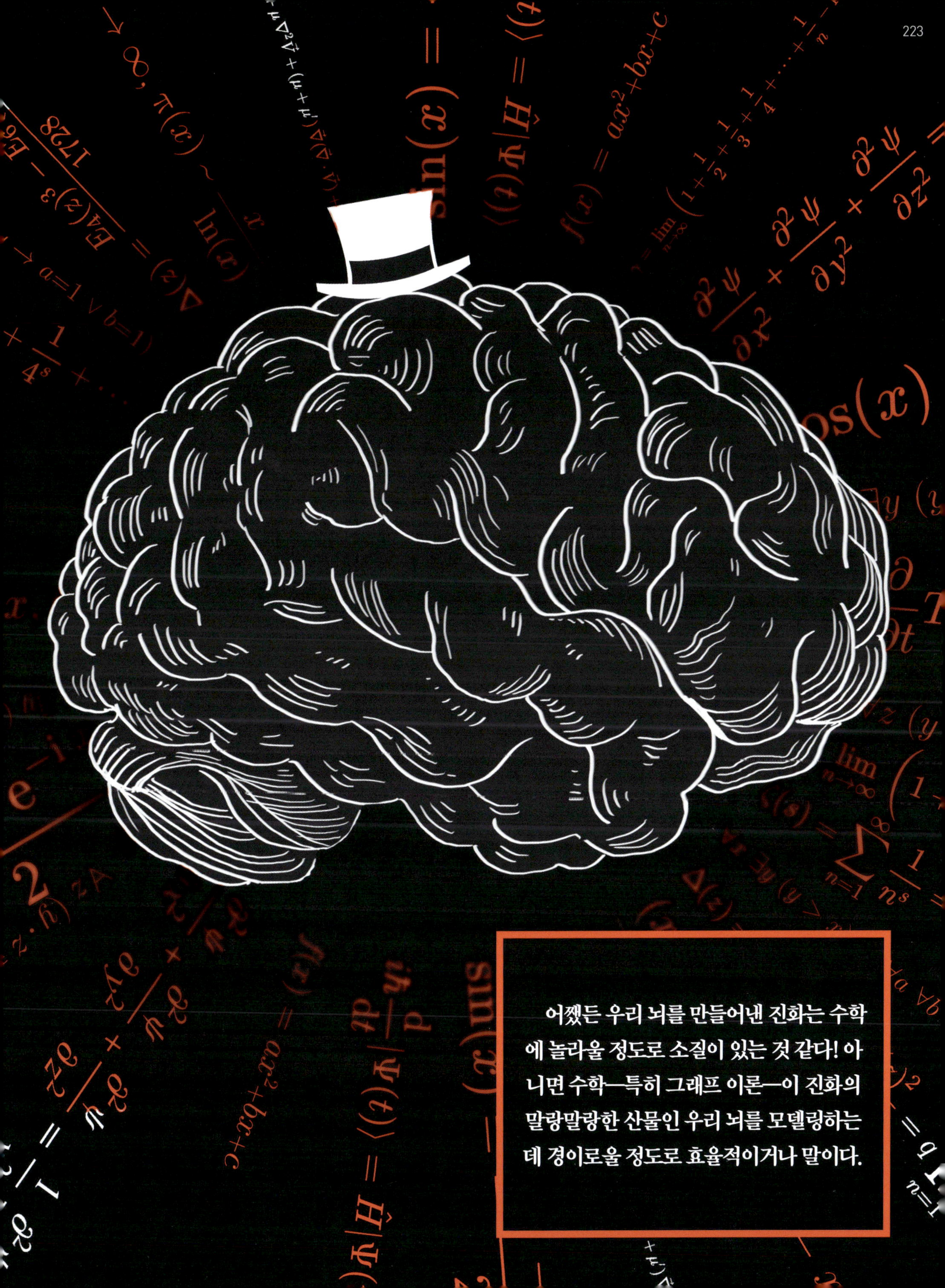

어쨌든 우리 뇌를 만들어낸 진화는 수학에 놀라울 정도로 소질이 있는 것 같다! 아니면 수학―특히 그래프 이론―이 진화의 말랑말랑한 산물인 우리 뇌를 모델링하는 데 경이로울 정도로 효율적이거나 말이다.

CHAPTER XIV

다포체 나라에 간 앨리시아 불

올가 파리-로마스케비치 공저

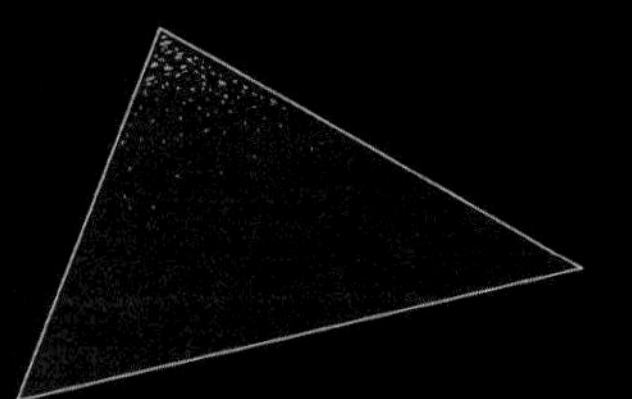
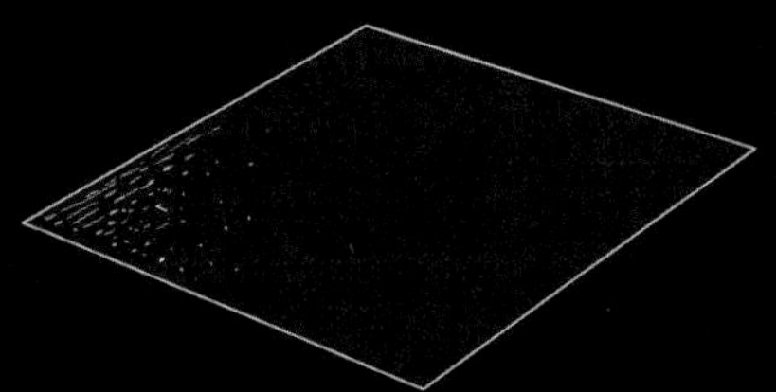
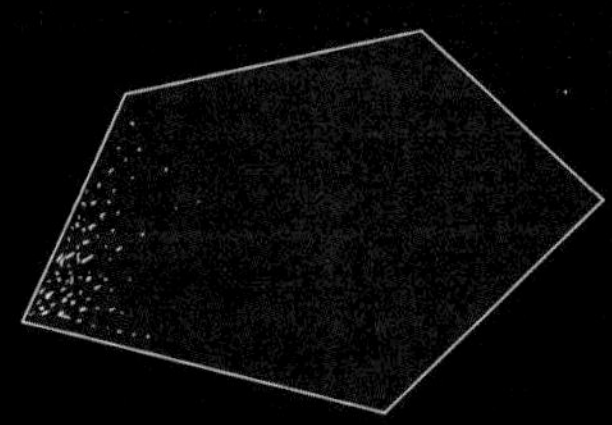

이 이야기는 수학자들이 좋아하는 단순한 형태로부터
시작한다.

바로 삼각형,　　　　　　　　사각형,　　　　　　　　오각형…

우리는 이것들을 정다각형이라고 부른다.

예를 들어 정사각형은 아주 주목할 만한 아름다움을
지니고 있다. 4분의 1바퀴(90°)를 회전시키면 원래의 자기
자신과 완벽히 겹쳐지기 때문이다. 이처럼 정사각형은 대
칭성이 가득한 다각형이며, 수학을 할 때 우리는 이러한
대칭에서 아름다움을 느낀다.

평면을 벗어나 공간을 채우는 형태에 관심을 갖기 시작
하면, 이제 다면체의 영역으로 들어서게 된다.

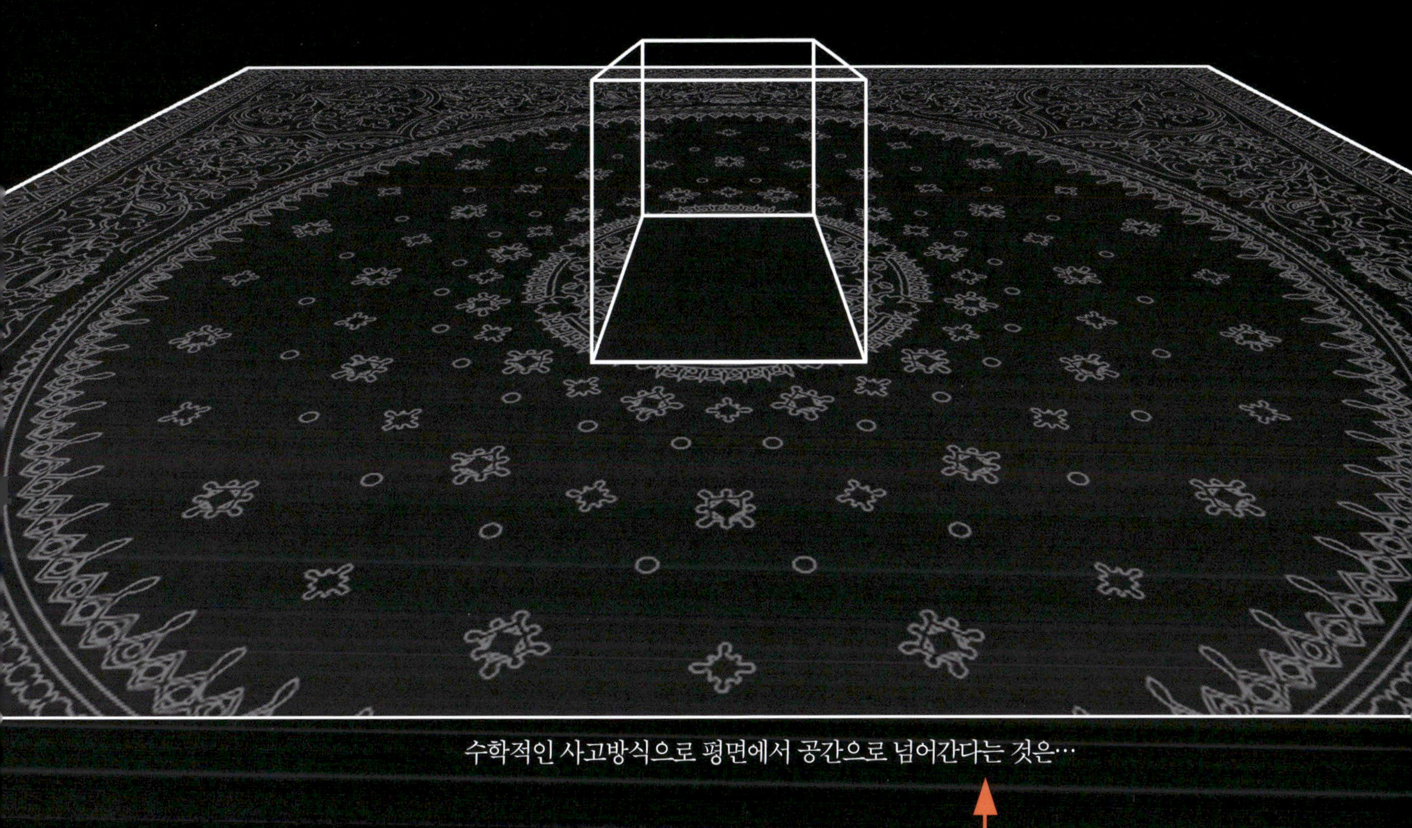

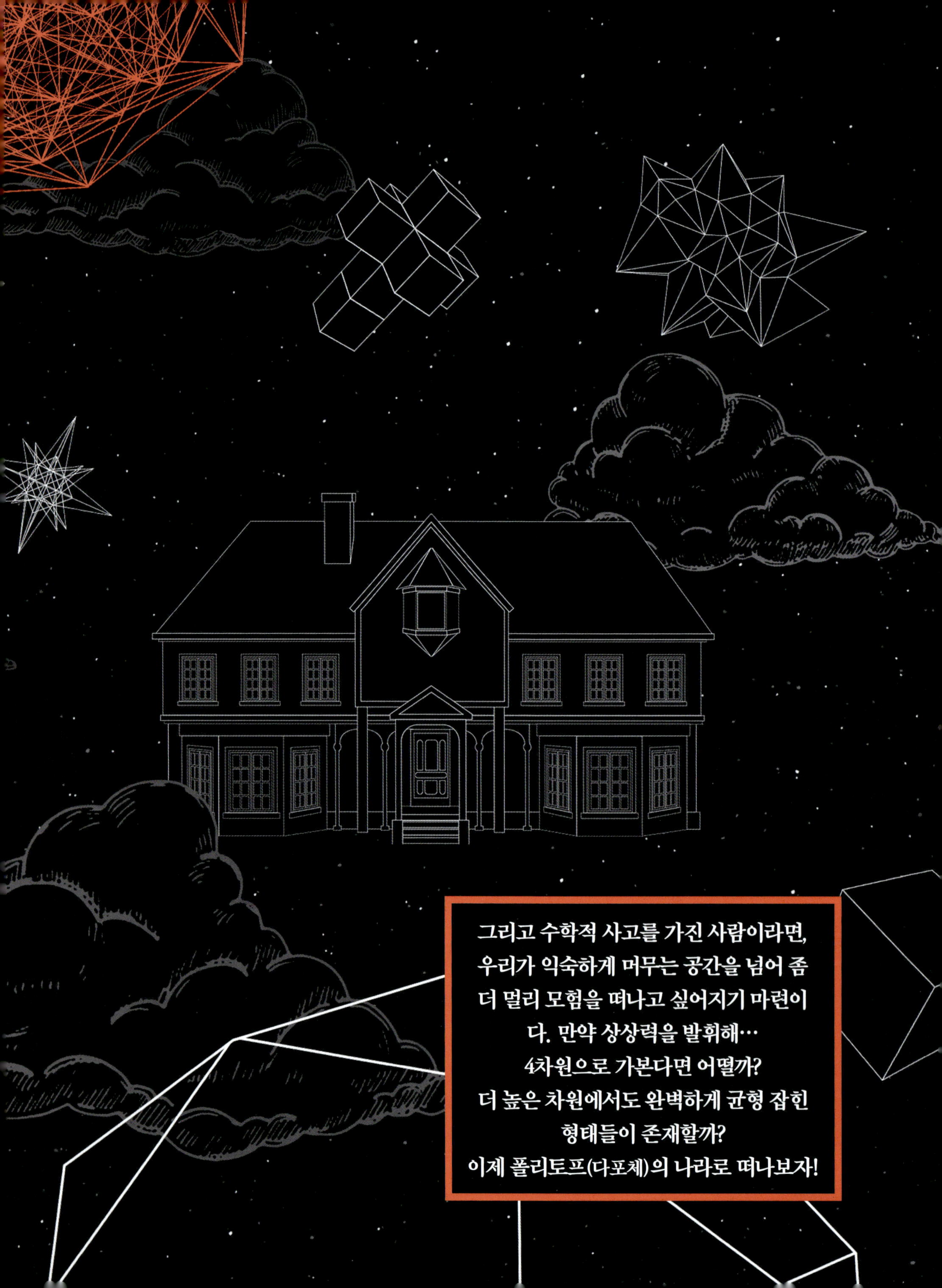

그리고 수학적 사고를 가진 사람이라면,
우리가 익숙하게 머무는 공간을 넘어 좀
더 멀리 모험을 떠나고 싶어지기 마련이
다. 만약 상상력을 발휘해…
4차원으로 가본다면 어떨까?
더 높은 차원에서도 완벽하게 균형 잡힌
형태들이 존재할까?
이제 폴리토프(다포체)의 나라로 떠나보자!

다면체들 사이에 둘러싸인 이 어린 소녀의 이름은 앨리시아다. 앨리시아가 인형 대신 기하학적 물체를 가지고 놀았던 것은 그녀의 어머니인 메리 에베레스트 불 덕분이었다. 메리는 수학자이자 교육자였는데, 그녀의 이름 안에는 자신의 삼촌을 기려 명명한 '에베레스트산'과 남편 조지 불이 발명한 수학적 개념인 '불 대수'가 모두 들어 있다.

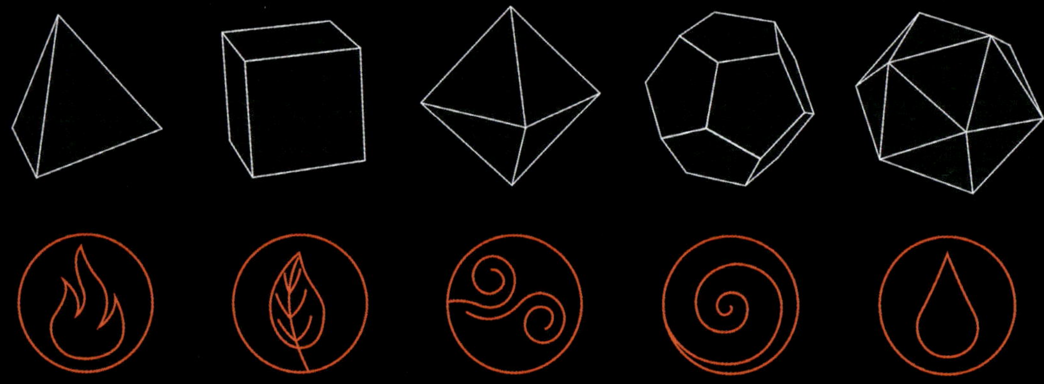

정다면체는 기하학의 진정한 주인공이다. 플라톤이 이들 도형을 불, 흙, 공기, 에테르, 물이라는 자연의 근본 원소와 연결 지었기 때문에 '플라톤의 다면체(솔리드)'라고도 불린다.

그래서 그 이름들도 그리스어에서 유래했다. 사면체(테트라에드르)는 면이 4개이고, 육면체 (헥사에드르, 우리에게는 정육면체라는 이름이 더 친숙하다)는 6개, 팔면체(옥타에드르)는 8개, 십이면체(도데카에드르)는 12개, 그리고 이십면체(이코사에드르)는 20개의 면을 가지고 있다. 짐 작했겠지만, 접미사 '-에드르'는 '면(face)'을 의미한다.

여기까지는 플라톤이 꿈꾸던 완벽한 세계 안에서 모 든 것이 평온해 보인다. 하지만 새로운 아이디어들이 등 장하면서 이 풍경은 갑자기 단순함을 벗어나 훨씬 더 흥 미롭게 변하기 시작한다.

만약 우리 우주가 3차원보다 더 많은 차원을 가지고 있다면, 기하학에는 어떤 일이 벌어질까?

잠시 현실로 돌아와 보자. 1880년, 4차원 기하학의 역사에서 매우 중요한 결혼식이 열린다. 앨리시아 불의 큰언니인 메리와 찰스 하워드 힌턴의 결혼이다. 수학자이자 SF 소설가였던 힌턴은 고차원에 대한 거의 집착에 가까운 열정을 처제인 앨리시아에게 전수하게 된다.

또한 이 시기는 불 가족 모두가 『플랫랜드』를 읽던 때이기도 했다. 이 기묘한 책은 두께가 전혀 없는 기하학적 존재들이 살아가는 평면 세상을 묘사하고 있다.

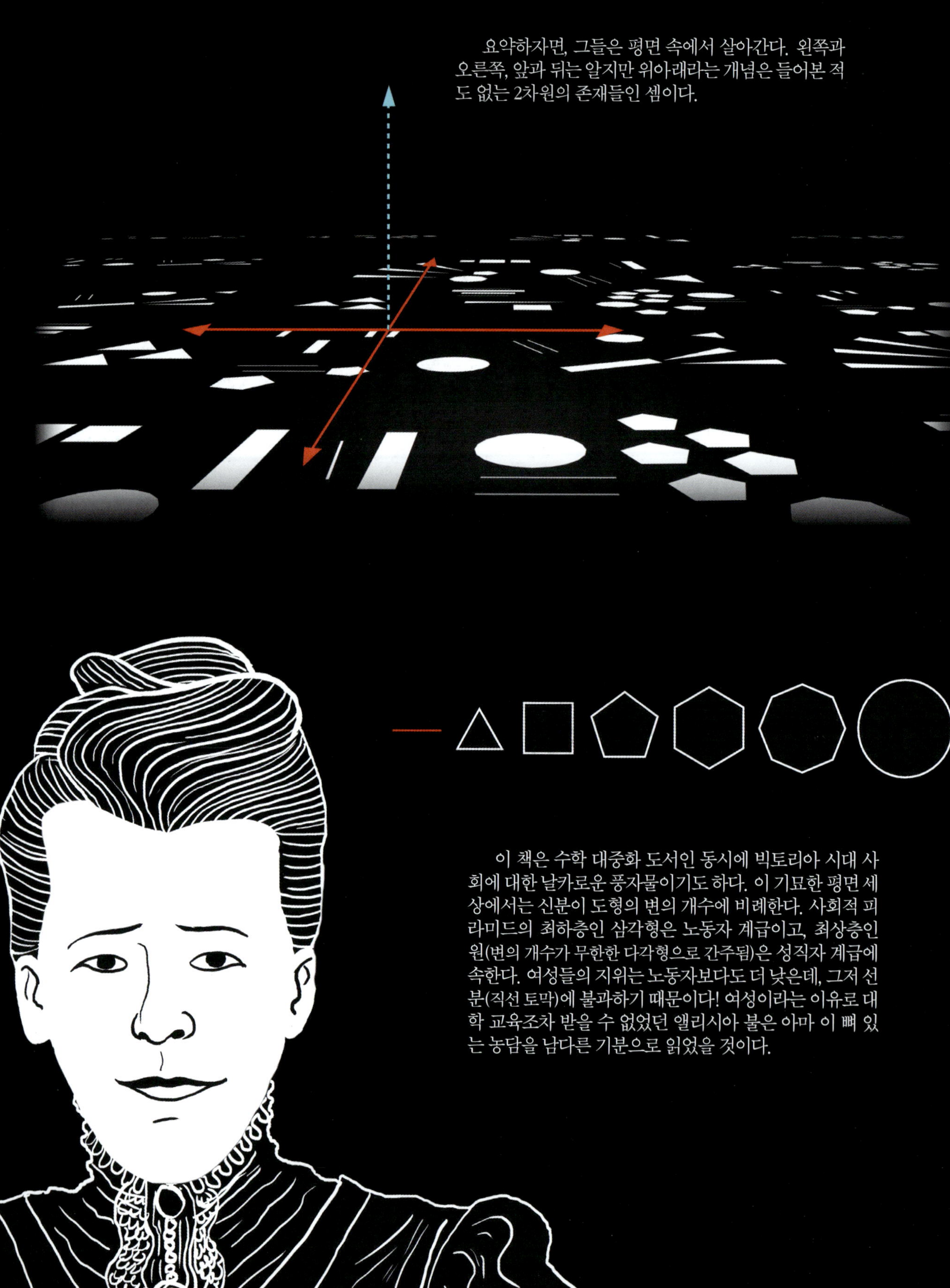

요약하자면, 그들은 평면 속에서 살아간다. 왼쪽과 오른쪽, 앞과 뒤는 알지만 위아래라는 개념은 들어본 적도 없는 2차원의 존재들인 셈이다.

이 책은 수학 대중화 도서인 동시에 빅토리아 시대 사회에 대한 날카로운 풍자물이기도 하다. 이 기묘한 평면 세상에서는 신분이 도형의 변의 개수에 비례한다. 사회적 피라미드의 최하층인 삼각형은 노동자 계급이고, 최상층인 원(변의 개수가 무한한 다각형으로 간주됨)은 성직자 계급에 속한다. 여성들의 지위는 노동자보다도 더 낮은데, 그저 선분(직선 토막)에 불과하기 때문이다! 여성이라는 이유로 대학 교육조차 받을 수 없었던 앨리시아 불은 아마 이 뼈 있는 농담을 남다른 기분으로 읽었을 것이다.

사실 '들이닥친다'는 표현은 정확하지 않은데, 왜냐하면 평면 세상의 주민들에게 정육면체는 자신의 온전한 모습을 드러낼 수 없기 때문이다. 그들은 오직 정육면체의 단면만을 볼 수 있을 뿐이다.

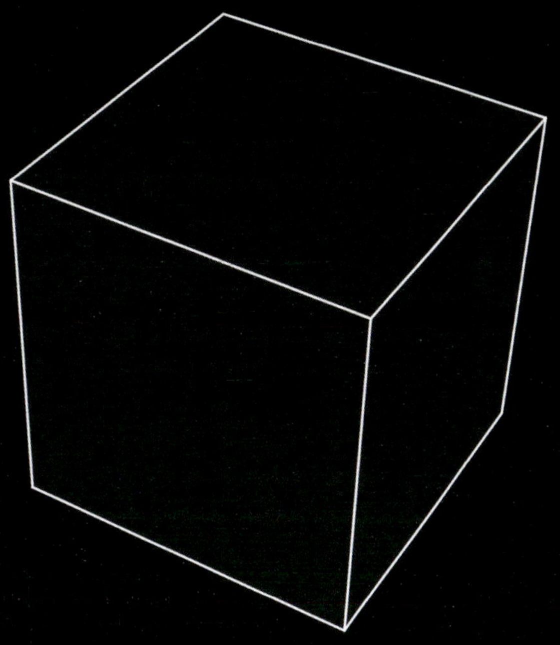

『플랫랜드』는 3차원의 대사인 정육면체가 어느 날 갑자기 이 평면 세상에 들이닥치면서 벌어지는 이야기를 다룬다.

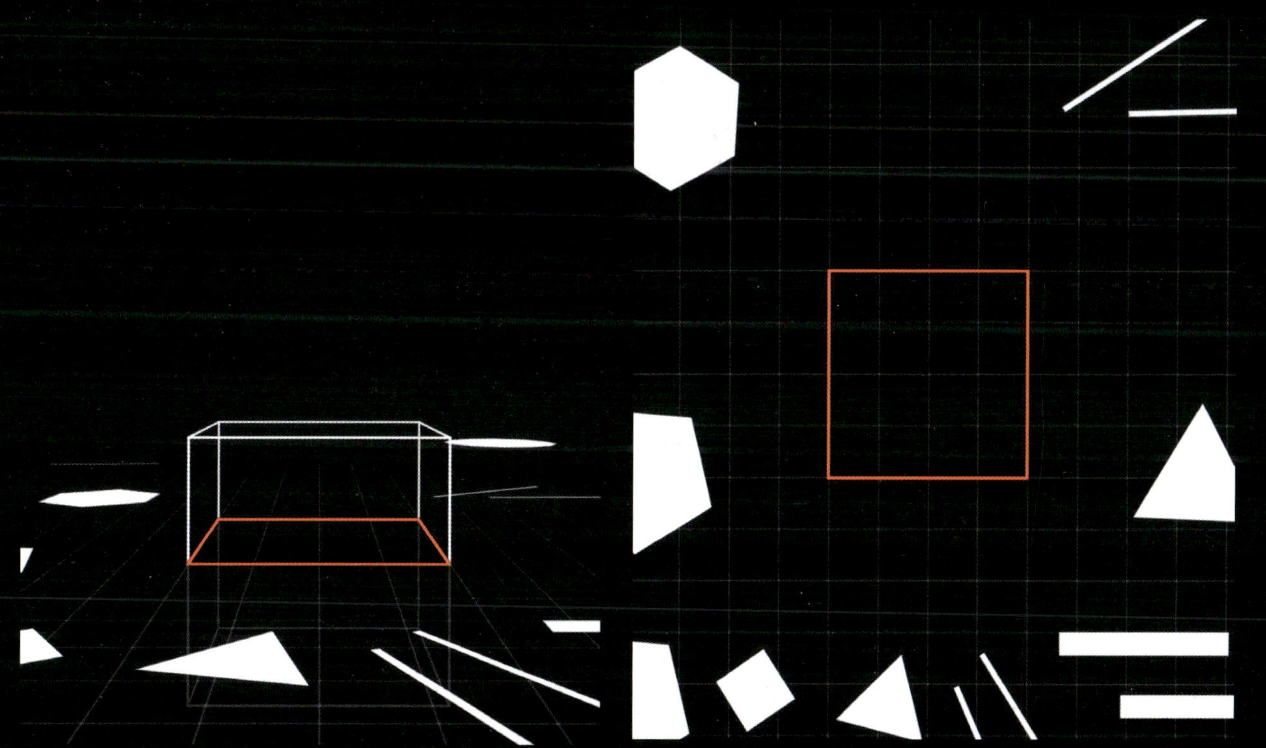

사실 '들이닥친다'는 표현은 정확하지 않은데, 왜냐하면 평면 세상의 주민들에게 정육면체는 자신의 온전한 모습을 드러낼 수 없기 때문이다. 그들은 오직 정육면체의 단면만을 볼 수 있을 뿐이다.

정육면체가 평면을 통과할 때, 플랫랜드 주민들은 경이로운 현상을 목격하게 된다. 난데없이 허공에서 정사각형 하나가 툭 튀어나오더니… 잠시 후 아무런 흔적도 남기지 않고 사라져 버리는 것이다.

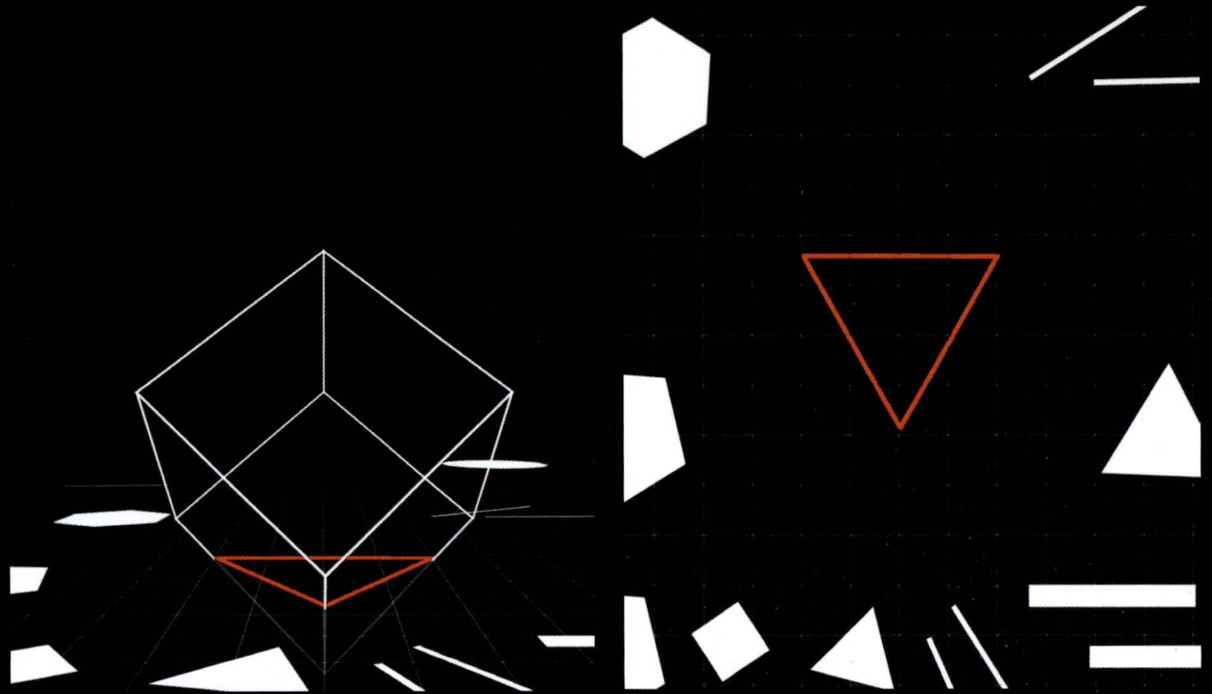

만약 정육면체가 비스듬하게 진입한다면 상황은 훨씬 더 기괴해진다.

작은 삼각형이 나타나 점점 커지더니…

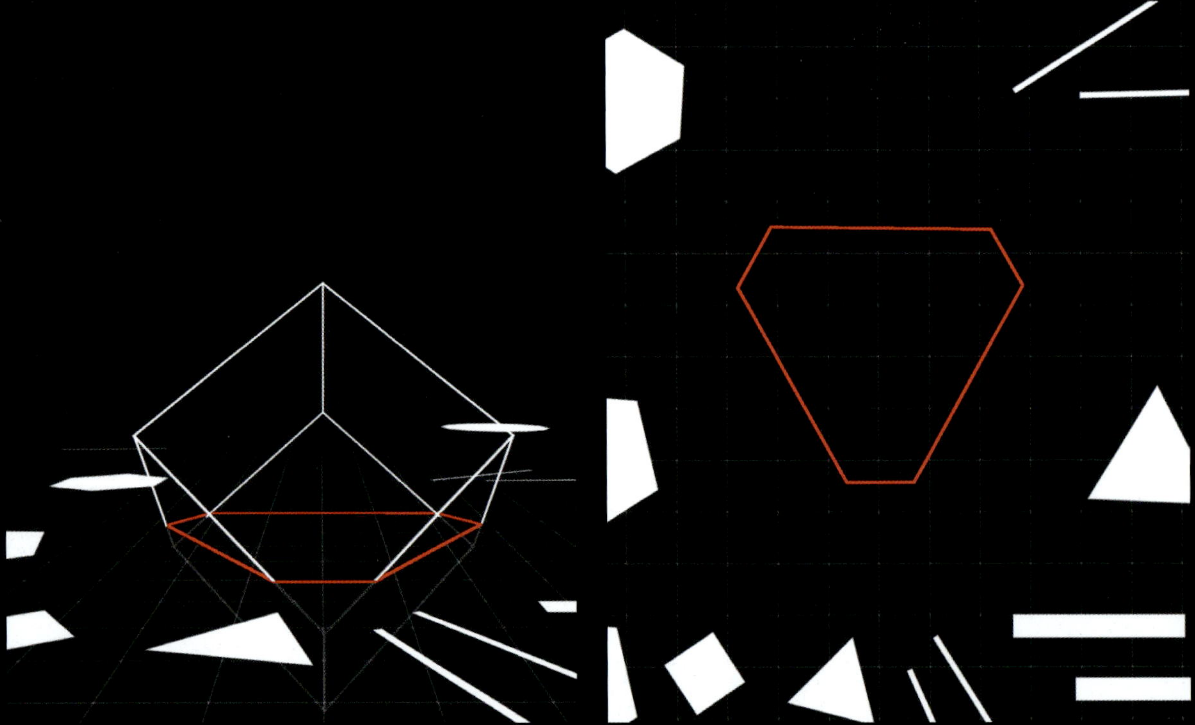

…어느 순간 육각형이 되었다가, 다시 삼각형으로 돌아간 뒤 모든 것이 사라져 버린다.
3차원이라는 개념이 없는 플랫랜드 주민들에게 이 광경을 해석하는 일은 그야말로 불가능
에 가까울 것임을 짐작할 수 있다!

그 후 책은 『플랫랜드』의 주민인 한 정사각형이 어떻게 평면 세상을 박차고 나와 3차원의 경이로움을 발견하게 되는지를 들려준다. 이 발견은 그에게 새로운 아이디어를 심어준다. 3차원이 존재한다면, 4차원 역시 존재할 수 있다는 사실 말이다! 하지만 우리는 3차원에 너무나 익숙해진 나머지, 공간에 차원이 하나 더 추가된다는 생각 자체가 상상조차 할 수 없는 일처럼 느껴진다.

그럼에도 불구하고 이 엉뚱한 생각은 앨리시아 불의 남은 인생을 통째로 사로잡게 된다. 4차원을 어떻게 이해할 것인가? 그곳에 존재하는 정규 객체(정다포체)를 어떻게 시각화하고 설명할 것인가?

이 문제는 3차원을 상상하려는 플랫랜드의 기하학자들에게도 똑같이 제기될 것이다.
어떻게 해야 할까?

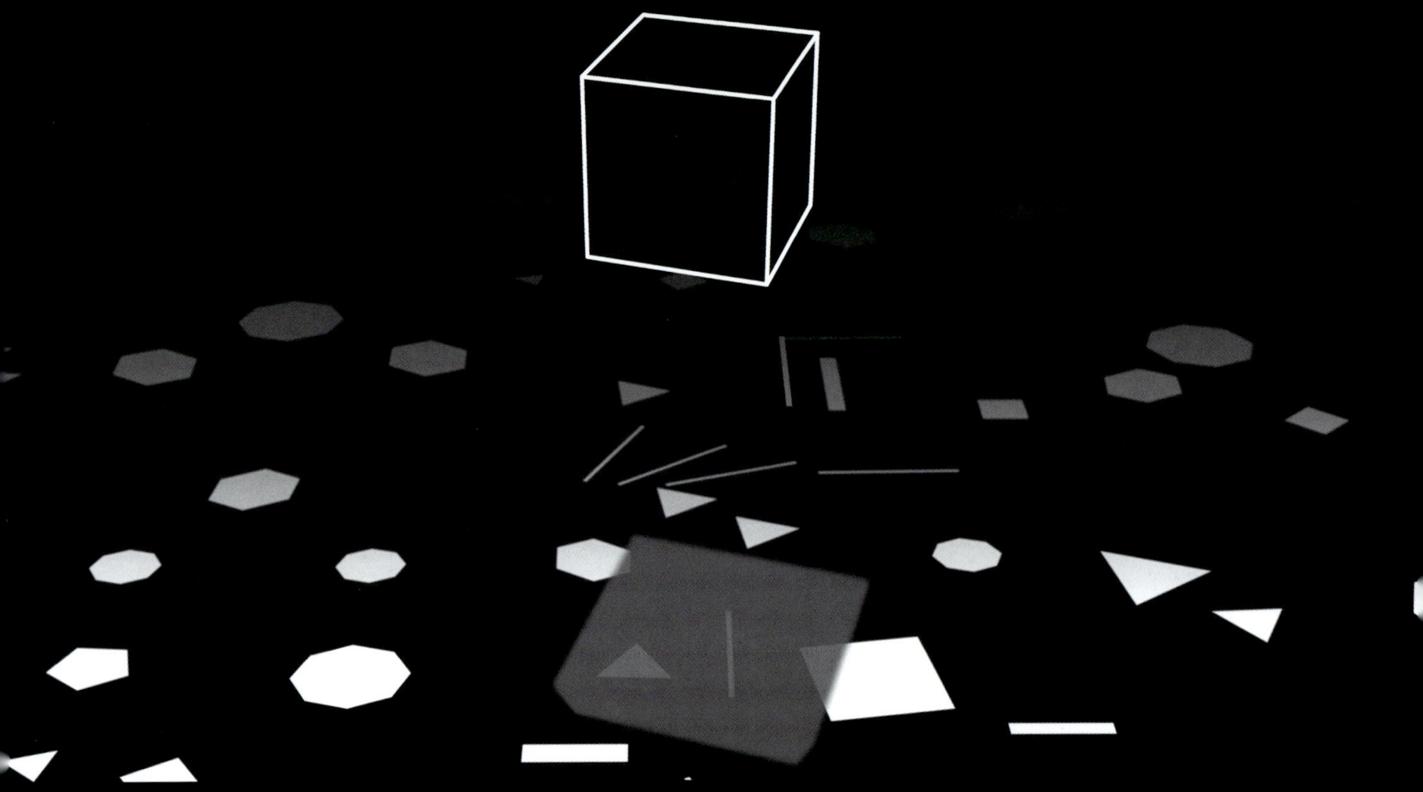

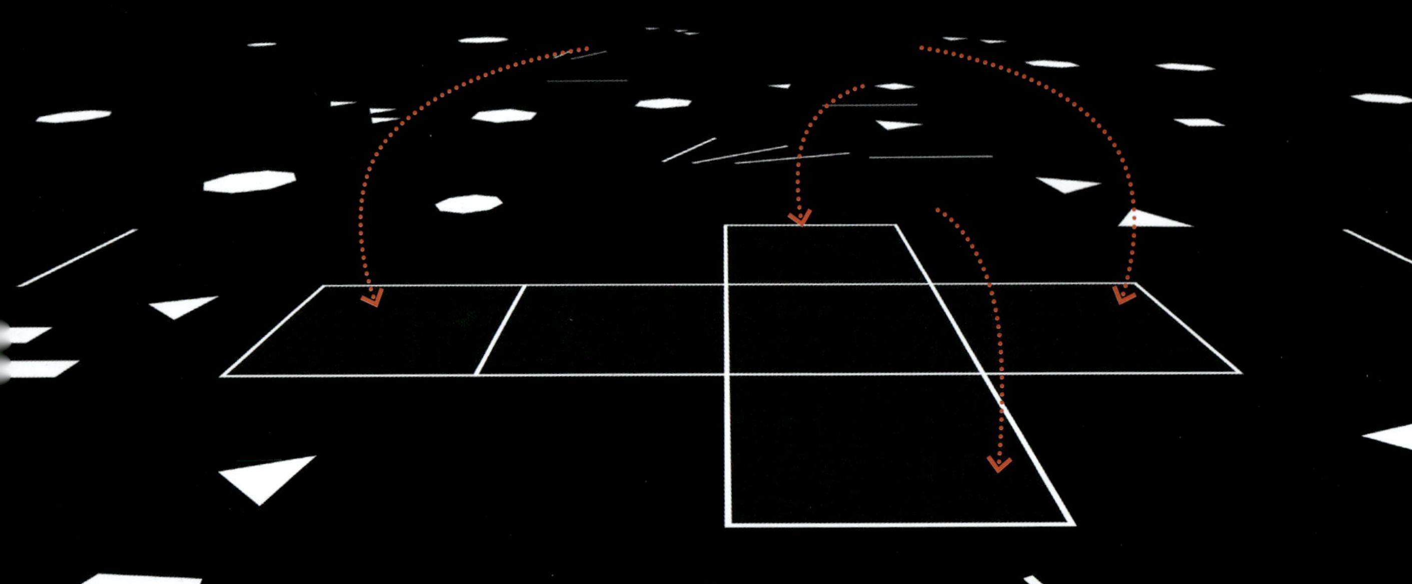

    첫 번째 방법은 부피를 '펼쳐서' 납작하게 만드는 것이다. 즉, 3차원의 형태를 평면이라는 2차원으로 되돌리는 일이다. 그렇게 하면 우리는 플랫랜드 친구들에게 정육면체의 '전개도'를 건네줄 수 있고, 그들은 이를 바탕으로 3차원 속을 거니는 모습을 상상해 볼 수 있을 것이다. 하지만 이것으로 충분하지 않다면? 그렇다면 다른 방법을 시도해 보자….

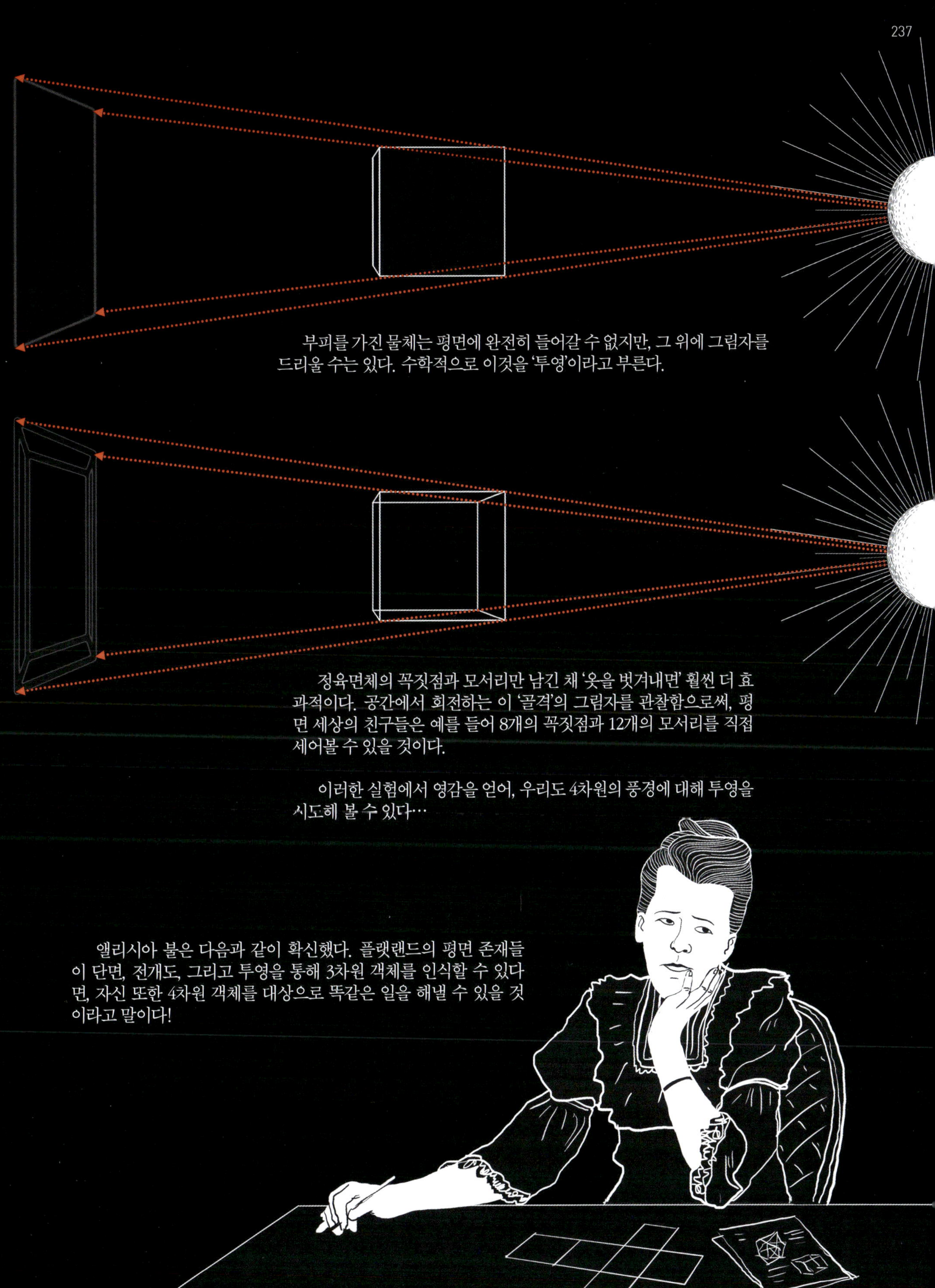

부피를 가진 물체는 평면에 완전히 들어갈 수 없지만, 그 위에 그림자를 드리울 수는 있다. 수학적으로 이것을 '투영'이라고 부른다.

정육면체의 꼭짓점과 모서리만 남긴 채 '옷을 벗겨내면' 훨씬 더 효과적이다. 공간에서 회전하는 이 '골격'의 그림자를 관찰함으로써, 평면 세상의 친구들은 예를 들어 8개의 꼭짓점과 12개의 모서리를 직접 세어볼 수 있을 것이다.

이러한 실험에서 영감을 얻어, 우리도 4차원의 풍경에 대해 투영을 시도해 볼 수 있다…

앨리시아 불은 다음과 같이 확신했다. 플랫랜드의 평면 존재들이 단면, 전개도, 그리고 투영을 통해 3차원 객체를 인식할 수 있다면, 자신 또한 4차원 객체를 대상으로 똑같은 일을 해낼 수 있을 것이라고 말이다!

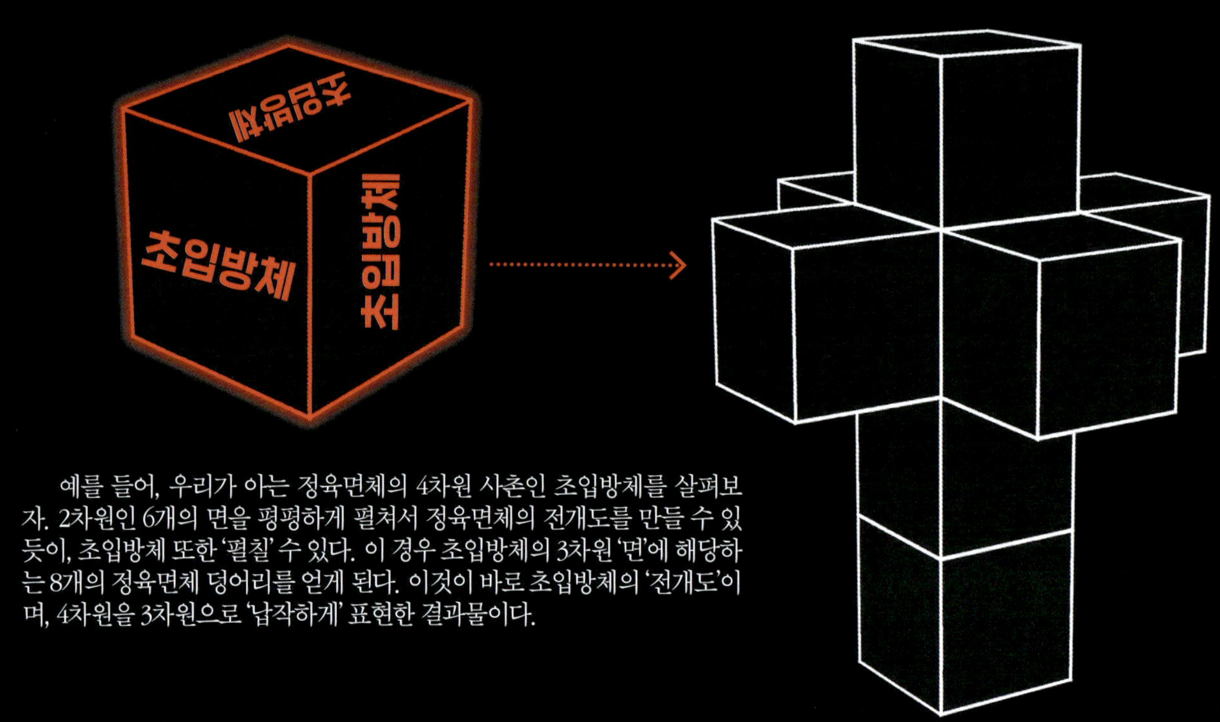

    예를 들어, 우리가 아는 정육면체의 4차원 사촌인 초입방체를 살펴보자. 2차원인 6개의 면을 평평하게 펼쳐서 정육면체의 전개도를 만들 수 있듯이, 초입방체 또한 '펼칠' 수 있다. 이 경우 초입방체의 3차원 '면'에 해당하는 8개의 정육면체 덩어리를 얻게 된다. 이것이 바로 초입방체의 '전개도'이며, 4차원을 3차원으로 '납작하게' 표현한 결과물이다.

    또한 초입방체가 우리 3차원 우주와 마주칠 때 어떤 형태가 나타날지 상상해 볼 수 있다. 만약 초입방체가 우리 공간에 수직으로 진입한다면, 갑자기 허공에서 정육면체 하나가 툭 튀어나왔다가…아무런 흔적도 남기지 않고 순식간에 사라지는 광경을 보게 될 것이다.

만약 초입방체가 우리 우주에 '비스듬히' 진입한다면, 훨씬 더 복잡한 형태들이 나타날 것이다.

앨리시아 불은 이러한 형태를 시각화하는 데 독보적인 재능을 보였다. 그녀는 각 단계에서 나타나는 단면을 판지로 직접 제작하기까지 했다!

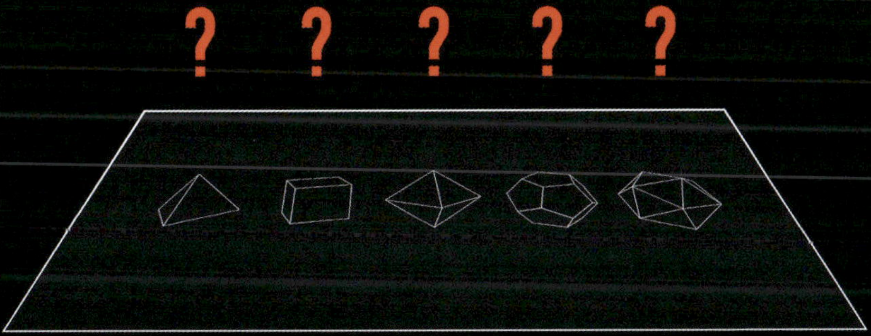

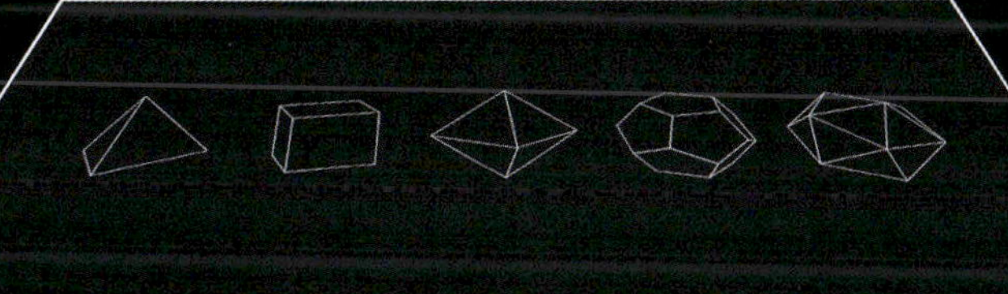

이 작업에는 명확한 목표가 있었는데, 바로 더 높은 차원에서 플라톤의 다면체에 대응하는 존재, 즉 4차원 기하학의 주인공인 '정다포체'를 찾아내는 것이었다.

앨리시아 불은 3차원보다 하나 더 많은, 총 6개의 정다포체가 존재한다는 사실을 밝혀냈다.

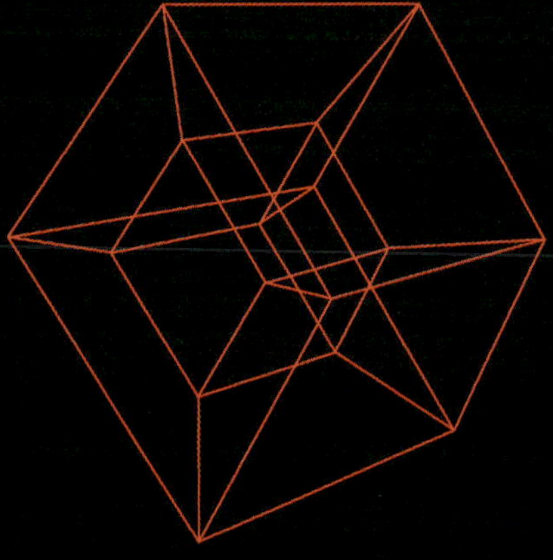

즉, 초입방체 외에도 다섯 개의 정다포체가 더 있는 셈이다…

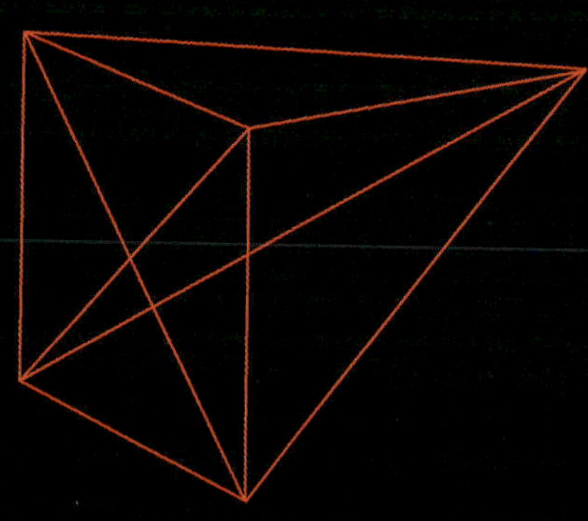

…그 시작은 5개의 '면'이 모두 사면체로 이루어진 가장 단순한 형태인 오포체다.

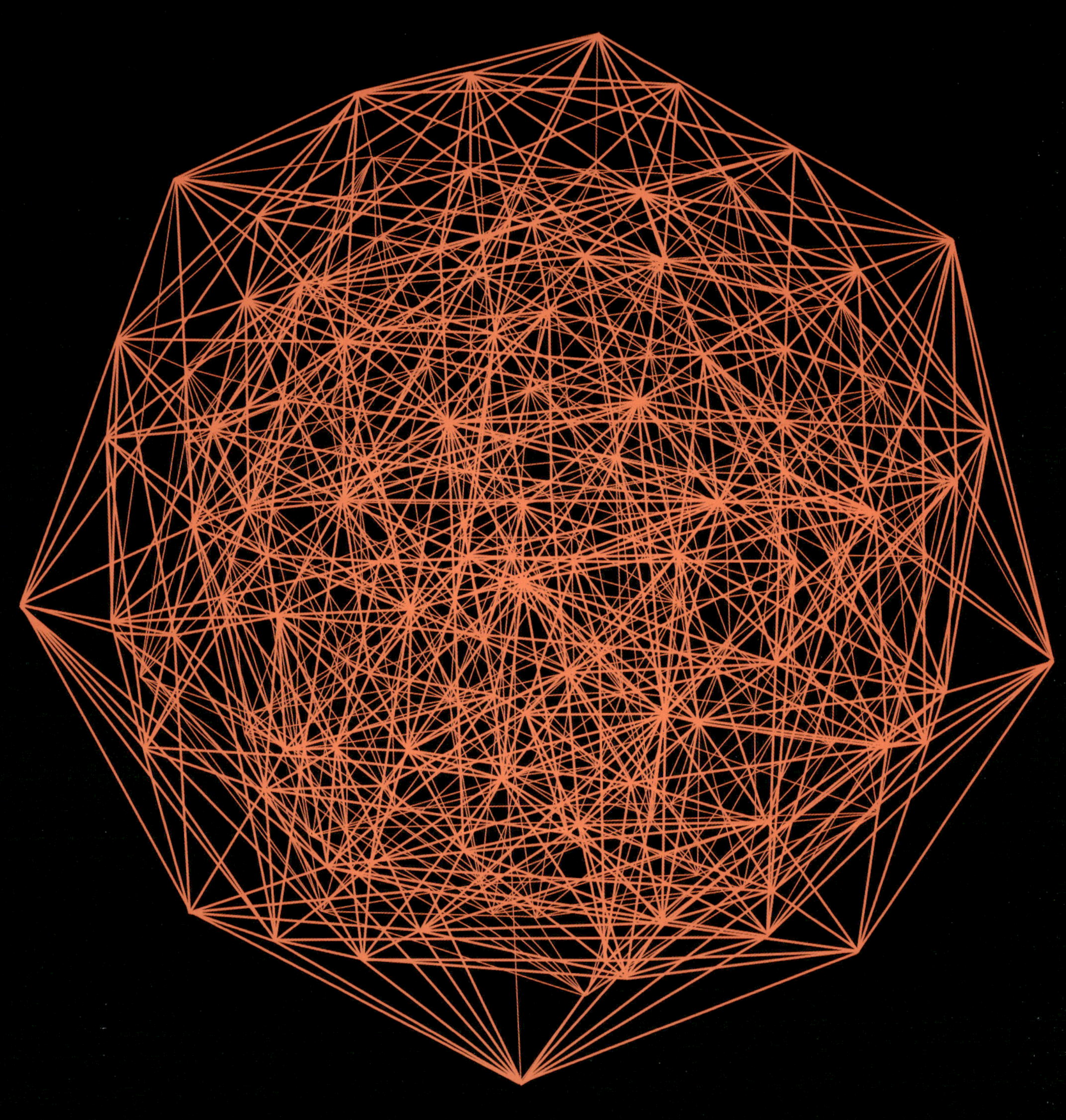

…그리고 면들이 똑같이 사면체로 이루어져 있지만, 그 수가 무려 600개에
달하는 거대한 600포체(헥사코시코론)에 이르기까지 말이다!

앨리시아 불이 20세부터 시작했던 이 독창적인 수학적 작업은 1914년, 그녀의 나이 54세가 되어서야 명예박사 학위로 그 보상을 받게 된다!

그녀의 전체 경력은 대학 교육이나 전문가들과의 교류도 없이 제도권 밖에서 이루어졌다.

만약 전문가들과 접촉할 기회가 있었다면, 스위스의 수학자 루트비히 슐레플리가 이미 30년 전에 똑같은 발견을 했다는 사실을 진작 알았을지도 모른다! 하지만 시각적 접근법이 덜했던 슐레플리의 논문은 출판되기까지 무려 50년을 기다려야 했다. 4차원 다포체를 식별하고 설명해야 할 필요성이 당시 편집자들에게는 240페이지 분량의 출판을 정당화할 만큼 충분해 보이지 않았던 모양이다!

그런데 대체, 4차원으로 자신을 투영하는 것이 무슨 소용이 있을까?

수학자라면 분명 이와 관련된 수많은 응용 사례를 열거해 줄 것이다. 하지만 우리에게 중요한 것은, 세상이 우리가 각자의 현실 한구석에서 바라보는 것보다 훨씬 더 넓고 복잡하다는 사실을 이해하게 해 준다는 점이다…

…그리고 사유를 통해 접근할 수 있는, 다른 가능한 세계가 존재한다는 것을 말이다. 더 나아가, 한 사람을 성별이나 사회적 계층, 혹은 직업으로만 규정하는 것은 그 사람이 지닌 수많은 차원을 만날 기회를 스스로 박탈하는 것과 같다!

CHAPTER XV

카오스 이론

에티엔 기스의 저서 『카오스 이론』
(CNRS editions/De Vive Voix, Paris, 2023)을 바탕으로 함

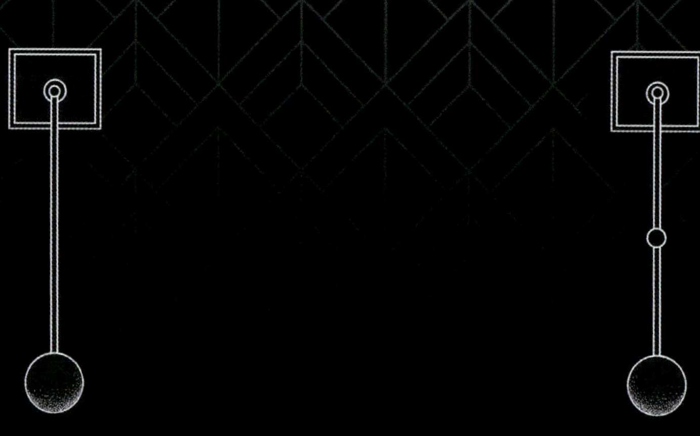

우리 앞에 두 개의 진동자가 있다. 수학적으로는 매우 단순한 물체이기에 별 어려움 없이 그 움직임을 묘사할 수 있을 것만 같다.

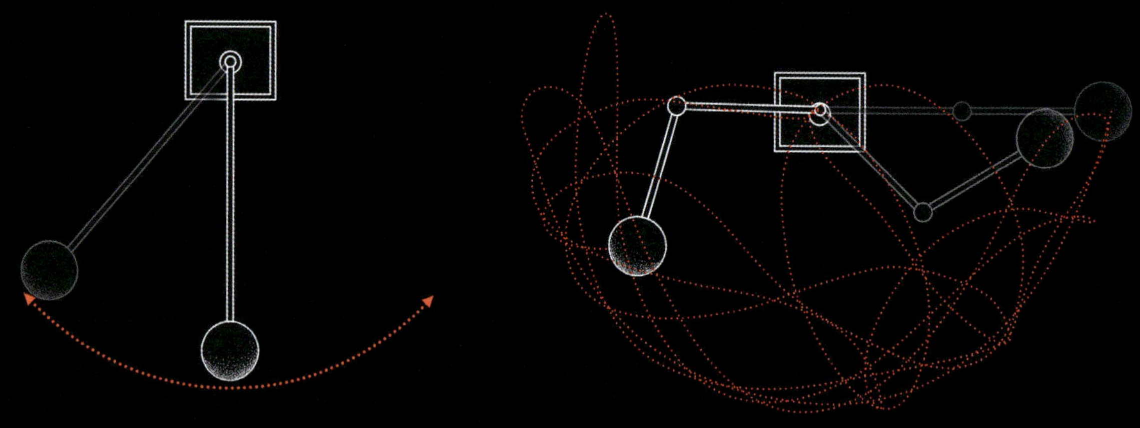

첫 번째 진동자는 하나의 막대로 이루어져 있으며, 그 움직임은 상당히… 예측 가능하다.

두 번째 진동자는 움직이는 부분이 두 부분으로 구성되어 있는데, 이 작은 변화가 상황을 훨씬 불투명하게 만든다. 이 복잡하고 겉보기에 무작위 같아 보이는 움직임은 대체 어디서 나오는 걸까?

우리는 방금 결정론적 카오스의 영역에 들어섰다. 나비의 날갯짓 한 번이 토네이도를 일으킬 수도 있다는 바로 그 특별한 장소 말이다.

1604

모든 것은 아마도 갈릴레이와 그가 피사의 사탑 꼭대기에
서 떨어뜨렸다는 전설 속의 포탄에서 시작되었을 것이다.

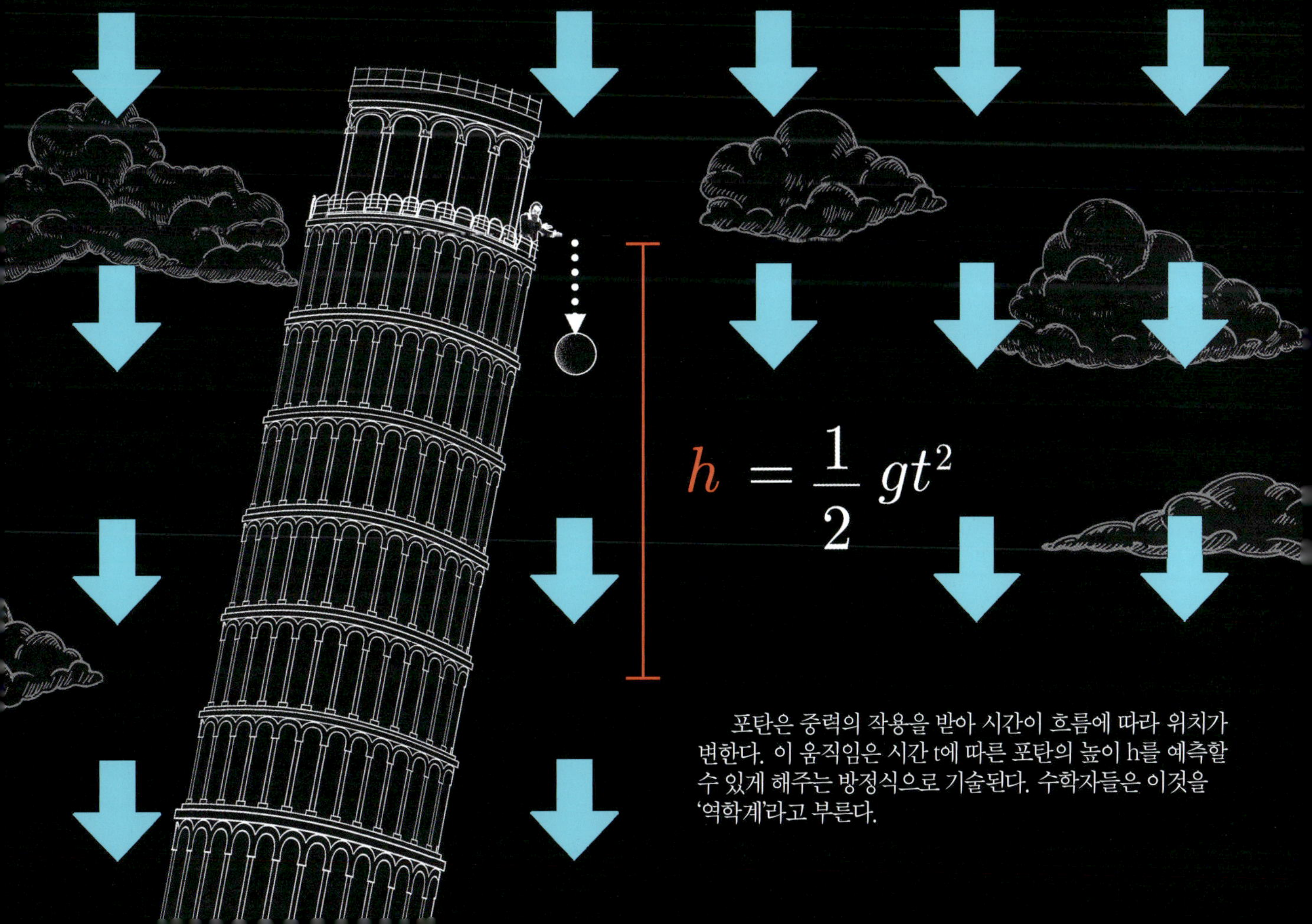

$$h = \frac{1}{2} gt^2$$

포탄은 중력의 작용을 받아 시간이 흐름에 따라 위치가
변한다. 이 움직임은 시간 t에 따른 포탄의 높이 h를 예측할
수 있게 해주는 방정식으로 기술된다. 수학자들은 이것을
'역학계'라고 부른다.

뉴턴과 라이프니츠가 미분적분학을 수학적 도구 상자에 추가하자, 물리학자들은 믿기 힘들 정도로 효율적인 '수정구슬'을 손에 넣게 되었다. 이 도구는 대포알의 궤적, 천체의 움직임, 보일러 내부의 압력, 심지어 토끼 개체 수의 변화까지도 예측할 수 있게 해주었다.

계산만으로 현실의 모든 구석구석을 밝혀낼 수 있을 것만 같았고, 19세기 는 이러한 결정론적 세계관이 정점에 달한 시기였다.

피에르 시몽 드 라플라스는 우주에 있는 모든 입자의 속도와 위치를 아는 지성체가 있다면, 그에게 불확실한 것은 아무것도 없으며 과거와 마찬가지로 미래도 그의 눈앞에 펼쳐질 것이라고 단언하기까지 했다.

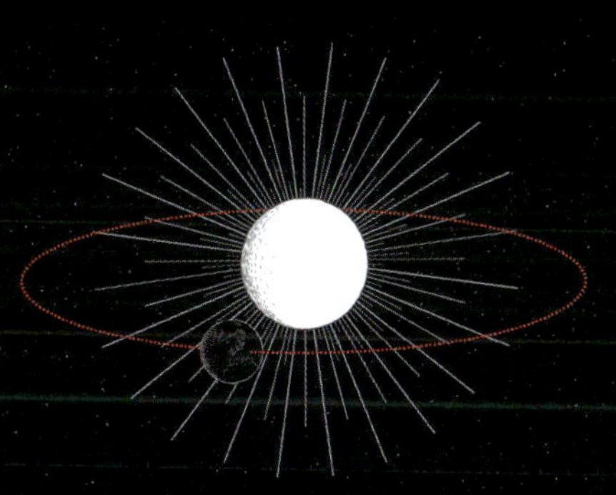

하지만 여기에는 한 가지 문제가 있다. 우리는 행성의 움직임을 결정하는 방정식을 완벽하게 풀 수 있지만, 그것은 오직 두 개의 물체만 있을 때뿐이다.

세 번째 물체가 추가되는 순간, 더 이상 수학은 생각대로 풀리지 않는다. 이것이 바로 '삼체 문제'다. 방정식은 훨씬 더 복잡해지고, 명시적으로 해를 구할 수 없게 되는데, 이는 수학자들을 몹시 짜증나게 만드는 일이었다!

그중에서도 가장 짜증이 났던 인물 중 하나가 바로 앙리 푸앵카레였다. 그리고 풀리지 않는 이 방정식 시스템을 어떻게든 이해하려 시도하던 중에, 그는 마침내… 카오스를 향한 첫발을 내딛게 된다.

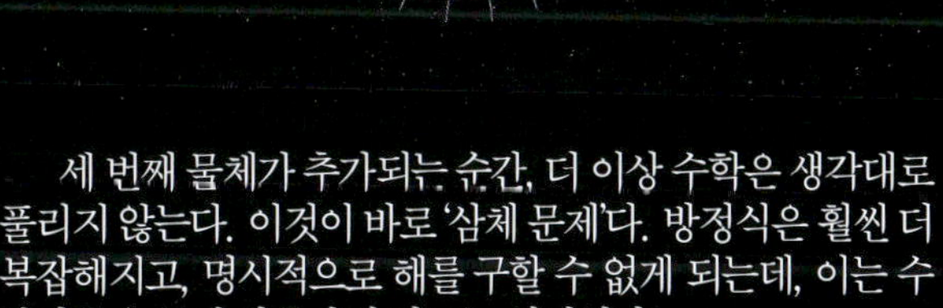

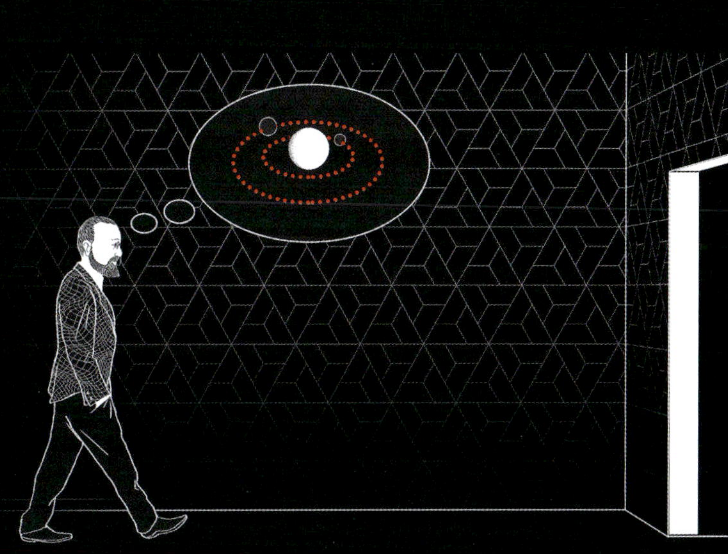

삼체문제는 결정론적이다. 즉, 현재의 순간이 미래를 완전히
결정한다는 뜻이다. 하지만 그 해는 두 물체만 있을 때보다 훨씬
더 다양하다. 방정식 시스템을 명시적으로 풀 수 없을 뿐만 아니
라, 심지어 근사치를 통해서도 결과를 찾아낼 수 없다.

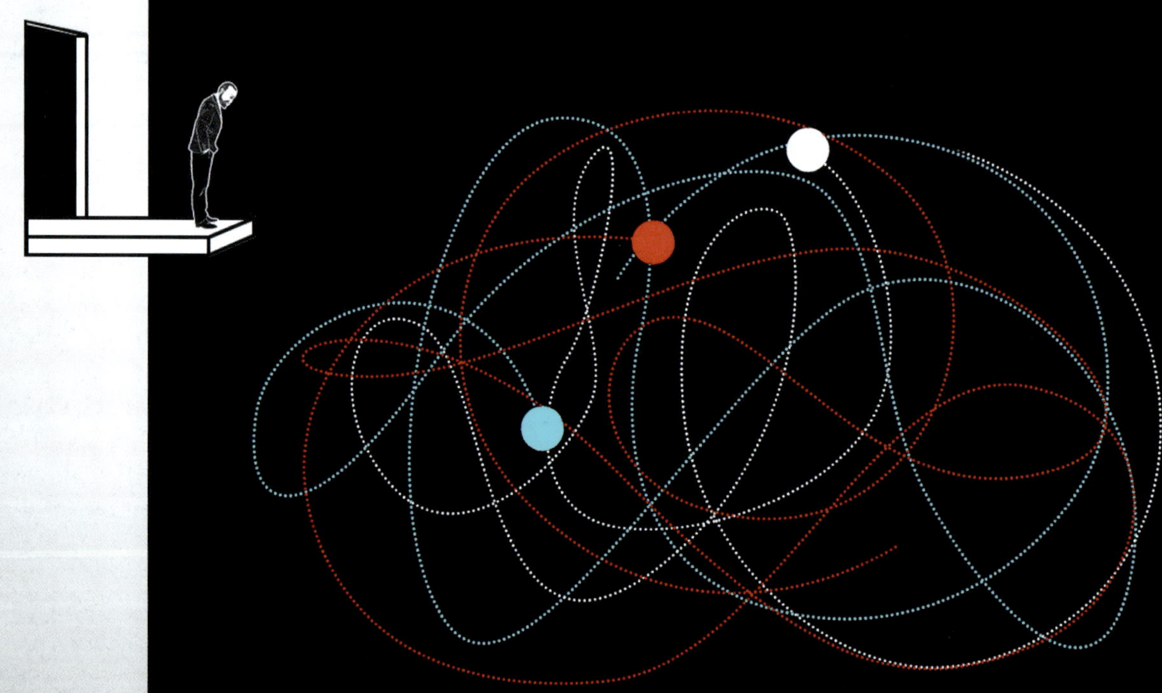

수학 그 자체가 어떻게 결정론이라는 견고한 세계에
이런 커다란 균열을 낼 수 있는 것일까?

문제는 평범한 인간들이 라플라스가 상상했던 전지전능한 지성을 갖추지 못했다는 점이다. 인간은 물체의 위치와 속도를 제한된 정밀도로만 파악할 수 있을 뿐이다.

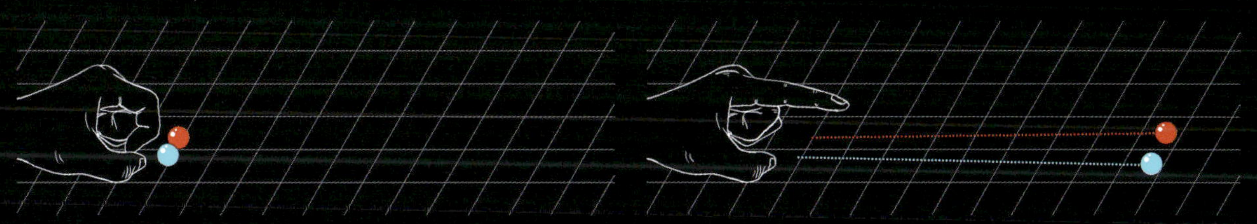

이떤 경우에는 이것이 통한다. 초기 조건에서의 작은 차이가 결과에서도 작은 차이만을 만들어내기 때문이다.

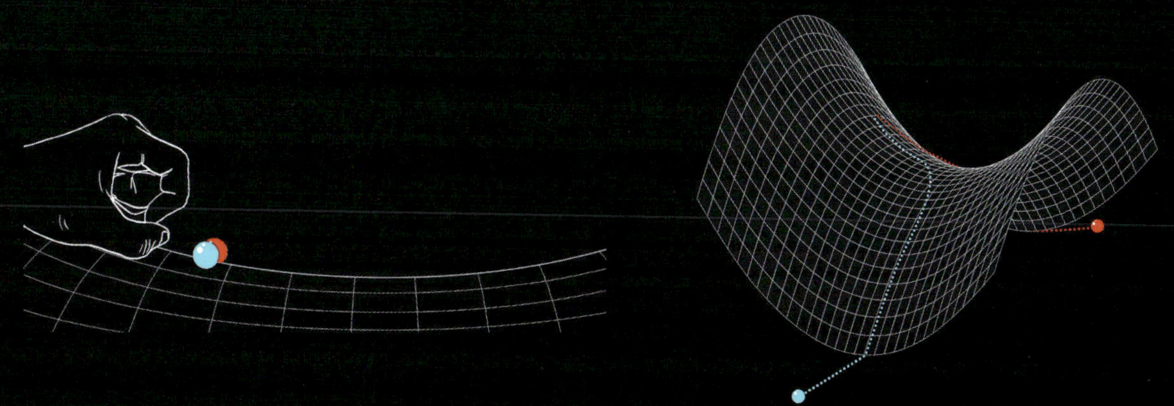

하지만 또 다른 경우에는 처음에 아주 미세한 변화만 있어도 완전히 다른 상황에 이르게 된다. 푸앵카레는 이런 경우 모든 예측이 불가능해진다고 결론지었다. 그리고 이 이론은 약 한 세기 동안 거의 그 상태로 머물게 된다.

1960

이 혼돈의 역사는 1960년대 초반에 이르러 다시 활기를 띠기 시작한다. 배경은 보스턴에 위치한 명문 MIT다.

그곳 기상학과의 수학자 에드워드 로렌츠는 그가 이끄는 팀과 함께 초기 상용 컴퓨터를 사용하여 기상 예보에 쓰이는 수학적 모델을 이해하고 개선하기 위한 연구에 매진하고 있었다.

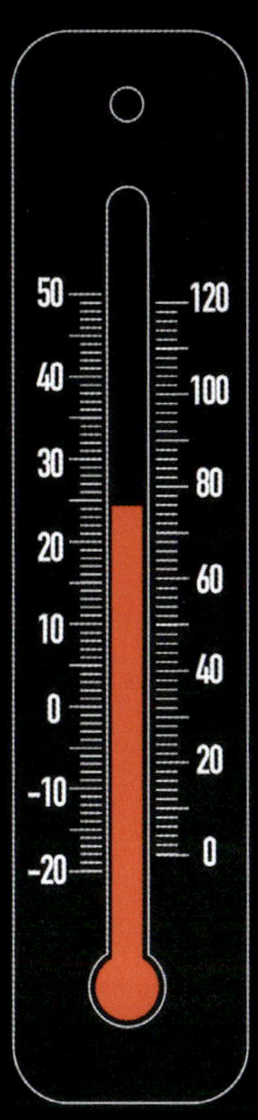

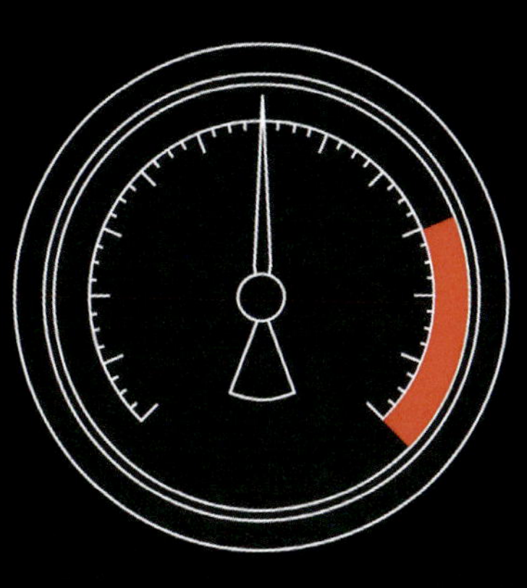

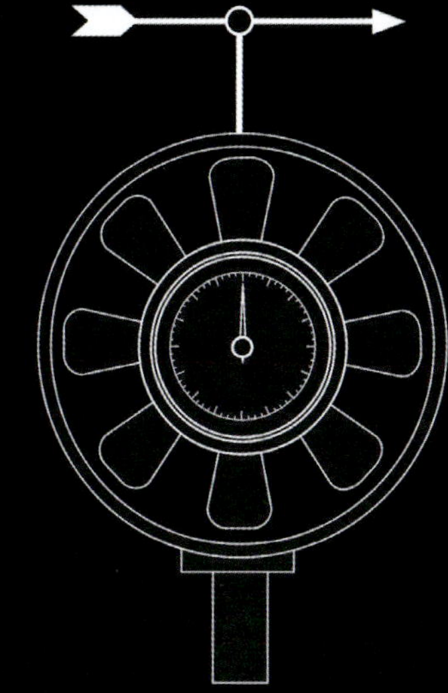

내일 보스턴의 날씨를 예측하려면 보스턴은 물론 그 주변 지역 전체의 기온, 기압, 풍속과 풍향을 알아야 한다.

이상적으로는 지구 대기의 모든 지점에 대한 데이터를 파악해야 할 것이다! 삼체문제와 비교해 보더라도, 기상 예보의 복잡성은 수백만 배에 달한다. 이 복잡한 현상의 실마리를 찾기 위해 로렌츠는 모델을 단순화해야만 했다.

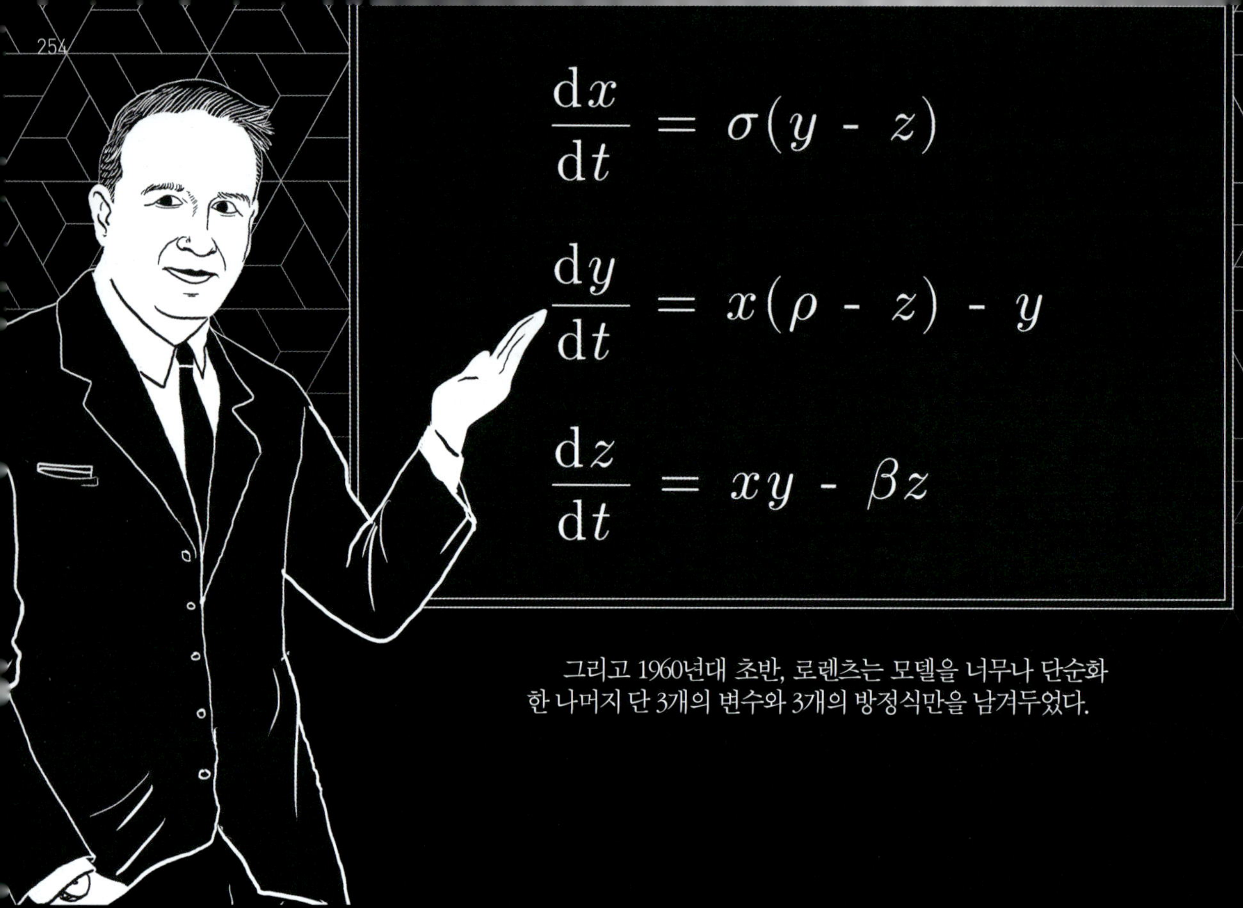

$$\frac{\mathrm{d}x}{\mathrm{d}t} = \sigma(y - z)$$

$$\frac{\mathrm{d}y}{\mathrm{d}t} = x(\rho - z) - y$$

$$\frac{\mathrm{d}z}{\mathrm{d}t} = xy - \beta z$$

그리고 1960년대 초반, 로렌츠는 모델을 너무나 단순화한 나머지 단 3개의 변수와 3개의 방정식만을 남겨두었다.

수치 계산은 프로그래머인 엘렌 페터가 담당했다. 초깃값 3개를 선택하면 컴퓨터가 미래의 값을 출력하는 식이었다.

어느 날, 로렌츠는 이전에 했던 시뮬레이션을 다시 검토하고 싶어졌다. 엘렌 페터는 해당 연속과정의 시작 부분에 해당하는 초깃값 3개를 컴퓨터에 다시 입력했다… 그런데 첫 번째 관찰했던 것과는 완전히 다른 결과가 나온 것이다!

0,765	0,764	1,478
0,914	0,942	1,688
1,239	0,545	0,962
1,013	1,672	1,583
0,005	0,987	0,032
1,321	1,763	0,631
0,764	1,245	0,895
0,737	0,653	1,832
0,125	0,865	1,854
0,681	0,631	1,743
1,219	0,895	0,765
0,627	1,832	0,914
1,478	1,854	1,239
1,688	1,743	1,013
0,962	0,765	0,005
1,583	0,914	1,321
0,032	1,239	0,764
0,631	1,013	0,737
0,895	0,005	0,125

로렌츠와 그의 팀은 처음에는 프로그램 오류(버그)를 의심했으나, 곧 실수를 깨달았다. 종이에 출력된 값은 소수점 셋째 자리까지였지만, 프로그램 내부에서는 소수점 여섯째 자리까지 사용하고 있었던 것이다. '0.506127'을 '0.506'으로 바꾼 것만으로도 전체 시나리오를 완전히 뒤바꾸기에 충분했다. 삼체문제와 마찬가지로, 장기적인 모든 예측은 불가능해 보였다.

로렌츠는 이 결과들을 담은 논문을 1963년 한 기상학 학술지에 발표했다. 그는 이 논문에서 기상 예보보다 훨씬 일반적이고 근본적인 문제를 다루고 있었다. 하지만 수학자들은 기상학 학술지를 읽지 않았고, 이 논문은 세간의 관심을 전혀 받지 못한 채 묻히고 말았다.

1972년, 에드워드 로렌츠는 '예측 가능성: 브라질에 있는
나비의 날갯짓이 텍사스에 토네이도를 일으킬 수 있는가?'라
는 제목의 강연을 한다.

아주 작은 변화가 거대한 결과를 초래할 수 있음을
보여주는 이 이미지는 마침내 동료 학자들의 관심을 끄
는 데 성공한다.

'나비 효과'는 예상치 못한 엄청난 성공을 거두었다. 이
은유 덕분에 마침내 대중은 한 세기 전 푸앵카레가 묘사했던
결정론의 한계를 깨닫게 된 것이다!

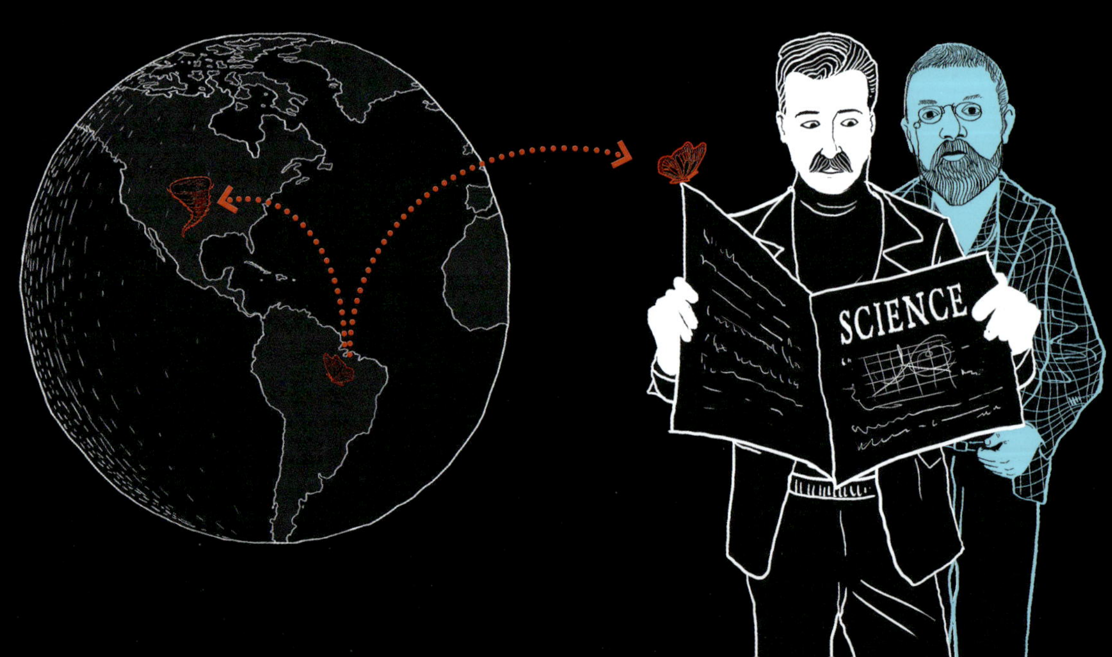

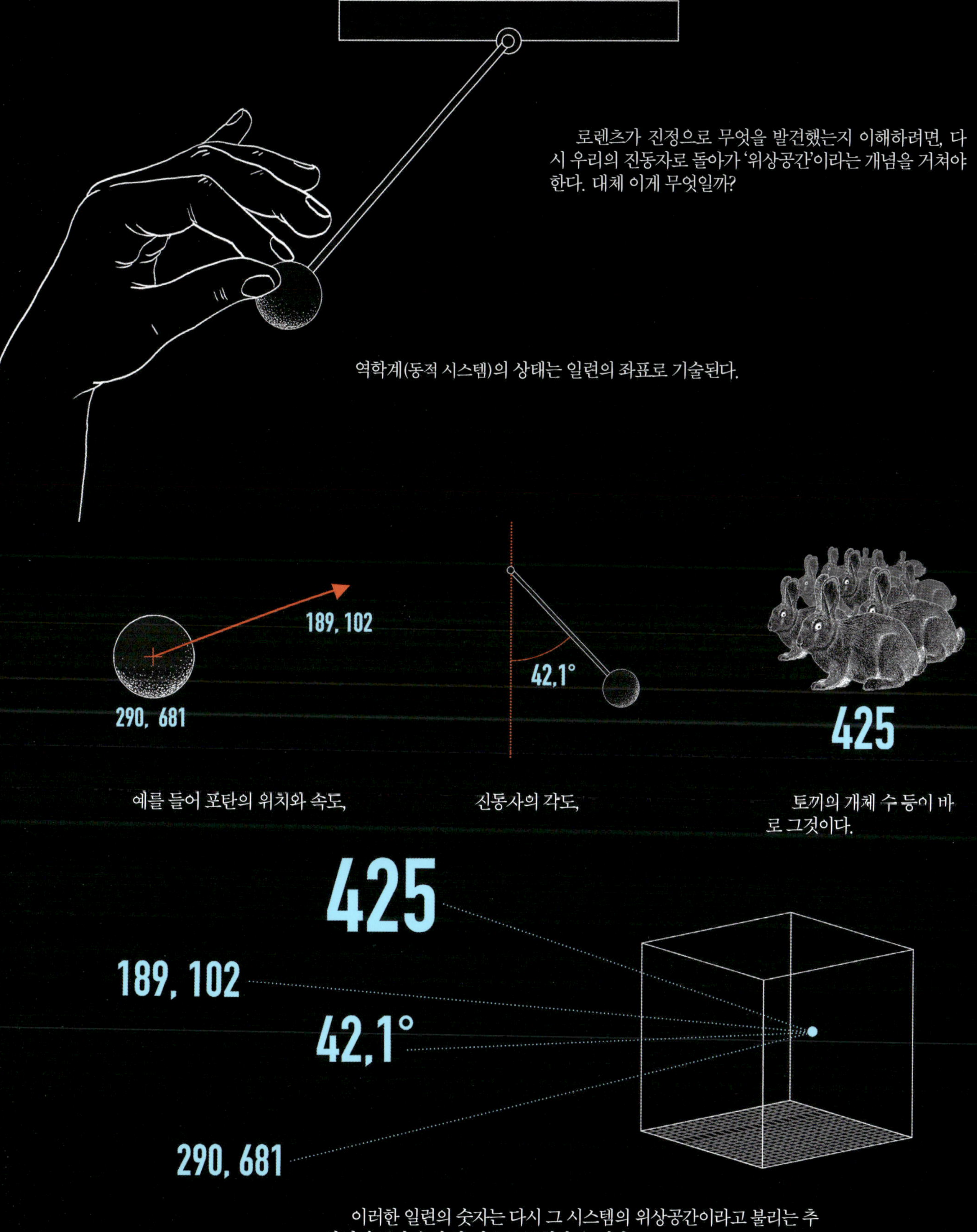

로렌츠가 진정으로 무엇을 발견했는지 이해하려면, 다시 우리의 진동자로 돌아가 '위상공간'이라는 개념을 거쳐야 한다. 대체 이게 무엇일까?

역학계(동적 시스템)의 상태는 일련의 좌표로 기술된다.

예를 들어 포탄의 위치와 속도, 진동사의 각도, 토끼의 개체 수 등이 바로 그것이다.

이러한 일련의 숫자는 다시 그 시스템의 위상공간이라고 불리는 추상적인 공간 속의 한 점으로 표현할 수 있다.

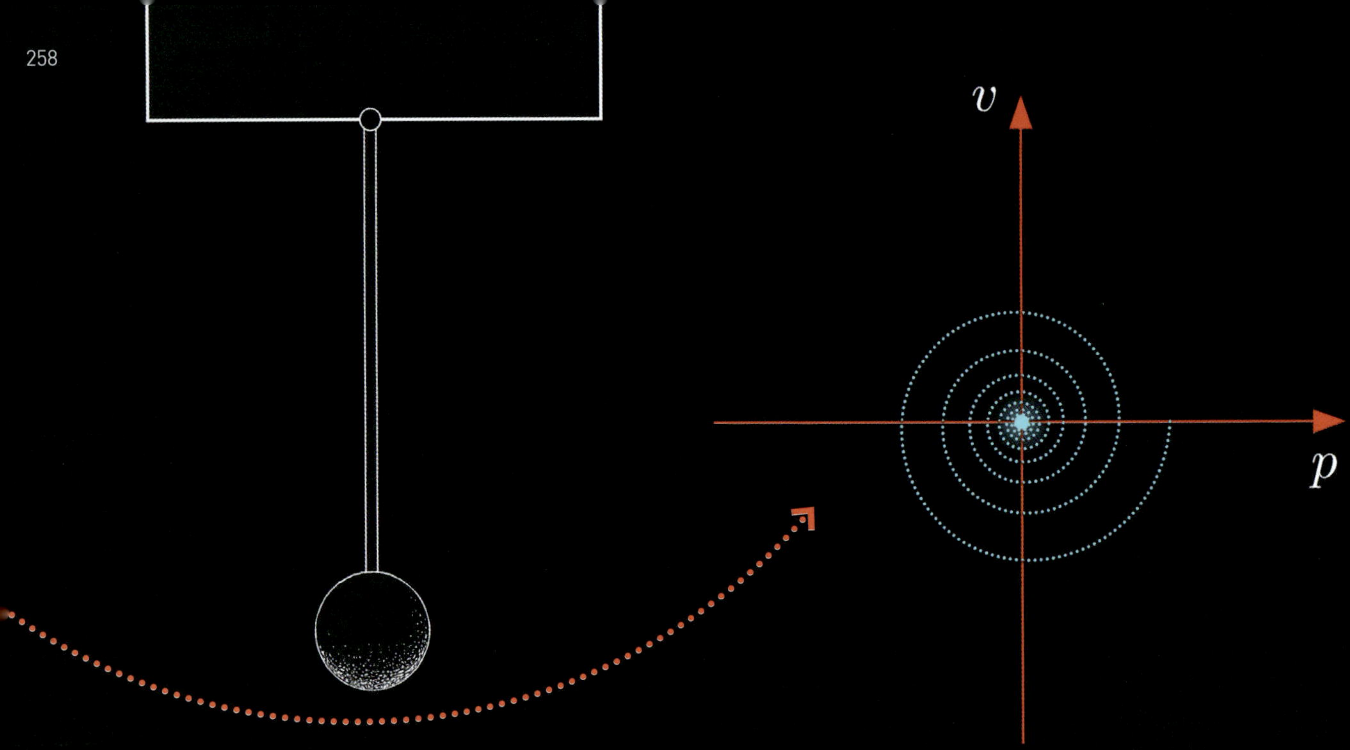

다시 진동자의 예로 돌아가 보자. 한 축에는 진동자의 위치를, 다른 축에는 속도를 표시하면 시스템이 하나의 정지된 평형 상태를 향해 진화한다는 사실을 알 수 있는데, 이는 위상공간 속의 한 점에 해당한다. 출발 위치가 어디든 상관없이 진동자는 결국 동일한 지점으로 수렴하게 되며, 이러한 이유로 그 지점을 '끌개(어트랙터)'라고 부른다.

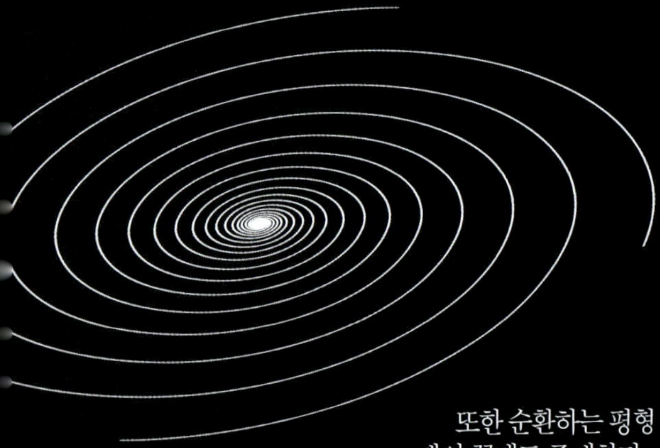

또한 순환하는 평형 상태에 대응하는 더 복잡한 형태의 끌개도 존재한다.

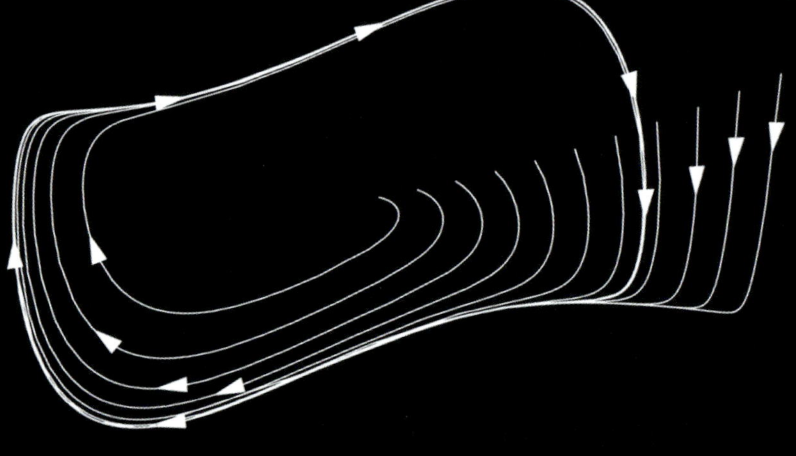

$$\frac{\mathrm{d}x}{\mathrm{d}t} = \sigma(y - z)$$

$$\frac{\mathrm{d}y}{\mathrm{d}t} = x(\rho - z) - y \qquad \cdots\cdots\rightarrow \qquad x,\ y,\ z \qquad \cdots\cdots\rightarrow$$

$$\frac{\mathrm{d}z}{\mathrm{d}t} = xy - \beta z$$

마찬가지로, 로렌츠 모델의 3개 변수가 변하는 과정은 우리가 사는 3차원 공간 속 한 점의 이동으로 기술할 수 있다!

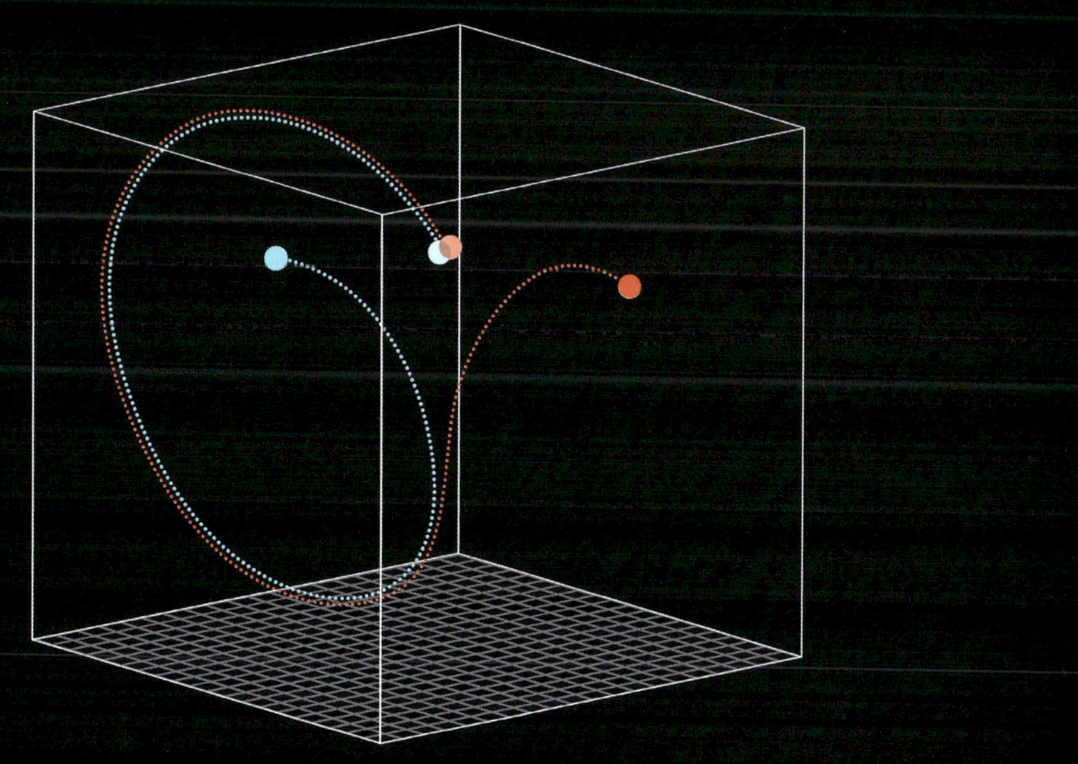

로렌츠가 연구한 각각의 시뮬레이션은 임의로 선택된 한 점에서 시작하여 이 공간 안에 하나의 궤적을 만들어낸다. 그가 이미 확인했듯이, 거의 겹쳐져 있던 두 점조차 얼마 지나지 않아 완전히 다른 위치에 도달하게 된다. 하지만 이러한 발산은 완전히 무작위적인 것만은 아니다. 그 안에는 어떤 규칙성이 감돌고 있다.

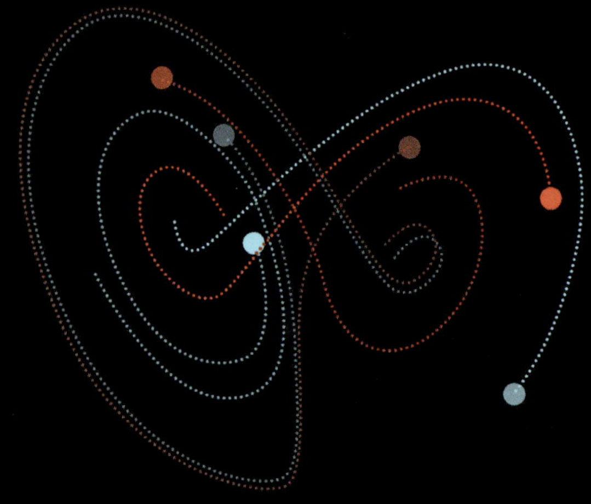

시뮬레이션을 거듭할수록 서로 다른 궤적은 결국 한데 모이기 시작하며, 매우 독특한 형태를 이루게 된다.

이것 역시 하나의 끌개이지만, 이전에는 단 한 번도 관찰된 적이 없는 새로운 종류의 끌개다.

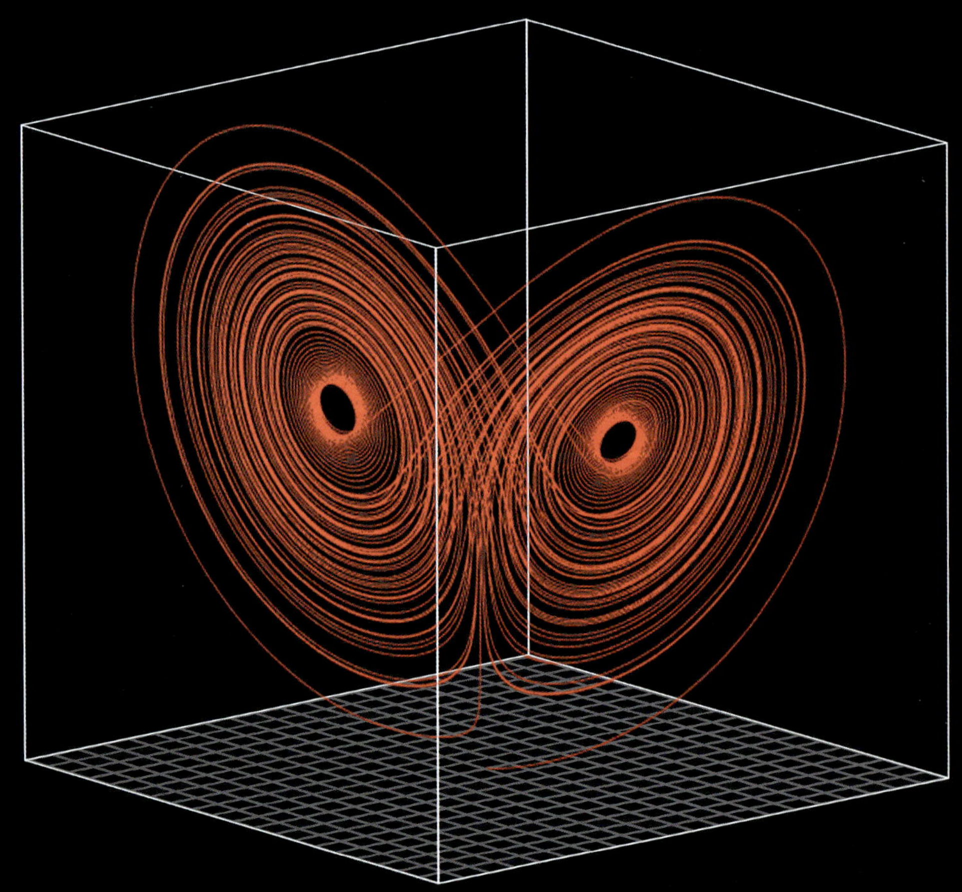

위상공간 속의 개별 궤적과는 달리, 훗날 '이상한 끌개'라 명명될 이 복잡한 물체는 초기 조건에 의존하지 않고 오직 선택된 방정식 시스템에 의해서만 결정된다. 게다가 아주 공교롭게도, 그 모양은 나비를 닮았다!

로렌츠 이후, 수많은 다른 분야에서도 이른바 '이상한 끌개'들이 잇달아 발견되었다. 이들 덕분에 그동안 혼돈스러운 현상을 감싸고 있던 신비의 베일이 부분적으로나마 벗겨지게 되었다.

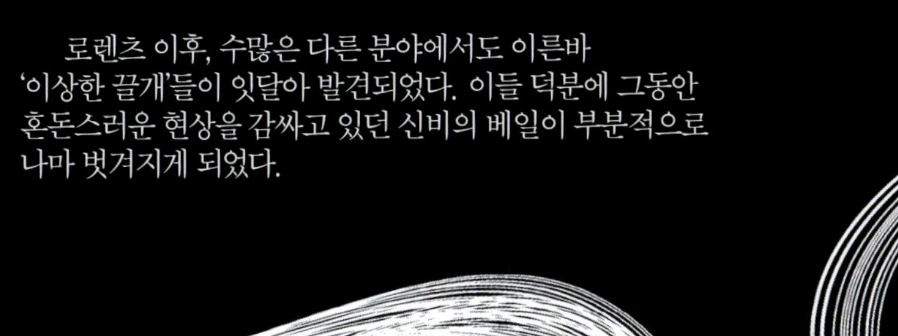
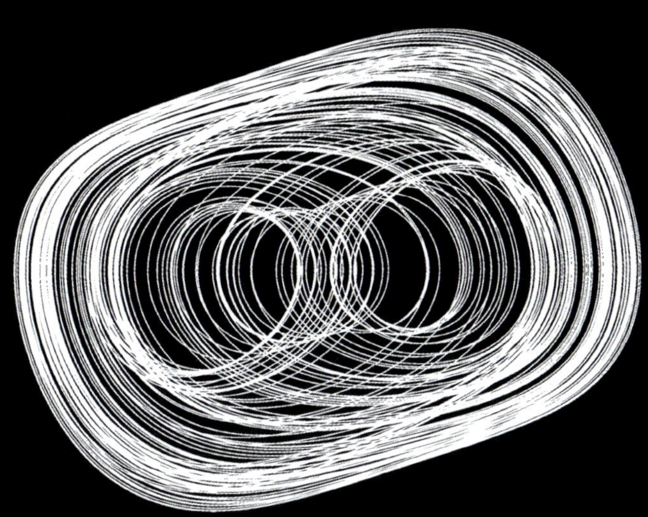
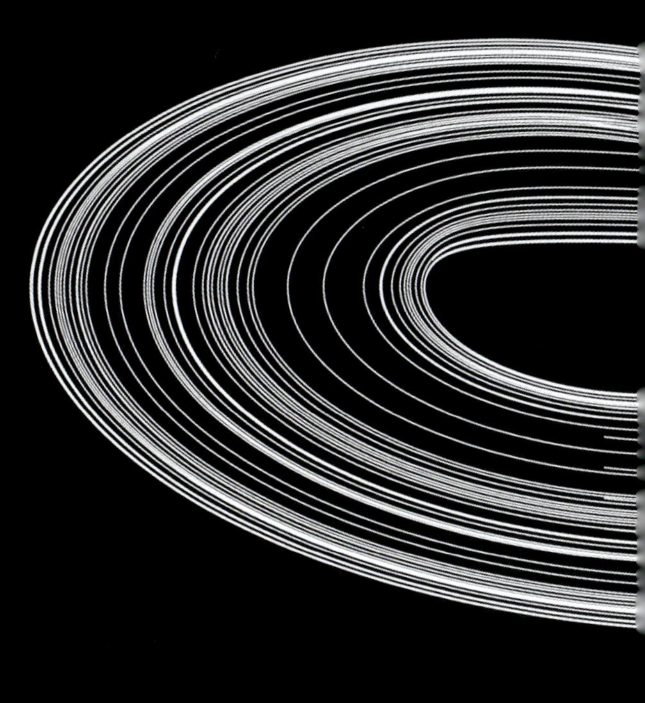

이 과정에서 브라질의 나비는 세상을 뒤바꾸는 마법 같은 힘을 어느 정도 잃게 되었다. 나비의 날갯짓이 토네이도가 발생하는 구체적인 날짜는 바꿀 수 있을지 몰라도, 연간 발생하는 토네이도의 평균 횟수까지 바꿀 수는 없기 때문이다.

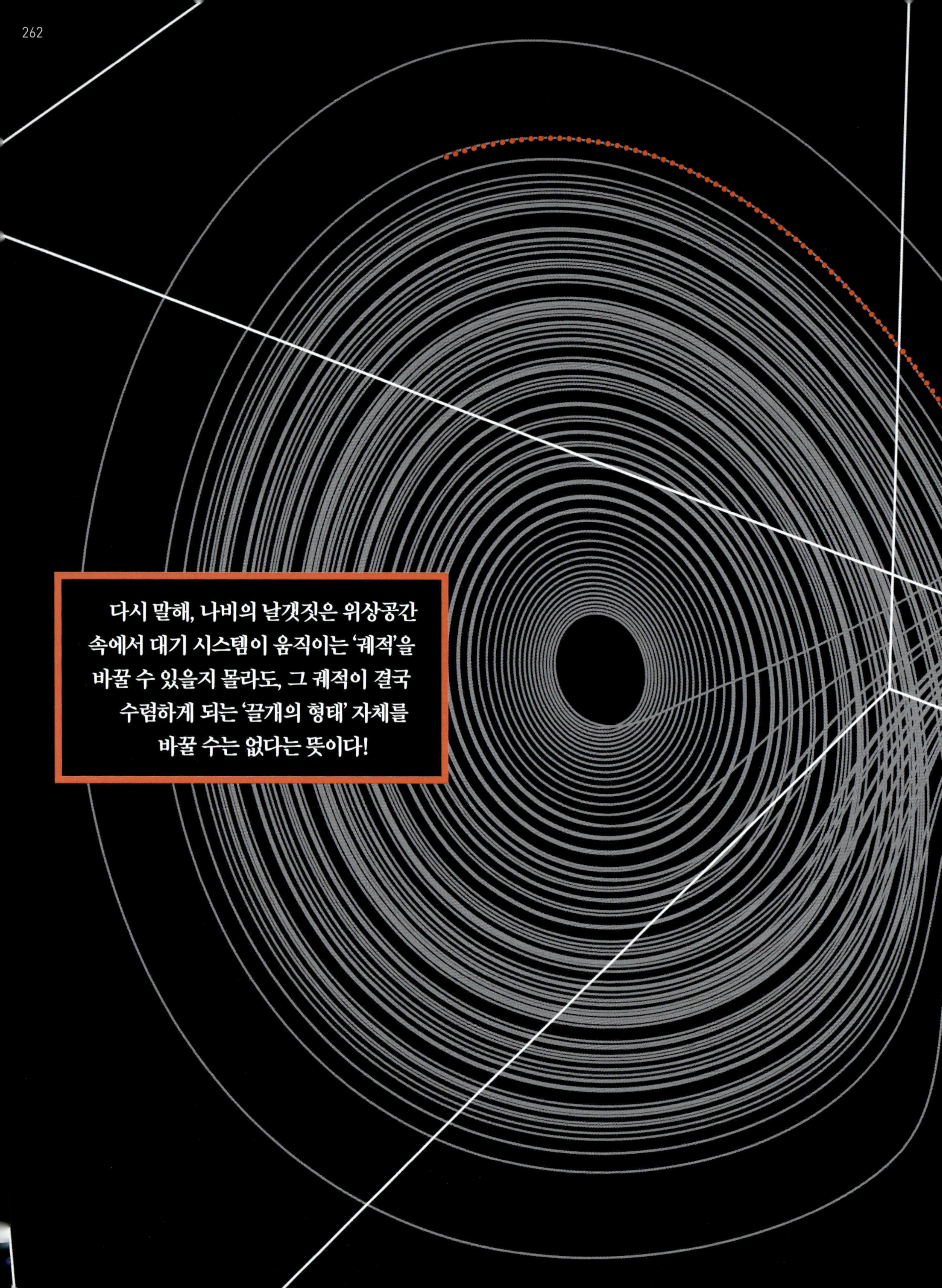

다시 말해, 나비의 날갯짓은 위상공간
속에서 대기 시스템이 움직이는 '궤적'을
바꿀 수 있을지 몰라도, 그 궤적이 결국
수렴하게 되는 '끌개의 형태' 자체를
바꿀 수는 없다는 뜻이다!

결정론적 카오스의 발견은 우리에게 겸손을 가르쳐 주었다. 이제 우리는 우주가 완전히 예측 가능할 것이라는 꿈을 꾸지 않는다. 하지만 통계적인 질문(개별 결과가 아니라 분포·평균·확률·경향·패턴을 묻는 질문)에 집중함으로써, 시스템이 혼돈 상태일 때조차 예측을 계속해 나갈 수 있다.

기상 현상은 장기적으로 예측할 수 없지만, 기후는 전반적으로 '나비 효과'에 민감하지 않다… 그리고 바로 그렇기 때문에 기후는 예측의 대상이 될 수 있다.

CHAPTER XVI

결정 문제
수학의 종말인가?

아드리앙 델로로 공저

진실을 기계적으로 계산해 낼 수 있는 세상을 상상
해 보라…
절대적 이성을 향한 이 꿈을 17세기 말, 철학자이자
수학자인 고트프리트 빌헬름 라이프니츠가 품었다.

그가 상상했던 '추론 계산법'은 우리를 소모적인 의견 대립에서 해방시켜 줄 것이라 약속했다. "자본주의냐 공산주의냐", "맥이냐 PC냐", "치즈냐 디저트냐" 같은 끝없는 논쟁은 이제 끝이다. 모든 종류의 주장을 기계에 입력하기만 하면, 기계는 단 한 치의 오차도 없이 "참" 혹은 "거짓"이라는 답을 내놓을 것이기 때문이다.

과연 이런 기계가 가능할까? 이것이 바로 이번 장이 던지는 질문이다. 우리는 여기서 하나의 근본적인 문제가 어떻게 수학의 종말을 예견하게 했으며, 그 과정에서 어떻게 컴퓨터 과학을 탄생시켰는지 살펴보게 될 것이다.

$$\langle 9 \times 98 = 882 \rangle$$

$$(\forall\, a \neq 0)(\forall\, b \neq 0)(\forall\, c)(\forall\, n > 2)(a^n + b^n \neq c^n)$$

$$(\exists x)(P(x) = 0)$$

$$\langle 5 + 3 = 9 \rangle$$

$$2 \cdot 2 = 5$$

$$(\forall a)(\forall b \neq 0)(a^2 \neq 2b^2)$$

$$P = NP$$

$$(\forall n > 1)(\exists p)(p \in \mathbb{P} \wedge p\,|\,n)$$

$$(\forall n)(\exists p \geq n)(p \in \mathbb{P})$$

$$(\forall n)(\exists\, a, b, c, d)(n = a^2 + b^2 + c^2 + d^2)$$

$$2 + 2 = 4$$

$$\sum_{k=1}^{\infty} \frac{1}{k^2} = \frac{\pi^2}{6}$$

$$\begin{gathered}(\forall n > 2)(\exists p \geq n) \\ (p \in \mathbb{P} \wedge p + 2 \in \mathbb{P})\end{gathered}$$

$$\begin{gathered}(\forall n > 2)[(\exists k)(n = 2k) \\ \rightarrow (\exists p)(\exists q)(p \in \mathbb{P} \wedge q \in \mathbb{P} \wedge n = p + q)]\end{gathered}$$

우리의 야심을 대폭 줄이는 것부터 시작해 보자. 라이프니츠는 모든 주장의 진위를 가릴 수 있는 보편 언어를 꿈꿨지만, 우리는 이미 정확한 용어로 표현할 수 있는 것, 즉 수학적 명제에만 집중하여 그중 어떤 것이 증명 가능한지를 묻기로 하자.

이것이 바로 1928년, 독일의 거대한 수학자 데이비드 힐베르트가 그의 동료 빌헬름 아커만과 함께 던진 질문이다.

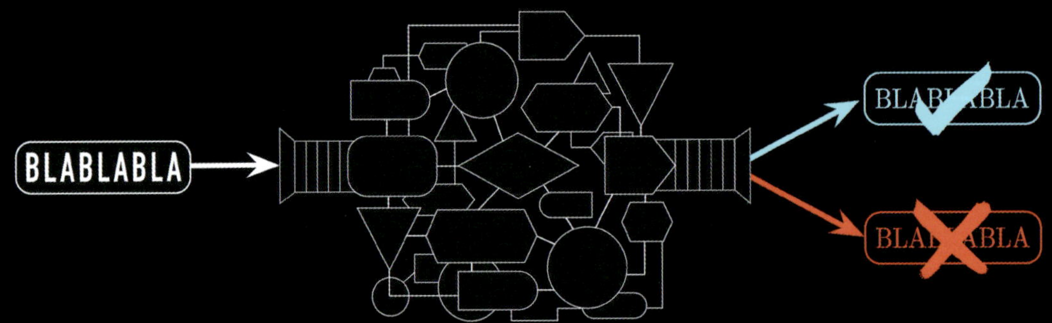

주어진 수학적 문장이 증명 가능한지 아닌지를 판별할 수 있는 알고리즘이 존재하는가?

만약 존재한다면, 이러한 알고리즘을 '결정 알고리즘'이라 부를 수 있을 것이다.

따라서 이 알고리즘의 존재 여부를 묻는 것이 바로 결정 문제, 원어로는 엔트샤이둥스프로블렘이다. 힐베르트처럼 수학의 기초를 더욱 엄밀하게 세우고자 하는 이들에게 이 결정 문제를 해결하는 것은 핵심적 목표였다. 만약 이것이 해결된다면 모든 수학자는 은퇴해야 할지도 모른다!

여기서 문제는 개별적인 수학적 주장을 증명하려는 시도가 아니라, 어떤 것이 증명 가능하고 어떤 것이 불가능한지를 판별할 수 있는 일반적인 방법을 찾아내는 일이다.

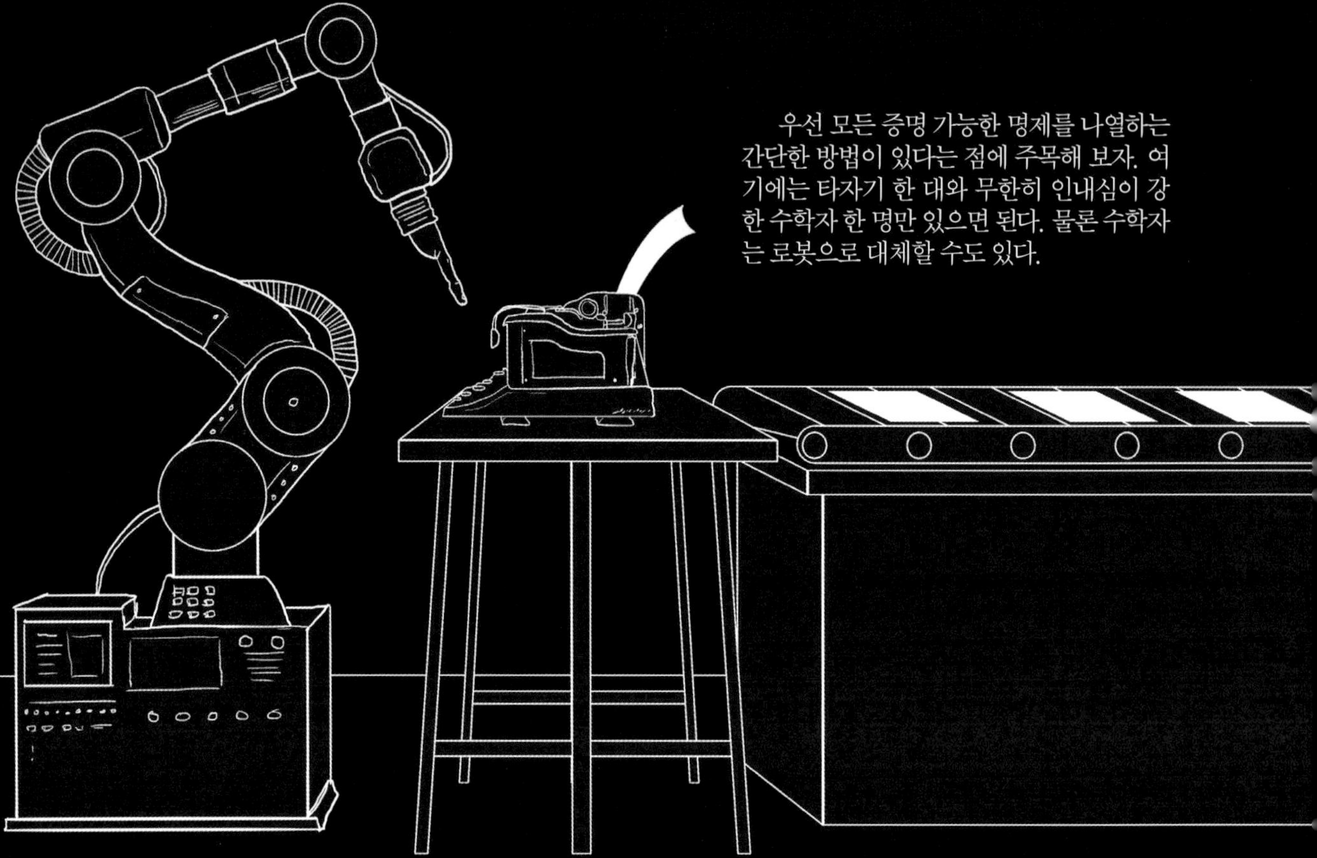

우선 모든 증명 가능한 명제를 나열하는 간단한 방법이 있다는 점에 주목해 보자. 여기에는 타자기 한 대와 무한히 인내심이 강한 수학자 한 명만 있으면 된다. 물론 수학자는 로봇으로 대체할 수도 있다.

그 로봇에게 한 페이지 분량의 모든 가능한 텍스트를 무작위로 치게 하고, 그다음은 두 페이지, 세 페이지… 이런 식으로 계속 반복하게 한다.

당연히 얻어낸 텍스트의 대부분은 아무런 의미가 없겠지만, 그중 일부는 우연히 소설의 한 조각일 수도 있고, 또 다른 일부는 정리를 증명하는 내용일 수도 있다. 우리는 이를 '증명 가능한 명제' 목록에 추가하기만 하면 된다. 이 과정은 끔찍하게 느리지만, 기계화가 가능하다는 장점이 있다. 그렇다면 이로써 결정 문제가 해결된 것일까? 사실… 아니다.

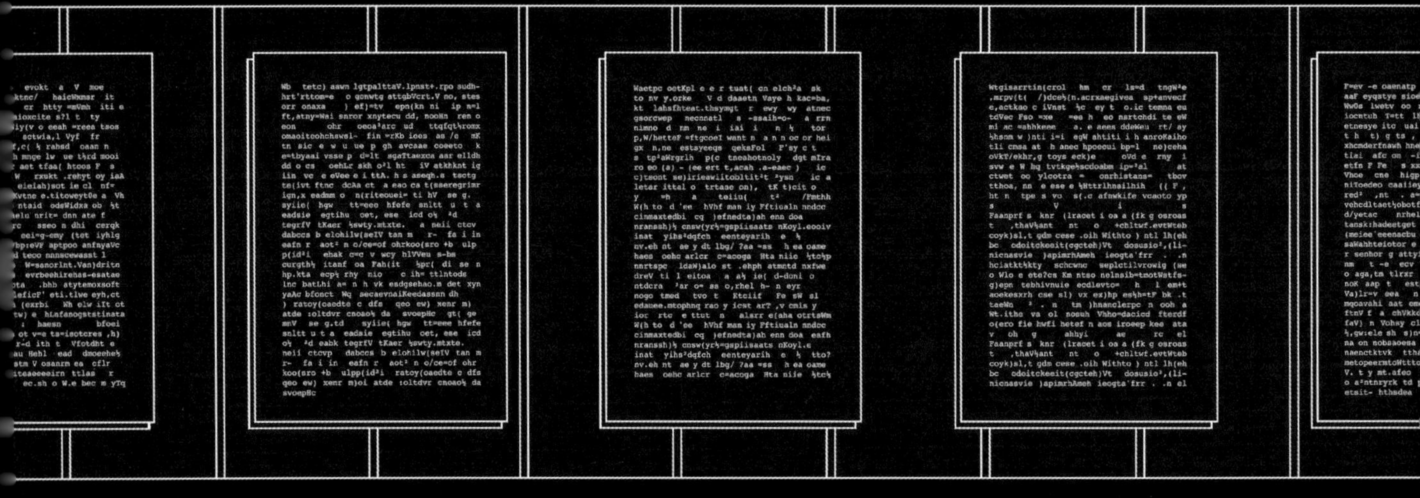

우리의 질문은 특정한 명제, 예를 들어 바로 이것에 관한 것이기 때문이다:
"주어진 이 명제는 참인가?"

만약 이 명제의 증명이 한 페이지, 혹은 두 페이지, 세 페이지 분량의 텍스트 중에서 나타난다면 우리는 답을 얻은 셈이다.

$$(\forall n > 2)(\exists p \geq n)(p \in \mathbb{P} \wedge p+2 \in \mathbb{P})$$

$$(\forall n > 2)(\exists p \geq n)(p \in \mathbb{P} \wedge p+2 \in \mathbb{P})$$

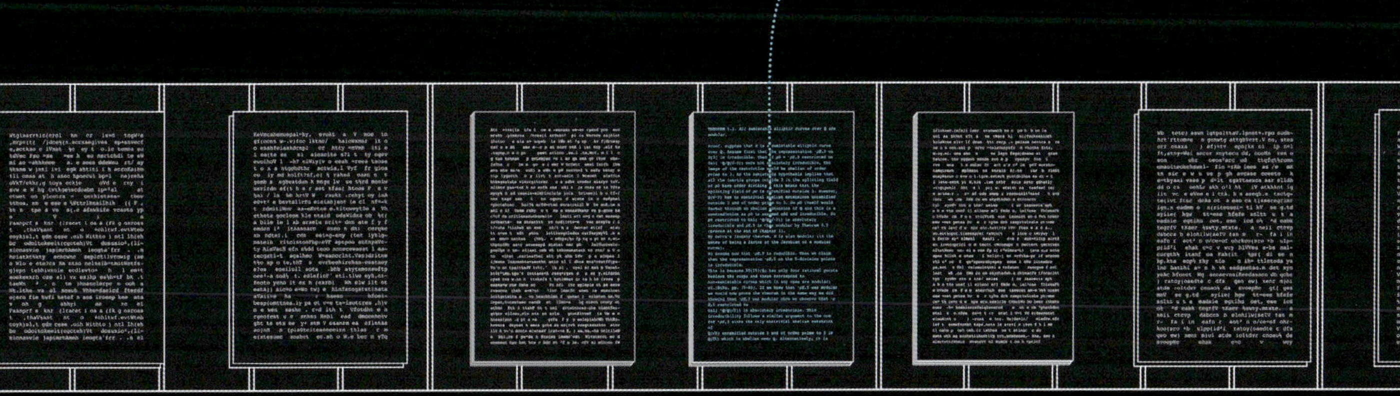

하지만 그렇지 않다면? 백 페이지짜리 텍스트 가운데서도 증명을 찾지 못했고, 천 페이지짜리 텍스트에서도 찾지 못했다면 어떻게 할 것인가?

그럴 때는 두 가지 가능성밖에 없다. 해당 명제가 증명 불가능하거나, 다른 하나는 그 증명이 아직 우리가 살펴본 것보다 훨씬 더 긴 경우다. 결국 우리는 증명 가능한 명제의 목록은 얻었을지언정, 주어진 어떤 명제가 증명 불가능하다는 사실은 결코 확신할 수 없는 것이다!

그것은 마치 시간표도 없이 버스를 기다리는 것과 같다. 버스가 온다
면 그 정류장에 버스가 다닌다는 사실이 확인되지만, 버스가 오지 않는다
면 그 무엇도 결론 내릴 수 없다. 두 시간마다 한 대씩 오는 것일지도 모르
고, 아예 노선이 없는 것일지도 모르며, 혹은 내가 엉뚱한 곳에 서 있는 것
일지도 모르기 때문이다.

1930년대에 들어서자 일부 수학자들은 결정 알고리즘이 존재하지 않을지도 모른다고 의심하기 시작했다. 그들은 이를 증명하기 위해 나섰는데, 여기서 상황이 복잡해진다. 만약 해결책이 긍정적(알고리즘이 존재함)이었다면, 거창한 이론 없이도 찾아낼 수 있었을 것이다. 우리는 알고리즘을 마주하는 순간 그것이 알고리즘임을 알아볼 수 있으니 말이다!

하지만 결정 알고리즘이 존재하지 않음을 증명하려면, '모든' 알고리즘에 대해 추론해야 하며, 따라서 알고리즘이라는 개념 자체를 엄밀하게 정의해야만 한다. 이것이 바로 계산 이론, 그리고 컴퓨터 과학의 근간이다.

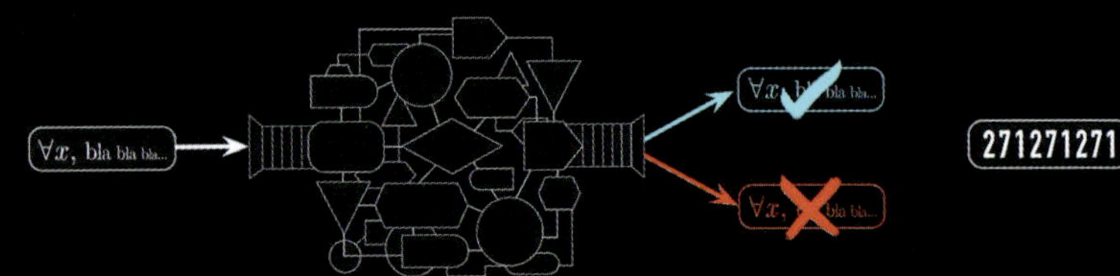

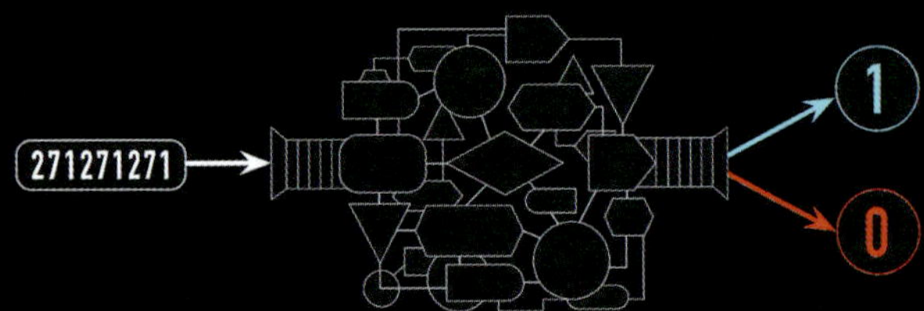

알고리즘이란 무엇일까? 어쩌면 질문을 다시 던져야 할지도 모른다. 힐베르트가 원했던 결정 알고리즘은 수학 공식을 입력받아, 출력값으로 '예' 또는 '아니요.'라는 단어를 내놓는 것이었다.

하지만 '예'와 '아니요.'는 1과 0으로 바꿀 수 있다. 내 친김에 처음에 입력할 공식 역시 숫자로 부호화(코딩)할 수 있다. 모든 것을 디지털화한 우리에게는 당연한 일이지만, 당시에는 아주 획기적인 발상이었다!

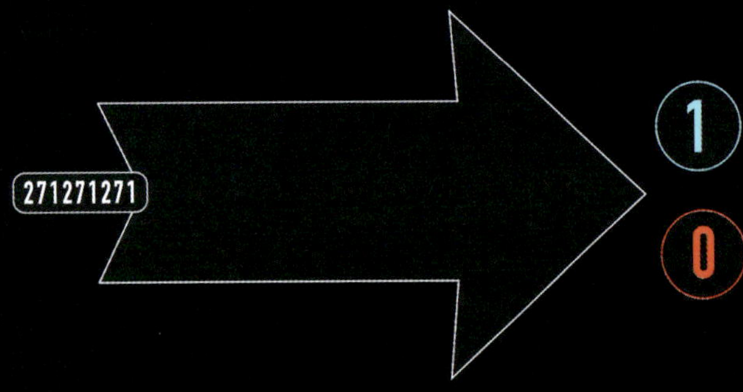

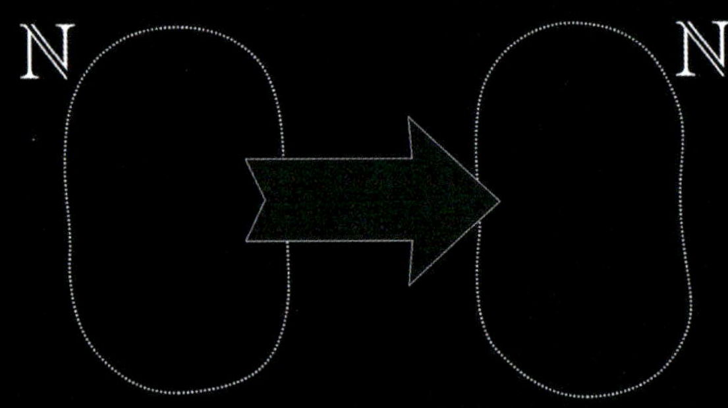

이 시점에서 알고리즘은 어떤 숫자에 다른 숫자를 대응시키는 과정이 된다. 그리고 이것을 수학 용어로는 '함수'라고 부른다.

함수의 역할은 서로 다른 집합에 속한 원소를 연결해 주는 것이다. 우리가 다루는 사례에서 해당 집합은 바로 자연수의 집합이다.

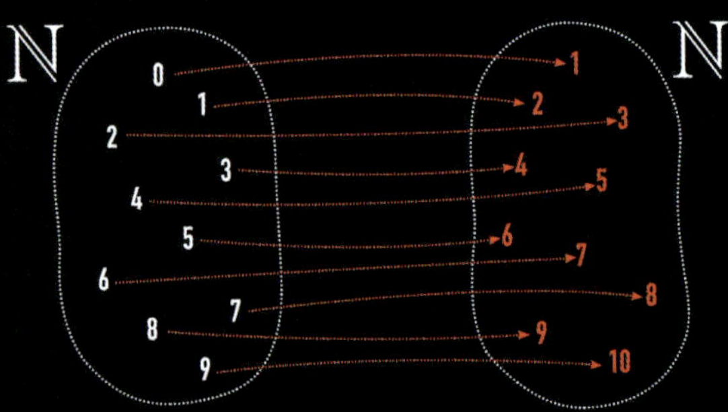

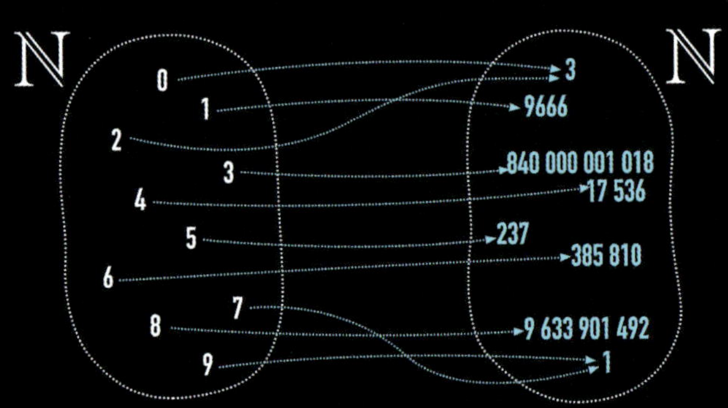

예시로 함수 F를 들어보자.
여러분은 이미 알아보았을 것이다. $F(x) = x + 1$이다.

또 다른 예로 함수 G를 보자.
이번엔 그리 간단하지 않다!

F와 G 사이에는 커다란 차이가 있다. F는 실제로 계산 가능한 함수로, 「x + 1」이라는 규칙만으로 모든 F(x) 값을 구할 수 있다. 반면 G는 무한한 목록을 통해서만 기술될 수 있으며, 이런 의미에서 '계산 불가능한' 함수라고 말한다.

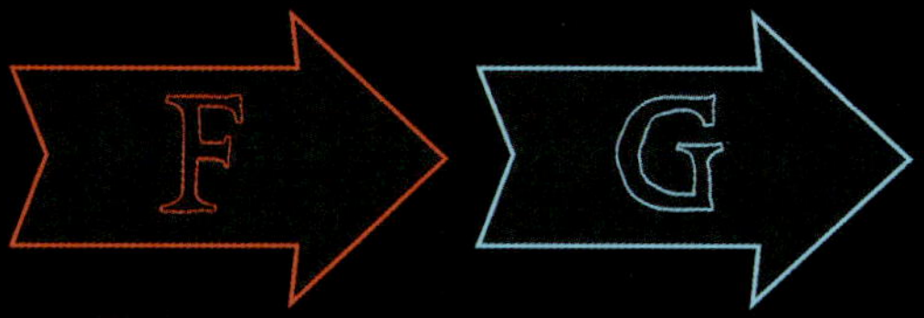

$F(x) = x + 1$

$G(x) =$ 3
9 666
0
840 000 001 018
17 536
237
385 810
13
9 633 901 492
1

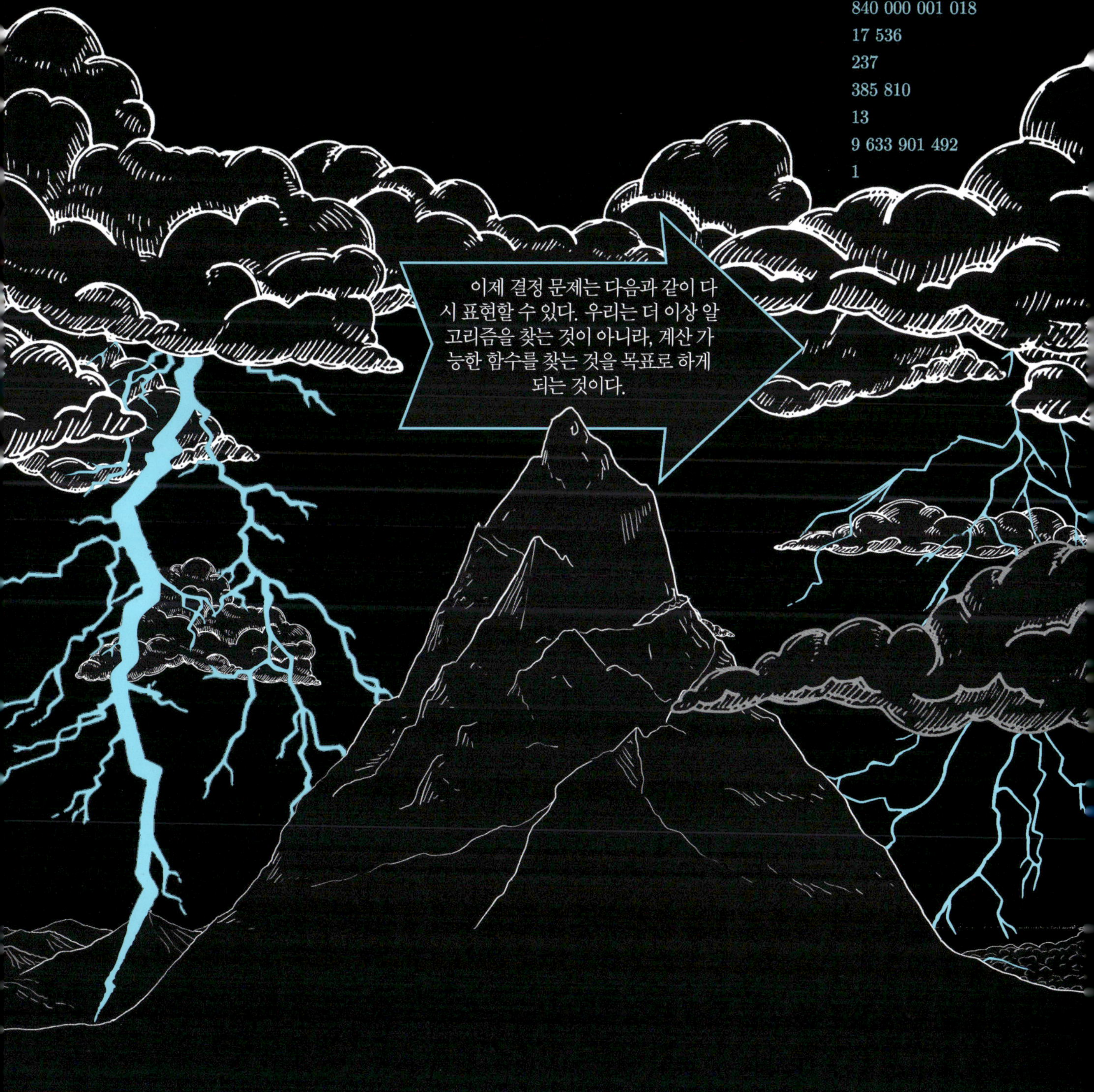

이제 결정 문제는 다음과 같이 다시 표현할 수 있다. 우리는 더 이상 알고리즘을 찾는 것이 아니라, 계산 가능한 함수를 찾는 것을 목표로 하게 되는 것이다.

계산 가능한 함수는 어떻게 알아볼 수 있을까?
이 질문은 1930년대의 수학계를 크게 흔들었고,
쿠르트 괴델, 앨런 튜링, 알론조 처치에 의해
거의 같은 시기에 세 가지 아이디어가 제시되었다.

프랑스의 자크 에르브랑이 발전시킨 개념을 더욱 정교하게 다듬어, 오스트리아의
괴델은 최초의 모델화를 제안한다. 그의 아이디어는 $F(x) = x + 1$과 같은 기본 함수에
서 출발해, 잘 정의된 구성 규칙에 따라 이들을 결합함으로써 더 복잡한 함수를 찾아
내는 것이었다. 괴델은 이러한 함수를 재귀 함수라고 불렀다.

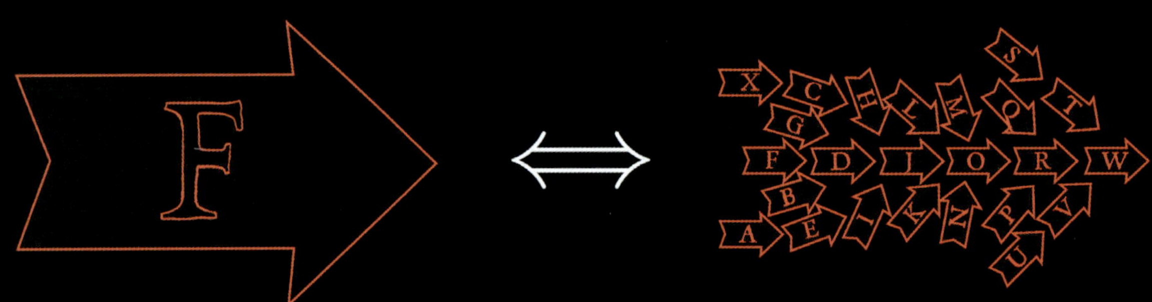

그리고 1934년, 그는 다음과 같은 첫 번째 정의
에 도달한다.

어떤 함수가 재귀적이라면… 그 함수는 계산 가능하다.

(전혀 상관없는 이야기지만, 에르브랑은 아주 젊은 나이에 등산 사고로 목숨을 잃었고, 괴델은 수년간의 은둔 생활 끝에 스스로 굶어 죽음을 택했다.)

해협 건너편 영국의 앨런 튜링 역시 결정 문제에 관심을 가졌으나, 그는 이를 매우 다른 방식으로 접근했다. 그는 알고리즘이 '기계화'가 가능하다면 그에 적합한 기계를 찾아보자고 생각했다. 이는 일종의 사고실험이었기에, 그는 실제적인 기술적 문제에는 크게 구애받지 않았다.

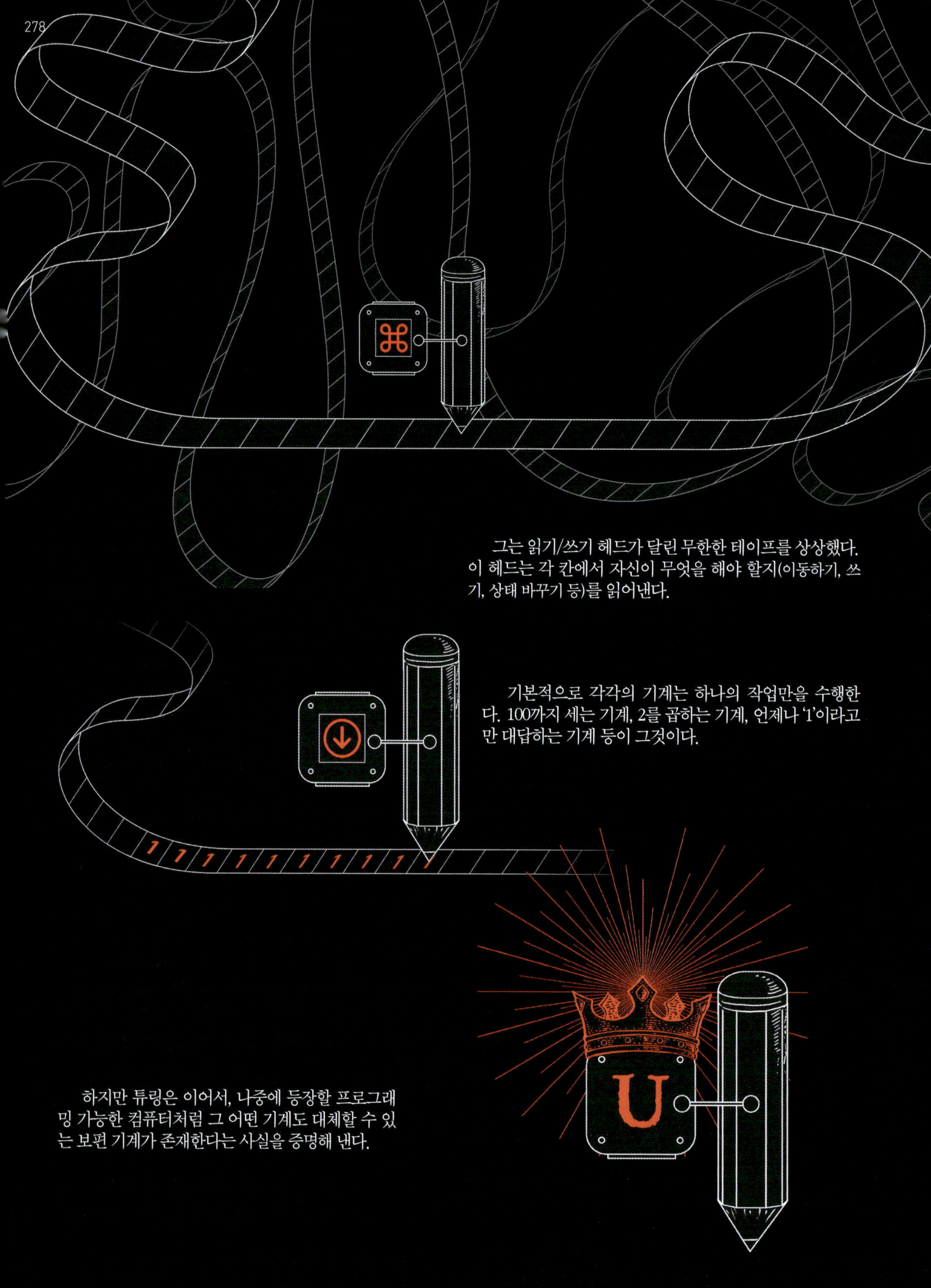

그는 읽기/쓰기 헤드가 달린 무한한 테이프를 상상했다. 이 헤드는 각 칸에서 자신이 무엇을 해야 할지(이동하기, 쓰기, 상태 바꾸기 등)를 읽어낸다.

기본적으로 각각의 기계는 하나의 작업만을 수행한다. 100까지 세는 기계, 2를 곱하는 기계, 언제나 '1'이라고만 대답하는 기계 등이 그것이다.

하지만 튜링은 이어서, 나중에 등장할 프로그래밍 가능한 컴퓨터처럼 그 어떤 기계도 대체할 수 있는 보편 기계가 존재한다는 사실을 증명해 낸다.

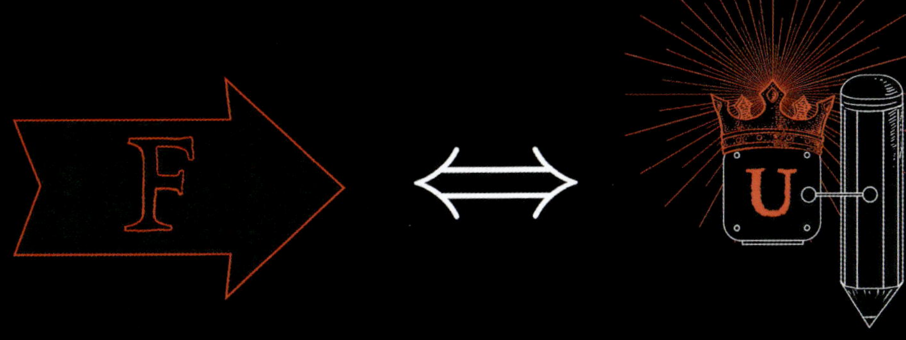

여기에 계산 가능성에 대한 두 번째 정의가 등장한다. 어떤 함수가 계산 가능하다는 것은…

그 값을 계산할 수 있는 튜링 기계가 존재한다는 뜻이다. (전혀 상관없는 이야기지만, 튜링은 동성애 죄목으로 영국 사법부에 의해 유죄 판결을 받았고 결국 자살로 내몰렸다.)

$$Y \quad := \lambda f \cdot (\lambda x \cdot f\,(xx))(\lambda x \cdot f\,(xx))$$

$$\begin{aligned}
Yg \;&= (\lambda f \cdot (\lambda x \cdot f(xx))(\lambda x \cdot f(xx)))g \\
&\rightsquigarrow (\lambda x \cdot g\,(xx))(\lambda x \cdot g\,(xx)) \\
&\rightsquigarrow g((\lambda x \cdot g(xx)(\lambda x \cdot g(xx))) \\
&= g(Yg) \\
&\rightsquigarrow \ldots \\
&\rightsquigarrow g(g(Yg)) \\
&\rightsquigarrow \ldots
\end{aligned}$$

여전히 1930년대 초반, 대서양 건너편에서는 미국인 알론조 처치가 컴퓨터가 등장하기도 전에 프로그래밍 언어의 조상 격인 것을 발명한다. 이 기묘하고 추상적인 작은 프로그램은 다른 프로그램을 조작할 수 있다. 이를 '람다 항'이라 부르며, 이에 대한 연구를 '람다 대수'라고 한다.

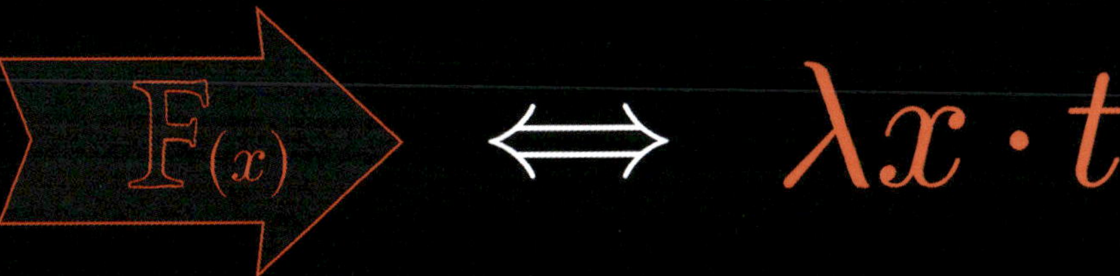

그리고 여기 세 번째 정의가 있다. 어떤 함수가 계산 가능하다는 것은…

그 값을 계산할 수 있는 람다 항이 존재한다는 뜻이다. (전혀 상관없는 이야기지만, 처치는 행복하게 살았으며 수많은 박사 과정 제자를 두었다.)

세 가지 계산 가능성의 정의는 근본적으로 다르다. 이들 정의는 서로 아주 다른 직관, 심지어는 서로 다른 감수성을 사용하고 있다. 하지만 곧 이들이 모두 동일한 함수의 집합을 아우른다는 사실이 증명되었다!

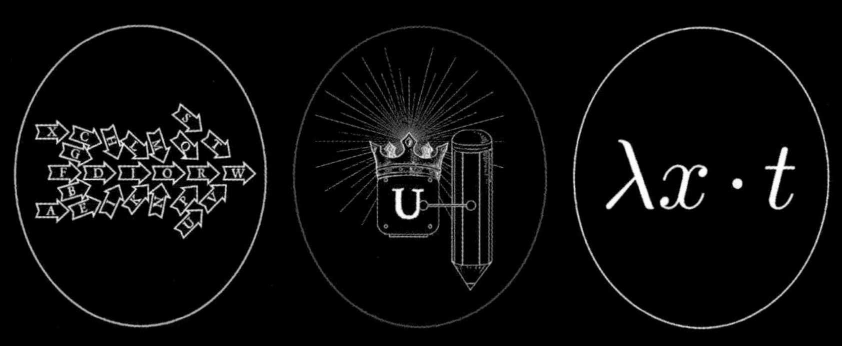

괴델-재귀적 = 튜링-계산 가능 = 처치-람다 정의 가능

서로 다른 면에서 출발한 세 팀의 등반대가 같은 지점에서 만났다면, 그것은 아마도 그들이 정상에 도달했기 때문일 것이다.

이제 우리는 '계산 가능한 함수'가 무엇인지, 즉 '알고리즘'이 무엇인지에 대한 정밀한 개념을 갖추게 되었다.

이제 우리는 결정 문제에 정면으로 맞설 수 있다. 임의의 명제가 증명 가능한지 아닌지를 판별할 수 있는 알고리즘이 과연 존재할까?

앞서 살펴본 세 가지 접근 방식은 모두 부정적인 결과라는 동일한 결론에 도달한다. 우리는 그중에서도 '정지 문제'를 경유하는 튜링의 경로를 따라가 보자. 대체 이것이 무엇일까?

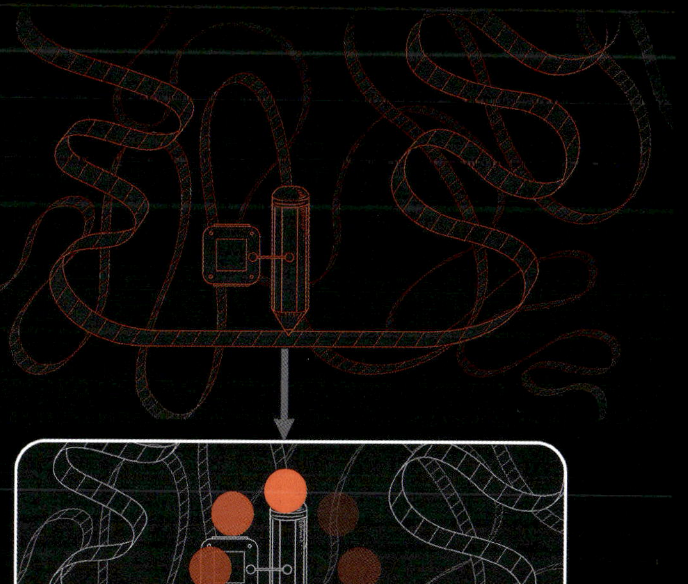

누구나 한 번쯤 컴퓨터 프로그램이 무한 루프에 빠져 멈춰버리는 경험을 해본 적이 있을 것이다. 튜링 기계 역시 마찬가지다. 튜링은 여기서 하나의 함정 같은 질문을 던진다. "어떤 기계가 다른 기계의 작동을 지켜보고, 그 기계가 결국 멈출 것인지 아니면 무한 루프에 빠질 것인지를 판별해낼 수 있는 기계가 존재할까?"

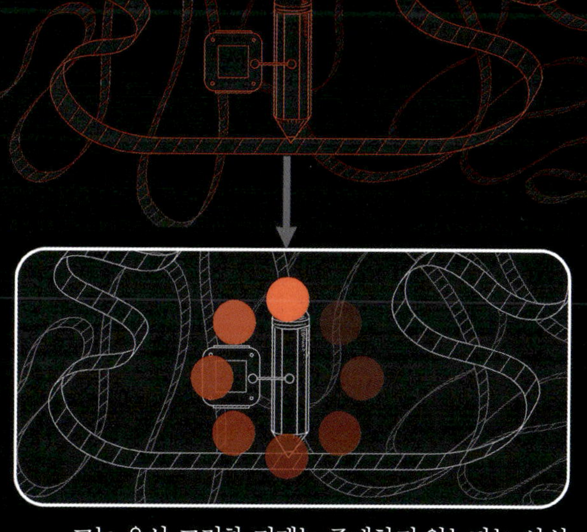

그는 우선 그러한 기계는 존재하지 않는다는 사실을 증명해 낸다. 즉, '정지 문제'는 튜링 기계로 결정할 수 없는 문제이다.

이 논증의 백미는 만약 결정 문제를 해결할 수 있는 튜링 머신이 존재한다면, 정지 문제를 해결할 수 있는 튜링 머신 역시 존재해야 한다는 것이다. 그런데 앨런 튜링은 그러한 기계가 존재하지 않음을 이미 증명했다!

모든 계산은 튜링 머신으로 모델링할 수 있기 때문에, 수학적 명제에 대해 결정 알고리즘은 존재하지 않는다.

따라서 결정 문제는 부정적인 답을 갖게 된다…

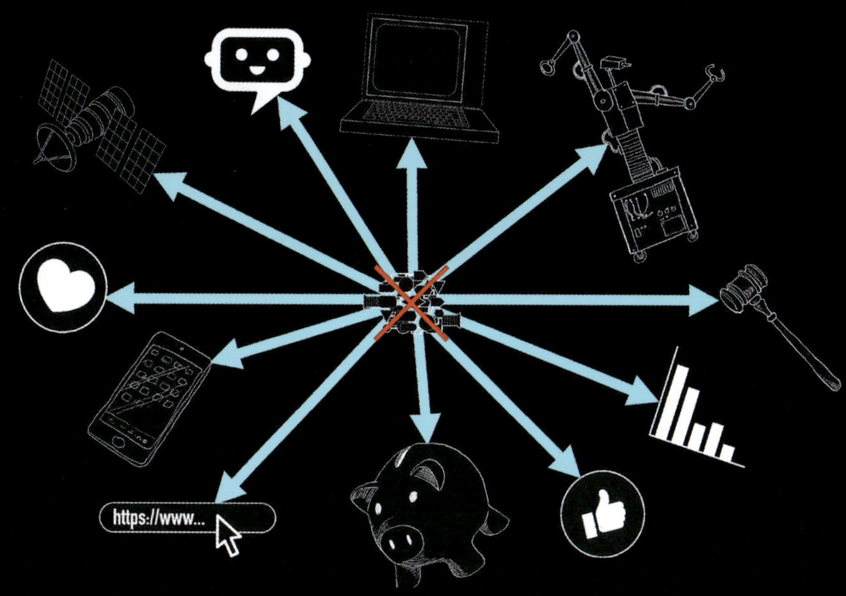

하지만 그로부터 수많은 긍정적인 것들이 태어났다. 계산 이론을 시작으로 수많은 유용한 것들이 발전할 수 있게 되었다.

오늘날 알고리즘은 금융 흐름을 관리하고, 플레이리스트를 구성하고, 사진 앨범을 정리하며, 보험료를 계산하고, 연애 상대를 매칭한다. 또한 알고리즘은 놀라운 솜씨로 바흐, 피카소, 프루스트, 셀린 디옹을 흉내 내기도 한다…

…하지만 알고리즘은 오직 계산 가능한 것만 계산할 수 있을 뿐이다. 그리고 우리는 결정이나 수학적 탐구를 결코 계산으로 환원할 수 없다는 사실을 이미 1세기 전부터 알고 있었던 셈이다.

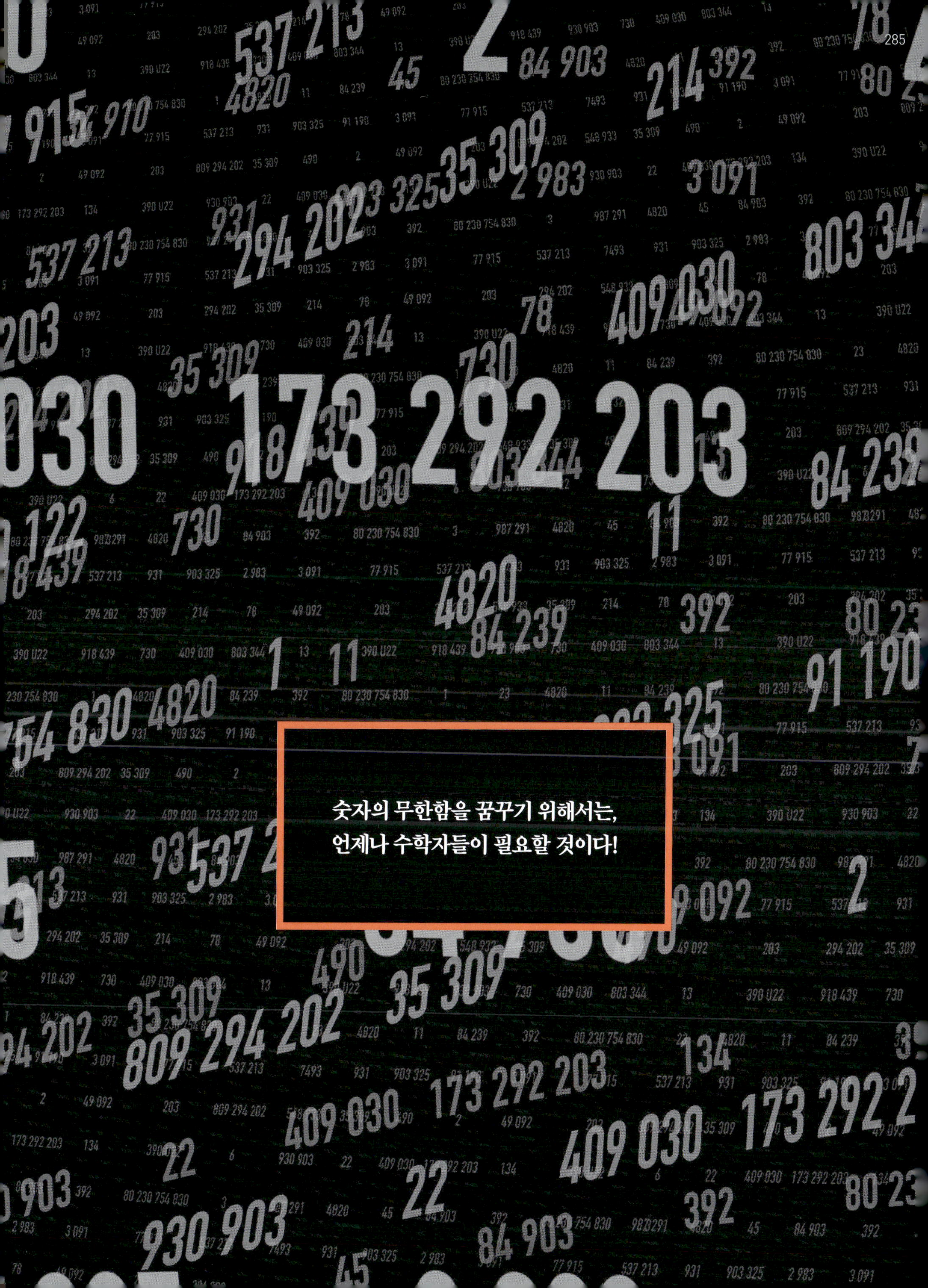
숫자의 무한함을 꿈꾸기 위해서는,
언제나 수학자들이 필요할 것이다!

이 책을 위한 과학 자문위원들

제롬 코탕소 :

무한소의 산책 - 푸앵카레의 추측 - 무한의 길 위에서 - 죄수의 딜레마 - 평면 채우기.

장-폴 들라예 :

몬티 홀 문제 - 심슨의 역설.

아드리앙 델로로 :

괴델의 정리 - 결정 문제: 수학의 종말인가?

에마뉘엘 페랑 :

생명 게임의 흔적을 따라서 - 확장 그래프.

올가 파리-로마스케비치 :

복소평면 위의 소풍 - 리만 가설을 향하여 - 비유클리드 기하학 - 다포체 나라에 간 앨리시아 불 - 카오스 이론.

이 책은 《수학의 세계》 영상 시리즈를 바탕으로 제작되었습니다.

Une série à voir sur arte.tv

Une coproduction
• Les Films d'ici
• Arte G.E.I.E.
• Les Films du poisson rouge

Avec Le Blob

Et avec le soutien
du Centre national de la cinématographie et de l'image animée,
de la région Île-de-France en partenariat avec le C.N.C.,
de la région Nouvelle-Aquitaine, en partenariat avec le C.N.C.
et l'accompagnement d'ALCA
Dans le cadre du Pôle Image Magelis, avec le soutien
du département de la Charente, du ministère
de l'Enseignement supérieur et de la Recherche,
de la fondation Blaise Pascal, de l'Agence pour
les mathématiques en interaction avec l'entreprise
et la société, du CNRS, du Centre international
des mathématiques et informatique de Toulouse,
de La Diagonale – Université Paris-Saclay,
et de la fondation mathématique Jacques Hadamard.

Ventes internationales : ARTE Distribution

Merci à
Nicolas Bergeron, directeur du département
Mathématiques et applications de l'ENS-Ulm

Olga Paris-Romaskevich, CNRS,
Institut de Mathématiques de Marseille

Sylvie Benzoni, directrice de l'Institut Henri Poincaré

Quentin Lazarotto

Guilaine Londez

Martin van Waerebeke

Une série de
Denis van Waerebeke

Produit par
Valérianne Boué

Saisons 1 et 2

Réalisation
Denis van Waerebeke
Cédric Piktoroff

Dessins et graphisme
Damien Pelletier

Animation
Jimmy Audoin
Viviane Boyer Araujo
Marine Loscos
Dominique Gantois
Thomas Ferry

Musique originale
Etienne Charry

Montage
Denis van Waerebeke
Cédric Piktoroff

Voix
Denis van Waerebeke

Montage son et mixage
Amélie Canini
Eric Rey

Collaboration scientifique
Elsa Maneval

Assistanat de production
Mathilde Boisselier
Elsa Conton
Guillaume Léry
Antoine Maho

Stagiaires de production
Paul Pin
Constance Niclas

Coauteurs
Jérôme Cottenceau
Adrien Deloro
Emmanuel Ferrand
Javier Fresàn
Olga Paris-Romaskevich
Nicolas Bergeron

Avec la collaboration de
Jean-Paul Delahaye
Etienne Ghys

청소년을 위한 수학의 세계

초판 1쇄 인쇄 2026년 04월 05일   **초판 1쇄 발행** 2026년 04월 20일

글 드니 반 와레베크   **그림** 다미앙 페르티에   **옮김** 샘 리   **감수** 김용관

펴낸이 이상순   **주간** 서인찬   **영업지원** 권은희   **제작이사** 이상광

펴낸곳 (주)도서출판 아름다운사람들   **주소** (10881) 경기도 파주시 회동길 103
대표전화 031-8074-0082   **팩스** 031-955-1083

이메일 books777@naver.com   **홈페이지** www.book114.kr

생각의길은 (주)도서출판 아름다운사람들의 인문 브랜드입니다.

ISBN 978-89-6513-830-3 43410

이 도서의 국립중앙도서관 출판예정도서목록(CIP)은 서지정보유통지원시스템 홈페이지(http://seoji.nl.go.kr)와
국가자료종합목록시스템(http://www.nl.go.kr/kolisnet)에서 이용하실 수 있습니다.
 (CIP제어번호 : CIP2019023407)

파본은 구입하신 서점에서 교환해 드립니다.

아이작 뉴턴
에드워드 로렌츠
마리나 비아조우스카
에드워드 심슨
기사 - 가상 인물
시사이븐다히르-전설적 인물
존 포브스 내시
앙리 푸앵카레
조제프 루이 라그랑주
니콜라이 로바체프스키
마조리 라이스
엘레아의 제논
갱단 X - 가상 설정
카스파르 베셀